应用型本科系列规划教材

大学数学

概率论与数理统计

黄清龙　李志林　主编

江苏大学出版社
JIANGSU UNIVERSITY PRESS
镇　江

图书在版编目(CIP)数据

大学数学:概率论与数理统计/黄清龙,李志林主编.—镇江:江苏大学出版社,2017.7(2023.8重印)
ISBN 978-7-5684-0508-9

Ⅰ.①大… Ⅱ.①黄… ②李… Ⅲ.①高等数学—高等学校—教材②概率论—高等学校—教材③数理统计—高等学校—教材 Ⅳ.①O13②O21

中国版本图书馆CIP数据核字(2017)第165699号

大学数学——概率论与数理统计
Daxue Shuxue——Gailülun Yu Shuli Tongji

主　　编/黄清龙　李志林
责任编辑/张小琴
出版发行/江苏大学出版社
地　　址/江苏省镇江市京口区学府路301号(邮编:212013)
电　　话/0511-84446464(传真)
网　　址/http://press.ujs.edu.cn
排　　版/镇江文苑制版印刷有限责任公司
印　　刷/镇江文苑制版印刷有限责任公司
开　　本/787 mm×1 020 mm　1/16
印　　张/13.25
字　　数/301千字
版　　次/2017年7月第1版
印　　次/2023年8月第3次印刷
书　　号/ISBN 978-7-5684-0508-9
定　　价/30.00元

如有印装质量问题请与本社营销部联系(电话:0511-84440882)

前　言

本书参照原国家教委工科数学课程教学指导委员会审订的《概率论与数理统计课程教学基本要求》和近年来《全国硕士研究生入学统一考试——数学考试大纲》的基本要求编写.

本书着重介绍概率论的基本概念、基本理论及常用的数理统计方法.在编写本书时,编者力求做到取材适当,概念清晰,注重联系实际.为使目前工科数学教学内容存在经典过多而现代不足的现状有所改观,并提高学生运用数理统计方法的能力,编者尽量通过具体实例或学生已有的知识引入概念,逐步培养学生从实际问题归纳和抽象数学问题即数学建模的能力.在例题中,先分析题意,通过分析将具体例题归结为相应的概率统计问题,然后进行计算.通过这样的训练,使学生了解并逐渐掌握用概率统计的理论和方法解题(进一步地解决实际问题)的思想方法和步骤,以培养学生分析问题、解决问题的能力.同时在保证理论系统性的基础上,尽可能多地举一些联系实际的例子.通过这些解决实际问题的例子,提高学生的学习兴趣,激发学生的求知欲望,培养学生的创新和创造性思维能力.

本书第一部分为概率论,包括第1～5章,主要讨论随机事件与概率、随机变量及其分布、随机向量、随机变量的数字特征、大数定律与中心极限定理等内容;第二部分数理统计共4章,主要讨论随机样本的抽样和抽样分布、参数估计、假设检验、方差分析和回归分析.面对高校扩招后高等教育大众化趋势,在编写本书时侧重于基本概念、基本理论和基本方法,尽量做到内容叙述详细,通俗易懂,而不刻意追求解题技巧.本书例题较多,书末还附有习题答案,便于学生自学.

由于计算机应用和数学软件的普及,本书将MATLAB引入概率统计教学.MATLAB是集计算、可视化和编程等功能于一身的最流行的科学和工程计算软件之一.本书附录中初步介绍了MATLAB的统计功能与应用,目的是希望把计算机应用与概率统计教学有机地结合起来,把数学软件与运用概率统计方法解决实际问题结合起来.

本书由黄清龙、李志林、吴建成、王强、涂庆伟、秦凤共同编写,由黄清龙、李志林统稿.

本书在编写过程中得到了徐明华教授的鼓励和帮助,出版社编辑也为本书的出版付出了辛勤的劳动,在此对他们深表谢意.

限于编者水平,书中难免存在不妥甚至谬误之处,恳请读者批评指正.

黄清龙　李志林

2017年5月

目录

Contents ....

第一部分　概率论

第一部分　概率论

在自然界和人类社会中，有一类现象是具有确定性的。例如，切断电源，电灯一定会熄灭；在一个标准大气压下，纯净的水加热到100℃必然会沸腾；同性电荷必然互相排斥。但是也常常有另一类现象，即在一定条件下有多种可能的结果，但到底出现哪一个结果是带有偶然性的。例如，在桌面上抛掷一枚硬币，其结果可能是正面向上也可能是反面向上；医院中的产妇可能生男孩，也可能生女孩；在一大批同类产品中任意抽取一件，抽到的可能是合格品，也可能是次品。诸如此类现象，只有在观察后才能知道它的结果，事先不能预知这种现象的具体结果。这种现象叫作随机现象。

对于随机现象的一次具体观察，事先并不能预知其结果，但在大量重复试验或观察中，它的结果却呈现某种客观规律性。就在桌面上抛掷一次硬币而言，出现正面向上或反面向上完全是偶然的。但是在相同条件下多次抛掷同一枚均匀硬币，就会发现“正面向上”或“反面向上”的次数大约各占总抛掷次数的1/2。就投一次篮球而言，NBA球星和非职业球员都有可能投进也可能投不进，但是在相同条件下各多次投篮，几乎肯定是NBA球星进球的比例高。

概率论就是研究随机现象内部蕴含的数量规律性的一门数学学科，也是现代数学的一个重要分支。它的思想、理论和方法在自然科学、社会科学、工农业生产实践、工程技术、公用事业、经济管理和军事等领域有着广泛的应用。概率论是各类专业技术人员和管理工作者必不可少的专业基础知识。

第 1 章 随机事件与概率

教学目标

(1) 理解随机现象、随机试验和随机事件的概念；
(2) 掌握事件之间的关系和运算；
(3) 理解概率的定义和条件概率的概念，掌握概率的基本性质；
(4) 理解事件的相互对立、互不相容与相互独立三者之间的联系和区别；
(5) 掌握概率的几个基本公式：加法公式、乘法公式、全概率公式、贝叶斯公式、二项概率公式.

教学要求

知识要点	能力要求	相关知识
基本概念	(1) 理解随机现象、随机试验和随机事件的概念； (2) 理解概率的定义和条件概率的概念； (3) 理解事件的相互对立、互不相容与相互独立三者之间的联系和区别	(1) 随机现象、随机试验和随机事件的概念； (2) 概率的定义； (3) 条件概率的定义； (4) 事件的相互对立、互不相容与相互独立
事件之间的运算和运算律	(1) 掌握事件之间的关系； (2) 掌握事件的运算及运算律	(1) 事件之间的各种关系； (2) 事件的运算及运算律
概率的计算与概率基本公式	(1) 掌握古典概率的计算； (2) 掌握几何概率的计算； (3) 熟记概率基本公式并会运用	(1) 古典概率的计算； (2) 几何概率的计算； (3) 概率的加法公式及推论； (4) 概率的乘法公式； (5) 全概率公式与贝叶斯公式； (6) 二项概率公式

引 例

问题1: 银行信用卡的密码由0～9这10个字符组成的6位字符串构成.某人无意中拾得一张信用卡,他一次就能正确输入其密码的可能性有多大?

问题2: 两人相约8点到9点之间在某地会面,先到者等候20分钟后即离去,试问两人能会面的可能性有多大?

在上述问题中,“一次就能正确输入密码”和“两人能会面”都是可能发生也可能不发生的事情.通俗地讲,把这种可能发生也可能不发生的事叫作“随机事件”,那么在概率论中怎么定义随机事件?又怎么度量随机事件发生的可能性大小?

本章引言

从投硬币、掷骰子和摸扑克等简单的机会游戏,到复杂的社会现象;从婴儿的诞生,到世间万物的繁衍生息;从流星陨落,到大自然的千变万化……我们无时无刻不面对随机现象.要研究随机现象蕴含的数量规律性,首先要讨论随机事件及其概率.本章先讨论随机事件的定义,介绍随机事件的关系和运算,给出概率的统计学定义、古典概率定义、几何概率定义、公理化定义及条件概率定义,讨论概率的加法公式及推论、概率的乘法公式、全概率公式与贝叶斯公式、二项概率公式等概率基本公式.

1.1 随机事件

1.1.1 随机试验与样本空间

为了研究随机现象,就要进行试验或对随机现象进行观察.这种试验或观察的过程称为**随机试验**.概率论里所研究的随机试验具有下面两个特征:

(1) 可以在完全相同的条件下重复进行;

(2) 试验会出现哪些可能的结果在试验前是已知的,但每次试验究竟会出现哪一个结果在试验前是无法准确预知的.

在随机试验中,每一个可能出现的不可再分解的最简单的结果称为随机试验的**基本事件**或**样本点**.由全体基本事件构成的集合称为**基本事件空间或样本空间**,样本空间通常用Ω表示.

例1 抛掷一枚匀称的硬币,观察正反面向上出现的情况.这就是一个随机试验,试验可能的结果有两个:“正面向上”和“反面向上”.这两个结果对应于该随机试验的两个基本事件,即这个试验的样本空间可表示为$\Omega=\{正,反\}$.

例2 射击环靶的试验,用ω_i表示“击中i环”,则$\omega_i(i=0,1,2,\cdots,10)$为这个试验的全体基本事件,样本空间$\Omega=\{\omega_0,\omega_1,\omega_2,\cdots,\omega_{10}\}$.

例 3　记录某电话总机在一天内接到呼唤的次数，是一个随机试验. 试验结果（接到呼唤的次数）的可能值为所有的非负整数（因为难以规定一个呼唤次数的上界），所以样本空间 $\Omega=\{0,1,2,\cdots,n,\cdots\}$.

例 4　掷一颗骰子，观察出现的点数. 用 ω_i 表示"出现 i 点"，则 $\omega_i(i=1,2,3,4,5,6)$ 为这个试验的全体基本事件. 这个随机试验的样本空间 $\Omega=\{\omega_1,\omega_2,\omega_3,\omega_4,\omega_5,\omega_6\}$.

1.1.2　随机事件

在随机试验中可能发生也可能不发生的事件称为**随机事件**，简称**事件**. 事件常用大写英文字母 A, B, C,…表示.

例如例 1 中，"正面向上"在一次试验中是可能发生也可能不发生的，是随机事件；同样的道理，"反面向上"也是随机事件.

事实上随机试验中的每个基本结果（基本事件）都是随机事件. 比如例 4 中"出现 1 点"即 ω_1 是可能发生也可能不发生的（因可能出现其他点数而未必是 1 点），故基本事件 ω_1 是随机事件.

但随机事件也可以是由多个基本事件（或多个样本点）组合而成的，这种随机事件叫作**复合事件**. 例如例 4 的随机试验中，"出现点数大于 4"（记成 B）和"出现的点数为奇数"（记成 C）也是可能发生也可能不发生的事件，所以 B,C 都是随机事件. 但事件 B 由"出现 5 点"（即 ω_5）和"出现 6 点"（即 ω_6）两个基本事件构成，即 $B=\{\omega_5,\omega_6\}$，故事件 B 为复合事件. 同样的道理，$C=\{\omega_1,\omega_3,\omega_5\}$，所以事件 C 也是复合事件.

作为极端情况，把每次试验中都必然出现的事件称为**必然事件**；把每次试验中都不可能发生的事件称为**不可能事件**. 例如掷一颗骰子，"出现点数大于 7"和"出现点数既是奇数又是偶数"都是不可能事件，"出现点数小于 8"则是必然事件.

通常随机事件可为一个基本事件或复合事件（由多个基本事件组合而成），即随机事件对应于一个样本点或多个样本点，因此任一随机事件都可以看成是样本空间 Ω 的一个子集，而且该随机事件发生，当且仅当这个随机事件对应的子集中包含的某个基本事件发生.

特别地，必然事件对应样本空间 Ω，不可能事件对应空集 $\varnothing$（当然 $\varnothing$ 和 Ω 也是 Ω 的子集）. 本书中用 Ω 表示必然事件，用 $\varnothing$ 表示不可能事件.

1.1.3　事件间的关系和运算

弄清事件之间的关系和运算可给推导公式和计算概率带来很大的方便.

1. 事件的包含与相等

定义 1　如果事件 A 发生必然导致事件 B 发生，则称事件 B 包含事件 A，或事件 A 包含于事件 B，记作 $B\supset A$ 或 $A\subset B$. 这种关系可用图 1.1 表示.

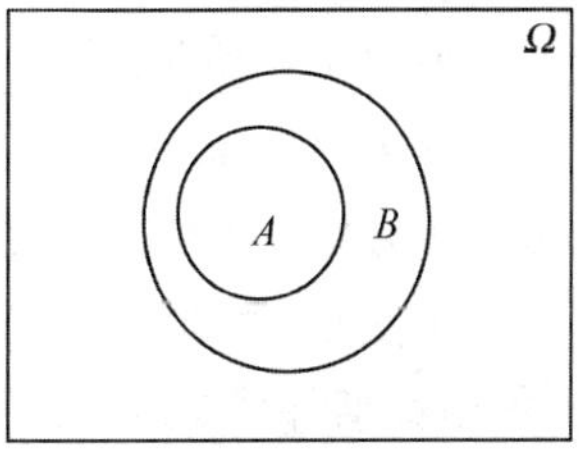

图 1.1

例如在验收机械零件时，设 A 表示"尺寸不合格"，B 表示"零件不合格"，则 $A \subset B$.

定义 2 若事件 B 包含事件 A，同时事件 A 又包含事件 B，则称事件 A 与事件 B **相等**，记作 $A=B$.

2. 事件的和

定义 3 "事件 A 与事件 B 中至少有一个发生"也是一个随机事件，称之为事件 A 与事件 B 的**和**(或**和事件**)，记作 $A+B$ 或 $A \cup B$.

A 与 B 的和如图 1.2 中的阴影部分所示.

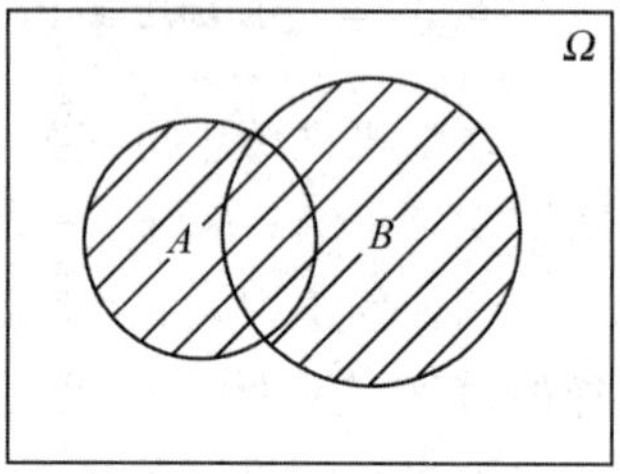

图 1.2

例如在验收机械零件时规定：只要尺寸和粗糙度有一项不合格，则零件就不合格. 那么"零件不合格"(用 C 表示)就是"尺寸不合格"(用 A 表示)与"粗糙度不合格"(用 B 表示)的和，即 $C=A+B$.

一般地，称"事件 $A_1, A_2, \cdots, A_n$ 中至少有一个发生"为事件 $A_1, A_2, \cdots, A_n$ 的和，记作 $A_1+A_2+\cdots+A_n$ 或 $\sum\limits_{i=1}^{n} A_i$ 或 $\bigcup\limits_{i=1}^{n} A_i$.

3. 事件的积

定义 4 "事件 A 与事件 B 同时发生"也是一个随机事件，称之为事件 A 与事件 B 的**积**(或**积事件**)，记作 AB 或 $A \cap B$. A 与 B 的积如图 1.3 中的阴影部分所示.

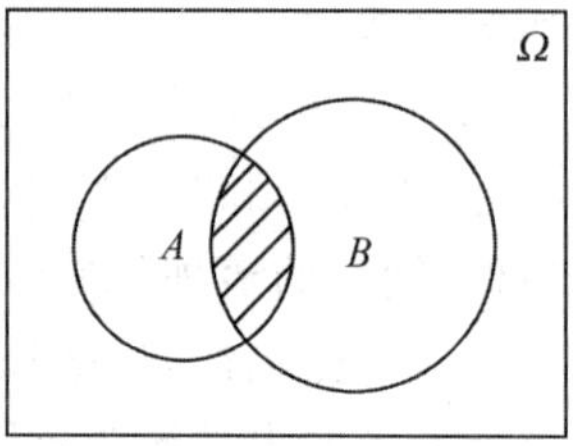

图 1.3

例如，在验收机械零件时规定：其尺寸和粗糙度都合格才算合格品. 那么"零件合格"(用 C 表示)就是"尺寸合格"(用 A 表示)与"粗糙度合格"(用 B 表示)的积，即 $C=AB$.

类似地，"事件 $A_1, A_2, \cdots, A_n$ 同时发生"这个事件称为事件 $A_1, A_2, \cdots, A_n$ 的积，记作 $A_1 A_2 \cdots A_n$ 或 $\bigcap\limits_{i=1}^{n} A_i$.

4. 互不相容事件与对立事件

定义 5 如果两个事件 A 与 B 不能同时发生，即"A 与 B 同时发生"是不可能事件，$AB=\varnothing$，则称事件 A 与 B **互不相容**(或**互斥**).

这时事件 A 与事件 B 对应的集合没有公共元素(样本点)，如图 1.4 所示.

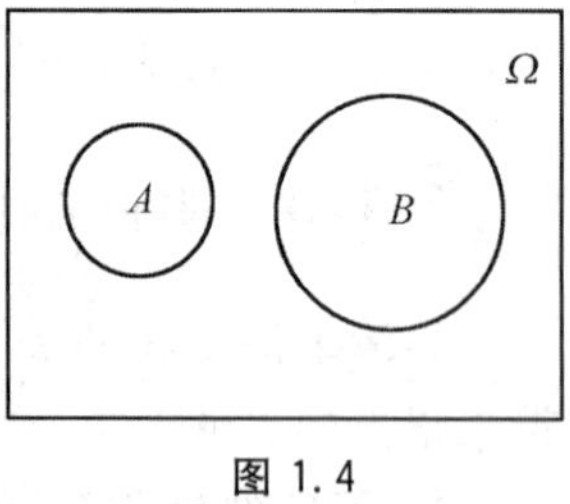

图 1.4

如果 $A_1, A_2, \cdots, A_n$ 中任两个事件互不相容，则称 $A_1, A_2, \cdots, A_n$ 为两两互斥(或两两互不相容).

定义 6 如果事件 A 与事件 B 必有一个发生且仅有一个发生，即 $A+B=\Omega$，$AB=\varnothing$，则称事件 A 与 B 互为**对立事件**(或**逆事件**). 记作 $A=\overline{B}$ 或 $B=\overline{A}$，读作 A 为 B 的对立事件或 B 为 A 的对立事件. A 的对立事件 $\overline{A}$ 如图 1.5 中阴影部分所示.

例如掷一颗骰子,设 A 表示"出现偶数点",B 表示"出现3点",C 表示"出现奇数点",则 A 与 B 互不相容,A 与 C 互不相容,而且 A 与 C 互为对立事件. 但 B 与 C 是相容的.

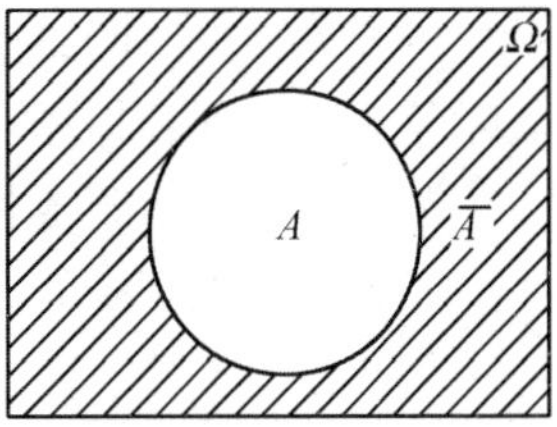

图 1.5

5. 事件的差

定义7 "事件 A 发生而事件 B 不发生"称为事件 A 与事件 B 的**差(或差事件)**,记作 $A-B$. 事件 A 与 B 的差如图1.6中的阴影部分所示.

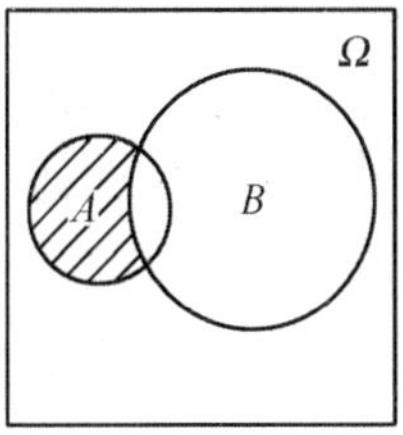

图 1.6

例如掷一颗骰子,设 A 表示"出现偶数点",B 表示"出现的点数超过3",则 $A-B$ 表示出现的点数为偶数但又不超过3,即"出现2点".

随机事件可以看成是样本空间 Ω 的子集,事件之间的关系和运算与集合论中集合之间的关系和运算也是完全一致的,因而事件之间的关系和运算具有下列性质:

(1) 交换律　$A+B=B+A; AB=BA$.

(2) 结合律　$A+(B+C)=(A+B)+C; A(BC)=(AB)C$.

(3) 分配律　$A(B+C)=AB+AC; A\cup(BC)=(A\cup B)(A\cup C)$.

(4) 摩根法则　$\overline{A+B}=\overline{A}\,\overline{B}; \overline{AB}=\overline{A}+\overline{B}$.

此外,还有 $A+B\supset A, A+B\supset B, AB\subset A, AB\subset B$

$$A\Omega=A, \varnothing A=\varnothing, \overline{\overline{A}}=A, A-B=A\overline{B}$$

若 $A\subset B$,则 $A+B=B, AB=A$.

对于 n 个事件 $A_i(i=1,2,\cdots,n)$,有

$$\overline{A_1+A_2+\cdots+A_n}=\overline{A}_1\overline{A}_2\cdots\overline{A}_n$$

$$\overline{A_1A_2\cdots A_n}=\overline{A}_1+\overline{A}_2+\cdots+\overline{A}_n$$

例5　向指定的目标射击两枪,以 A_1, A_2 分别表示"第一枪击中目标""第二枪击中目标",试用 A_1, A_2 及它们的逆事件表示以下各事件:

(1) 两枪都击中目标;

(2) 两枪都没有击中目标;

(3) 恰有一枪击中目标;

(4) 至少有一枪击中目标.

解　(1) 只有 A_1, A_2 同时出现时,事件(1)才出现,故"两枪都击中目标"$=A_1A_2$.

(2) 由题设知,$\overline{A}_1, \overline{A}_2$ 分别表示"第一枪没击中目标""第二枪没击中目标",故"两枪都没击中目标"$=\overline{A}_1\overline{A}_2$.

(3) 事件(3)相当于事件"第一枪击中目标而第二枪没击中目标"或"第一枪没击中目标而第二枪击中目标",故"恰有一枪击中目标"$=A_1\overline{A}_2+\overline{A}_1A_2$.

(4) "至少有一枪击中目标"$=A_1+A_2$.

例 6 从一批产品中每次取出一个产品进行检验(每次取出的产品不放回),事件 A_i 表示第 i 次取到合格品($i=1,2,3$).试用事件的运算表示下列事件:

(1) 三次都取到合格品;

(2) 三次中至少有一次取到合格品;

(3) 三次中恰有两次取到合格品;

(4) 三次中最多有一次取到合格品.

解 (1)"三次都取到合格品"$=A_1A_2A_3$;

(2)"三次中至少有一次取到合格品"$=A_1+A_2+A_3$;

(3)"三次中恰有两次取到合格品"$=A_1A_2\overline{A}_3+A_1\overline{A}_2A_3+\overline{A}_1A_2A_3$;

(4)"三次中最多有一次取到合格品"$=\overline{A}_1\overline{A}_2+\overline{A}_1\overline{A}_3+\overline{A}_2\overline{A}_3$.

1.2 事件的概率

研究随机试验,不仅需要分析它在一定条件下可能产生的各种结果,而且要分析各种结果发生的可能性大小.刻画随机事件发生可能性大小的量,是本节要研究的概率的概念.此外,本节还涉及概率的性质和简单的计算.

1.2.1 概率的统计定义及性质

1. 事件的频率

设事件 A 在 n 次重复试验中发生了 m 次,则称比值 $\frac{m}{n}$ 为事件 A 发生的**频率**,记作 $f_n(A)=\frac{m}{n}$.

显然,任何随机事件的频率都是介于 0 与 1 之间的一个数,即 $0\leqslant f_n(A)\leqslant 1$,且 $f_n(\Omega)=1$,$f_n(\varnothing)=0$.

当事件 A 与 B 不相容时,$f_n(A+B)=f_n(A)+f_n(B)$.

2. 概率统计定义

实践表明,随着试验次数的增加,事件发生的频率总在某个介于 0 与 1 之间的常数附近摆动,而且摆动幅度越来越小.比如不断重复地抛掷一枚硬币,就会发现随着抛掷次数的增加,出现"正面向上"的频率就总在 0.5 附近.

定义 1 在一个随机试验中,如果随着试验次数的增大,事件 A 出现的频率在某个常数 p 附近摆动并逐渐稳定于 p,则称 p 为事件 A 的**概率**,记为 $P(A)=p$.这个定义称为概率的统计定义.

由事件的频率的性质,可以推想事件的概率也应有相应的性质:

(1) $0\leqslant P(A)\leqslant 1$.

(2) $P(\Omega)=1$,$P(\varnothing)=0$.

(3) 当事件 A 与 B 互不相容时，有 $P(A+B)=P(A)+P(B)$. 这条性质称为概率的可加性，并称此等式为互斥事件的加法公式.

1.2.2 概率的古典定义

根据概率的统计定义来求概率，需要做大量的重复试验，这对于那些具有破坏性的试验是行不通的. 人们从长期积累的经验中发现，对于某些随机事件，可以不必通过大量的试验去确定它的概率，而是通过研究它的内部规律去确定它的概率，古典概型便是其中之一.

观察"掷骰子""掷硬币"的试验，它们都具有下列特点：

(1) 试验的所有基本事件的个数是有限的；

(2) 每次试验中，各基本事件发生的可能性是相等的.

满足上述特点的试验模型称为等可能性模型. 这类模型在概率论的发展初期是重要的研究对象，因此称为古典概型.

定义 2 如果古典概型中的所有基本事件的个数为 n，事件 A 包含的基本事件的个数为 m，则事件 A 的概率为 $P(A)=\frac{m}{n}=\frac{\text{事件 }A\text{ 包含的基本事件的个数}}{\text{所有基本事件的个数}}$.

这个定义称为概率的古典定义. 显然古典概率也具有如下性质：

(1) 对任一事件 A，有 $0\leqslant P(A)\leqslant 1$.

(2) $P(\Omega)=1, P(\varnothing)=0$.

(3) 对于两个互斥的事件 A 和 B，有 $P(A+B)=P(A)+P(B)$.

下面举例说明如何按概率的古典定义去计算事件的概率.

例 1 一枚硬币连抛 3 次作为一次试验，观察出现正反面的情况.

(1) 写出试验的样本空间.

(2) 设 A_0 表示"正面不出现"，求 $P(A_0)$.

(3) 设 A_1 表示"出现一次正面"，求 $P(A_1)$.

(4) 设 A_2 表示"第一次出现正面"，求 $P(A_2)$.

解 (1) 样本空间为 $\Omega=\{$(正，正，反)，(正，反，正)，(反，正，正)，(正，正，正)，(正，反，反)，(反，正，反)，(反，反，正)，(反，反，反)$\}$，$n=8$.

(2) 事件 A_0 可表示为 $A_0=\{$(反，反，反)$\}$，$m=1$.

故
$$P(A_0)=\frac{m}{n}=\frac{1}{8}$$

(3) 事件 $A_1=\{$(正，反，反)，(反，正，反)，(反，反，正)$\}$，$m=3$.

故
$$P(A_1)=\frac{m}{n}=\frac{3}{8}$$

(4) 事件 $A_2=\{$(正，反，反)，(正，正，反)，(正，反，正)，(正，正，正)$\}$，$m=4$.

故
$$P(A_2)=\frac{m}{n}=\frac{4}{8}=\frac{1}{2}$$

例 2 号码锁上有 6 个拨号盘，每个拨号盘上有 0～9 共 10 个数字. 当这 6 个拨号盘上的数字组成某一个六位数时(第一位数字可以为 0)锁才能打开. 问：如果不知锁的号码，那么一次就打开锁的概率是多少？

解 在例 1 中是把样本空间中所有基本事件一一列出. 现在这样做不仅没有必要也是极其烦琐的. 因为这个号码锁上，可以有 10^6 个等可能的六位数字，这就是总的基本事件数 n. 而在不知道开锁号码时，在一次开锁中，拨出任何一个号码是等可能的. 若用 A 表示事件“一次就把锁打开”，显然 A 只包含一个基本事件，即 $m=1$.

故
$$P(A)=\frac{1}{10^6}$$

这个数字很小. 因此，如果不知锁的号码，一次要把锁打开几乎是不可能的.

例 3 袋中有 5 个白球和 3 个黑球.

(1) 从袋中任意取出 1 个球，问取出的球是白球的概率有多大？

(2) 从袋中任意取出 2 个球，取出的 2 个球都是白球和取出的 2 个球是 1 个白球、1 个黑球的概率各为多少？

解 (1) 袋中共有 8 个球，从中任取 1 个，每个球被取到的可能性相同，且共有 8 种不同取法(可以设想 8 个球被编了不同的号码，因而是不同的 8 个球). 而取到白球的不同取法为 5 种，故取到白球的概率为

$$P=\frac{5}{8}$$

(2) 从 8 个球中任取 2 个球的方法有 $C_8^2=\frac{8\times 7}{2!}=28$ 种，即基本事件总数为 28. 而从 5 个白球中任取 2 个球的取法有 $C_5^2=\frac{5\times 4}{2!}=10$ 种，故取出的 2 个球都是白球的概率为

$$P=\frac{10}{28}=\frac{5}{14}$$

取得 1 个白球、1 个黑球的取法有 $C_5^1C_3^1$ 种，故取出 1 个白球、1 个黑球的概率为

$$P=\frac{C_5^1\ C_3^1}{C_8^2}=\frac{15}{28}$$

例 4 某年级有 6 名同学都是 9 月出生的，求这 6 人中没有任何 2 人在同一天过生日的概率.

解 9 月共有 30 天，每个人的生日都可以是 30 天中的任一天，故基本事件总数为 30^6. 设 A 表示“6 人中没有任何 2 人在同一天过生日”，则 A 含有 $A_{30}^6=30\times 29\times 28\times 27\times 26\times 25$ 个基本事件，因此所求概率为

$$P(A)=\frac{A_{30}^6}{30^6}=0.586\ 4$$

1.2.3　几何概率

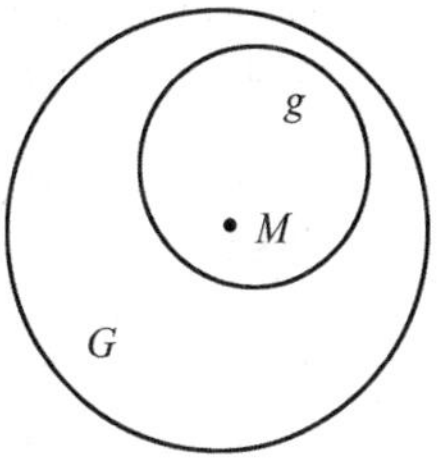

图 1.7

所谓几何概率问题，是指具有下列特征的一些随机现象的概率问题.

设平面(二维空间)上有一区域 G，区域 g 包含在区域 G 内，如图 1.7 所示. 区域 G 与 g 都是可以度量的(可求面积)，现随机地向 G 内投掷一点 M，假设点 M 必落在 G 中，M 落在区域 G 中任意一点都是等可能的，即点 M 落在区域 G 的任何部分区域 g 内的概率只与 g 的度量(面积)成正比，而与 g 的位置和形状无关，具有这种性质的随机试验(投掷点)，称为**几何概型**. 关于几何概型的随机事件"向区域 G 中任意投掷一个点 M，点 M 落在 G 内的部分区域 g"的概率 P 定义为：g 的度量 $m(g)$(面积)与 G 的度量 $m(G)$(面积)之比，即 $P=\dfrac{m(g)}{m(G)}$，并称其为**几何概率**.

在上述几何概率的定义中，如果所讨论的区域是属一维空间或三维空间的，则相应地把 G，g 的度量 $m(G)$，$m(g)$ 换为区间长度或区域的体积. 也就是说，$m(G)$ 与 $m(g)$ 可以表示长度、面积或体积，这由所讨论的空间是一维、二维或三维而定. 这个定义可以推广到多维空间.

例 5　两人相约 8 点到 9 点之间在某地会面，先到者等候 20 分钟$\left(\dfrac{1}{3}\text{小时}\right)$后即离去，试求两人能会面的概率.

解　设 x，y 分别表示两人到达的时刻. 由题设，两人到达时刻是 8 点到 9 点之间(即 1 小时之内)，故点 (x,y) 必落在边长为 1 的正方形区域 G 内，而两人能会面的点 (x,y) 所在的区域 g 为$\left\{(x,y)\mid 0\leqslant x\leqslant 1, 0\leqslant y\leqslant 1,\ |x-y|\leqslant \dfrac{1}{3}\right\}$，如图 1.8 中的阴影部分所示.

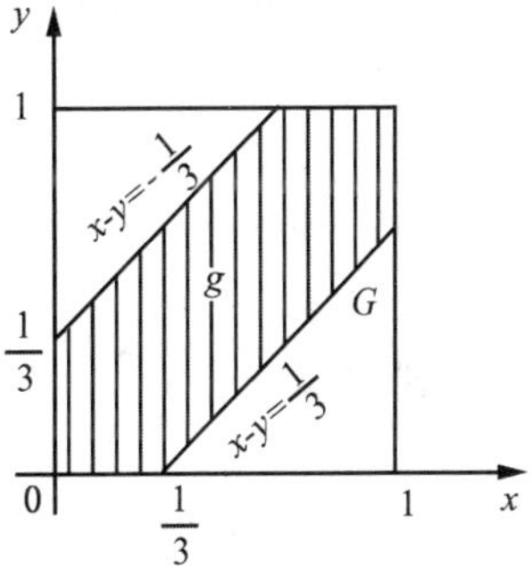

图 1.8

于是该约会问题等价于"向 G 中掷点，求点落在 g 内"的概率问题. 所求概率为

$$P=\frac{m(g)}{m(G)}=\frac{g\text{ 的面积}}{G\text{ 的面积}}=\frac{1^2-\left(\dfrac{2}{3}\right)^2}{1^2}=\frac{5}{9}$$

1.2.4　概率的公理化定义

上面介绍的概率的古典定义与几何定义都有一定的局限性，即它们都是以等可能性(或均匀性)为基础的. 但在实际问题中有很多情况是不具有这种性质的. 概率的统计定义虽然比较直观，但在理论上不够严密. 因此，下面给出概率的公理化定义作为本节的结尾.

定义 3 设 E 是一个随机试验，Ω 为它的基本事件空间. 以 E 中所有的随机事件(或 Ω 的全体子集)组成的集合为定义域. 定义一个函数 $P(A)$(其中 A 为任一随机事件)，且 $P(A)$满足以下三条公理，则称函数 $P(A)$为事件 A 的概率.

公理 1 $0 \leqslant P(A) \leqslant 1$.

公理 2 $P(\Omega)=1$.

公理 3 若 $A_1, A_2, \cdots, A_n, \cdots$ 两两互斥，则

$$P(A_1+A_2+\cdots+A_n+\cdots)=P(A_1)+P(A_2)+\cdots+P(A_n)+\cdots$$

1.3 概率的加法公式

前面已给出两个不相容的事件的加法公式.

定理 1 若事件 A 与 B 互不相容，则

$$P(A+B)=P(A)+P(B) \tag{1.1}$$

由式(1.1)出发可推出概率的其他一些性质.

性质 1 若 $A_1, A_2, \cdots, A_n$ 两两互不相容(即 $A_iA_j=\varnothing, i \neq j$)，则

$$P(A_1+A_2+\cdots+A_n)=P(A_1)+P(A_2)+\cdots+P(A_n)$$

此性质也可由 1.2 节的公理 3 获得.

性质 2 对任意事件 A，有

$$P(\bar{A})=1-P(A)$$

证 因为 $A+\bar{A}=\Omega$，所以 $P(A+\bar{A})=1$.

又因为 $A\bar{A}=\varnothing$，即 A 与 $\bar{A}$ 不相容，故 $P(A+\bar{A})=P(A)+P(\bar{A})$.

即 $P(A)+P(\bar{A})=1$，从而有

$$P(\bar{A})=1-P(A)$$

性质 2 在解题时是很有用的一个结论.

性质 3 设 A, B 为两个事件，且 $B \subset A$，则

$$P(A-B)=P(A)-P(B), \text{ 且 } P(A) \geqslant P(B)$$

证 当 $B \subset A$ 时，有 $A=B+(A-B)$，且 $B \cap (A-B)=\varnothing$.

由不相容事件的加法公式(1.1)知

$$P(A)=P[B+(A-B)]=P(B)+P(A-B)$$

即

$$P(A-B)=P(A)-P(B)$$

又 $P(A-B) \geqslant 0$，于是 $P(A) \geqslant P(B)$.

注意 若取消 $B \subset A$ 的限制，则 $P(A-B)=P(A)-P(AB)$，此式称为概率的减法公式.

定理 2(两个随机事件的加法公式) 对于任意两个事件 A 与 B(不要求 A, B 互不相容)，有

$$P(A+B)=P(A)+P(B)-P(AB)$$

证明　如图 1.9 所示,因为 $A+B=B+(A-AB)$,所以

$$\begin{aligned}P(A+B)&=P[B+(A-AB)]\\&=P(B)+P(A-AB)\\&=P(B)+P(A)-P(AB)\end{aligned}$$

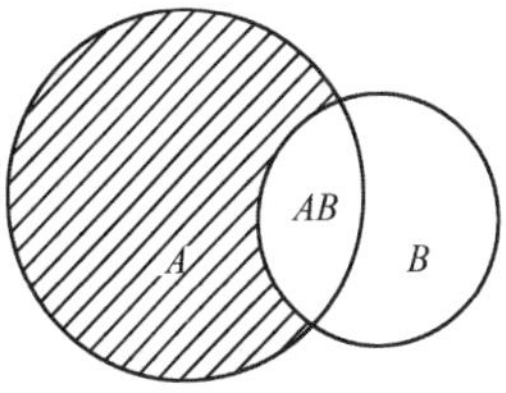

图 1.9

定理 2 可以推广到有限多个事件的情形. 下面给出三个随机事件的加法公式.

$$P(A+B+C)=P(A)+P(B)+P(C)-P(AB)-P(BC)-P(AC)+P(ABC)$$

下面举例说明概率的加法公式及概率性质的应用.

例 1　设事件 A,B 的概率分别是 $\frac{1}{4}$ 和 $\frac{1}{3}$,根据下列条件分别求 $P(B-A)$.

(1) $A\subset B$;

(2) $P(AB)=\frac{1}{6}$.

解　(1) 当 $A\subset B$ 时,

$$P(B-A)=P(B)-P(A)=\frac{1}{3}-\frac{1}{4}=\frac{1}{12}$$

(2) $P(B-A)=P(B)-P(AB)=\frac{1}{3}-\frac{1}{6}=\frac{1}{6}$.

例 2　设事件 A,B,C 的概率都为 $\frac{1}{4}$,且 $P(AC)=\frac{1}{8}$,$P(AB)=P(BC)=0$,求 A,B,C 至少有一个发生的概率.

解　因为 $ABC\subset AB$,所以 $P(ABC)\leqslant P(AB)$.

又 $P(AB)=0$,所以 $P(ABC)=0$,从而所求概率为

$$P(A+B+C)=P(A)+P(B)+P(C)-P(AB)-P(BC)-P(AC)+P(ABC)=\frac{5}{8}$$

例 3　某企业生产的电子产品分一等品、二等品与废品三种. 如果生产一等品的概率为 0.8,生产二等品的概率为 0.19,问生产合格品的概率是多少?

解　设 $A=$“生产的是一等品”,$B=$“生产的是二等品”,则 $A+B$ 表示“生产的是合格品”. 因为 A,B 互斥,所以

$$P(A+B)=P(A)+P(B)=0.8+0.19=0.99$$

例 4　一批产品共有 100 件,其中 90 件是合格品,10 件是次品. 从这批产品中任取 3 件,求其中有次品的概率.

解法一　设 $A=$“有次品”,$A_i=$“有 i 件次品”$(i=1,2,3)$,故 $A=A_1+A_2+A_3$,且 A_1,A_2,A_3 是两两互斥的. 由概率的古典定义,有

$$P(A_1)=\frac{C_{10}^1\cdot C_{90}^2}{C_{100}^3}=0.247\,68$$

$$P(A_2)=\frac{C_{10}^2\cdot C_{90}^1}{C_{100}^3}=0.025\,04$$

$$P(A_3)=\frac{C_{10}^3}{C_{100}^3}=0.000\,74$$

所以有

$$P(A)=P(A_1)+P(A_2)+P(A_3)=0.273\,5$$

解法二 由于事件 A 的对立事件 $\overline{A}$ ="取出的 3 件产品全是合格品",故

$$P(\overline{A})=\frac{C_{90}^3}{C_{100}^3}=0.726\,5$$

从而

$$P(A)=1-P(\overline{A})=1-0.726\,5=0.273\,5$$

显然方法 2 比方法 1 的计算简单. 在原事件比较复杂而其对立事件比较简单时常用公式 $P(\overline{A})=1-P(A)$进行计算.

例 5 设某地有甲、乙、丙三种报纸,据统计该地成年人中,有 20%读甲报,16%读乙报,14%读丙报,其中有 8%兼读甲、乙报,5%兼读甲、丙报,4%兼读乙、丙报,又有 2%兼读所有报. 求该地区成年人至少读一种报的概率.

解 设 A="读甲报",B="读乙报",C="读丙报",则 AB="读甲、乙报",AC="读甲、丙报",BC="读乙、丙报",ABC="读甲、乙、丙报",$A+B+C$="至少读一种报".

由加法公式得

$$\begin{aligned}P(A+B+C)&=P(A)+P(B)+P(C)-P(AB)-P(BC)-P(AC)+P(ABC)\\&=0.2+0.16+0.14-0.08-0.04-0.05+0.02\\&=0.35\end{aligned}$$

1.4 条件概率与乘法公式

1.4.1 条件概率

前面讨论的随机事件 A 的概率 $P(A)$是不带任何条件的,但有时在计算事件 A 的概率时事先已知"事件 B 已经发生"的信息. 在"事件 B 已经发生"的条件下事件 A 发生的概率叫作**条件概率**,记为 $P(A|B)$. 一般来说 $P(A)$与 $P(A|B)$是不同的. 例如,从一副(52张)扑克牌中任抽一张,"抽到黑桃 A"这一事件(记成 A)的概率 $P(A)=\frac{1}{52}$;如果事先已知"抽到黑桃花色"这一事件(记成 B)已发生,则条件概率 $P(A|B)=\frac{1}{13}$. 显然 $P(A|B)\neq P(A)$.

下面看另一个例子. 某班共有学生 100 人,其中男生 55 人,女生 45 人,男生中有 5 人为三好生,女生中有 3 人为三好生. 现从班上任抽取 1 人,设 A 表示"抽到三好生",B 表示"抽到男生". 求 $P(A)$,$P(B)$,$P(AB)$,$P(A|B)$.

由古典概率定义可得

$$P(A)=\frac{8}{100},\ P(B)=\frac{55}{100},\ P(AB)=\frac{5}{100}$$

若已知 B 发生，即已知抽到的为男生，则总的基本事件数为 55，故由古典概率定义得 $P(A|B)=\frac{5}{55}$，也有 $P(A|B)\neq P(A)$.

这里还发现 $P(A|B)=\frac{P(AB)}{P(B)}$. 这个关系式不是偶然巧合，事实上，这个关系式可作为条件概率的一般定义.

定义 1　设 A，B 是两个随机事件，且 $P(B)>0$，则在事件 B 已发生的条件下，事件 A 发生的条件概率 $P(A|B)$ 定义为

$$P(A|B)=\frac{P(AB)}{P(B)} \tag{1.2}$$

例 1　设某种动物能活到 20 岁的概率为 0.8，能活到 25 岁的概率为 0.4. 某个这种动物现龄 20 岁，问它能活到 25 岁的概率是多少？

解　设 A="能活到 20 岁"，B="能活到 25 岁". 因为"能活到 25 岁"一定"能活到 20 岁"，所以 $B\subset A$，于是 $AB=B$. 由条件概率的定义式(1.2)得

$$P(B|A)=\frac{P(AB)}{P(A)}=\frac{P(B)}{P(A)}=\frac{0.4}{0.8}=0.5$$

1.4.2　概率的乘法公式

由条件概率的定义可得重要的**乘法公式**.

若 $P(B)>0$，则

$$P(AB)=P(B)P(A|B) \tag{1.3}$$

若 $P(A)>0$，则

$$P(AB)=P(A)P(B|A) \tag{1.4}$$

等式(1.3)和等式(1.4)都称为**乘法公式**. 它表明：两个事件同时发生的概率等于其中一个事件的概率与另一事件在前一事件发生下的条件概率的乘积. 利用条件概率计算乘积事件的概率，在概率计算中有广泛的应用.

例 2　一批零件共 100 个，其中有 10 个次品. 从中任取 1 个，取出后不放回，再从余下的部分中任取 1 个，求 2 个都是合格品的概率.

解　设 A_1="第一次取得合格品"，A_2="第二次取得合格品"，则 A_1A_2 为"取得的 2 个都是合格品".

显然，$P(A_1)=\frac{90}{100}$. 在 A_1 已经发生的条件下，100 个零件中已取走 1 个合格品，不放回，故还有 99 个零件，其中有 89 个合格品，因此 $P(A_2|A_1)=\frac{89}{99}$.

由乘法公式得

$$P(A_1A_2)=P(A_1)P(A_2|A_1)=\frac{90}{100}\cdot\frac{89}{99}=\frac{89}{110}\approx 0.81$$

当然这个问题也可采用1.2节例3中的解法.

例3 某城市位于甲、乙两河的交汇处.7月份甲河泛滥的概率为0.4,乙河泛滥的概率为0.2,在甲河泛滥的条件下乙河泛滥的概率为0.3.假设甲、乙两河只要有一泛滥,则该城遭受水灾.求7月份该城市遭水灾的概率,并求在乙河泛滥的条件下甲河泛滥的概率.

解 设A=“甲河泛滥”,B=“乙河泛滥”,则该城市遭水灾的概率为

$$\begin{aligned}P(A+B)&=P(A)+P(B)-P(AB)\\&=P(A)+P(B)-P(A)P(B|A)\\&=0.4+0.2-0.4\times 0.3\\&=0.48\end{aligned}$$

在乙河泛滥的条件下甲河泛滥的概率为

$$P(A|B)=\frac{P(AB)}{P(B)}=\frac{P(A)\cdot P(B|A)}{P(B)}=\frac{0.4\times 0.3}{0.2}=0.6$$

注 乘法公式可以推广到有限多个事件的情形,例如对于事件A_1,A_2,A_3,若$P(A_1A_2)>0$,则

$$P(A_1A_2A_3)=P(A_1)P(A_2|A_1)P(A_3|A_1A_2)$$

一般地,有下列乘法公式:

设$A_1,A_2,\cdots,A_n$为任意n个事件($n\geqslant 2$),且$P(A_1A_2\cdots A_{n-1})>0$,则

$$P(A_1A_2\cdots A_n)=P(A_1)P(A_2|A_1)P(A_3|A_1A_2)\cdots P(A_n|A_1A_2\cdots A_{n-1})$$

1.5 全概率公式与贝叶斯公式

1.5.1 全概率公式

定义1 如果n个事件$A_1,A_2,\cdots,A_n$满足$A_iA_j=\varnothing(1\leqslant i<j\leqslant n)$, $\sum\limits_{i=1}^{n}A_i=\Omega$,则称$A_1,A_2,\cdots,A_n$构成一个**完备事件组**.

定理1 设$A_1,A_2,\cdots,A_n$为一个完备事件组,且$P(A_i)>0(i=1,2,\cdots,n)$,则对任意事件B,有

$$P(B)=\sum_{i=1}^{n}P(A_i)P(B|A_i)$$

证 因为$A_1+A_2+\cdots+A_n=\Omega$,所以

$$B=B\Omega=BA_1+BA_2+\cdots+BA_n$$

由于$A_1,A_2,\cdots,A_n$两两互斥,因此$BA_1,BA_2,\cdots,BA_n$也两两互斥.由概率的加法公

式可得

$$P(B)=P(BA_1)+P(BA_2)+\cdots+P(BA_n)=\sum_{i=1}^{n}P(BA_i)$$

再由概率乘法公式 $P(BA_i)=P(A_i)P(B|A_i)$，代入上式得

$$P(B)=\sum_{i=1}^{n}P(A_i)P(B|A_i)$$

此定理中的公式称为**全概率公式**. 全概率公式是概率论中的一个基本公式，它能把复杂事件的概率计算分解成比较简单的事件的概率之和.

例 1　设甲箱中有 6 个白球和 4 个黑球，乙箱中有 3 个白球和 5 个黑球. 自甲箱中任取 1 球放入乙箱中，然后从乙箱中任取 1 球，求从乙箱中取出的球为白球的概率.

解　设 A_1 =“从甲箱中取出的球为白球”，A_2 =“从甲箱中取出的球为黑球”，B =“从乙箱中取出的是白球”. 显然 A_1，A_2 构成完备事件组，由全概率公式得

$$P(B)=P(A_1)P(B|A_1)+P(A_2)P(B|A_2)=\frac{6}{10}\times\frac{4}{9}+\frac{4}{10}\times\frac{3}{9}=\frac{2}{5}$$

例 2　12 个不同号码中有 2 个号码为有奖号码，甲从中抽取 1 个号码后不放回，由乙从剩余的号码中任取 1 个号码，求乙抽到中奖号码的概率.

解　设 A_1 =“甲抽到有奖号码”，A_2 =“甲抽到无奖号码”，B =“乙抽到有奖号码”，则由全概率公式有

$$\begin{aligned}P(B)&=P(A_1)P(B|A_1)+P(A_2)P(B|A_2)\\&=\frac{2}{12}\times\frac{1}{11}+\frac{10}{12}\times\frac{2}{11}\\&=\frac{1}{6}\end{aligned}$$

例 3　商店有一批收音机共 10 台，其中有 7 台一等品，3 台二等品. 现已经售出 2 台，若从剩下的收音机中任取 1 台，求它为一等品的概率.

解　设 A_0 =“售出的 2 台中无一等品”，A_1 =“售出的 2 台中有 1 台一等品”，A_2 =“售出的 2 台全为一等品”，B =“从剩下的收音机中任取 1 台为一等品”.

显然，A_0，A_1，A_2 有一个发生且只有一个发生，即 A_0，A_1，A_2 构成完备事件组. 由全概率公式得

$$P(B)=P(A_0)P(B|A_0)+P(A_1)P(B|A_1)+P(A_2)P(B|A_2)$$

而

$$P(A_0)=\frac{C_3^2}{C_{10}^2}=\frac{1}{15},\qquad P(A_1)=\frac{C_3^1C_7^1}{C_{10}^2}=\frac{7}{15},$$

$$P(A_2)=\frac{C_7^2}{C_{10}^2}=\frac{7}{15},\qquad P(B|A_0)=\frac{7}{8},$$

$$P(B|A_1)=\frac{6}{8},\qquad P(B|A_2)=\frac{5}{8}$$

于是

$$P(B)=\frac{1}{15}\times\frac{7}{8}+\frac{7}{15}\times\frac{6}{8}+\frac{7}{15}\times\frac{5}{8}=0.7$$

例 4 假定某工厂甲、乙、丙 3 个车间生产同一种螺钉，产量分别占全厂的 45%，35%，20%. 如果各车间的次品率依次为 4%，2%，5%. 现从待出厂产品中任取 1 个螺钉，试求它是次品的概率.

解 设 B="取到的是次品"，A_1="取到甲车间产品"，A_2="取到乙车间产品"，A_3="取到丙车间产品".

显然，A_1,A_2,A_3 构成完备事件组.

由全概率公式得

$$\begin{aligned}P(B)&=P(A_1)P(B|A_1)+P(A_2)P(B|A_2)+P(A_3)P(B|A_3)\\&=0.45\times0.04+0.35\times0.02+0.2\times0.05\\&=0.035\end{aligned}$$

1.5.2 贝叶斯公式

定理 2(贝叶斯(Bayes)公式) 设 $A_1,A_2,\cdots,A_n$ 是一个完备事件组，且 $P(A_i)>0$ $(i=1,2,\cdots,n)$，$P(B)>0$，则有公式

$$P(A_i|B)=\frac{P(A_i)P(B|A_i)}{\sum_{j=1}^{n}P(A_j)P(B|A_j)}\quad(i=1,2,\cdots,n)$$

证

$$P(A_i|B)=\frac{P(A_iB)}{P(B)}=\frac{P(A_i)P(B|A_i)}{\sum_{j=1}^{n}P(A_j)P(B|A_j)}$$

例 5 已知一批零件是由甲、乙、丙 3 名工人生产的. 3 人的产量分别占总量的 20%，40%和 40%. 若已知 3 人的次品率分别为 5%，4%和 3%，现任意抽取 1 个零件检验. 若已知取到的是次品，问它是甲工人生产的概率是多少？

解 设 B="取到的零件是次品"，A_1,A_2,A_3 分别表示取到的零件是甲、乙、丙工人生产的，则由贝叶斯公式得

$$\begin{aligned}P(A_1|B)&=\frac{P(A_1)P(B|A_1)}{\sum_{i=1}^{3}P(A_i)P(B|A_i)}\\&=\frac{0.2\times0.05}{0.2\times0.05+0.4\times0.04+0.4\times0.03}\times100\%\\&=26.3\%\end{aligned}$$

例 6 根据对以往数据分析的结果，当机器调整良好时，产品合格率为 90%，而当机器调整得不好时，合格率仅为 30%. 另外，每天早上机器开动时，机器处于调整良好状态的概率为 75%. 如果某天早上第 1 件产品是合格品，问：该日机器处于调整良好状态的概率是多少？

解 设 A="第一件产品是合格品"，B="机器处于调整良好状态".

依题意有

$$P(A|B)=0.9,\ P(A|\bar{B})=0.3,$$
$$P(B)=0.75,\ P(\bar{B})=0.25$$

由贝叶斯公式得，所求概率为

$$P(B|A)=\frac{P(B)P(A|B)}{P(B)P(A|B)+P(\bar{B})P(A|\bar{B})}$$
$$=\frac{0.75\times0.9}{0.75\times0.9+0.25\times0.3}\times100\%=90\%$$

贝叶斯公式的实际意义在于：假定有 n 个互不相容的“原因” $A_1,A_2,\cdots,A_n$ 可引起某种“现象”B 发生，若“现象”B 已经发生，则利用贝叶斯公式就可以知道由某一个“原因”$A_i(i=1,2,\cdots,n)$所引起的可能性有多大. 如果能找到某个 A_j，使得

$$P(A_j|B)=\max_{1\leqslant i\leqslant n}[P(A_i|B)]$$

则 A_j 就是引起“现象”B 的可能性最大的“原因”.

例 7　设 10 件产品中有 2 件次品，8 件正品. 现每次从中任取一件，且取后不放回，试求下列事件的概率.

(1) 前 2 次均为正品.

(2) 第 2 次为次品.

(3) 若已知第 2 次取到次品，则第 1 次也为次品.

解　设 A_i=“第 i 次取到次品”，$i=1,2$.

(1) $P(\bar{A}_1\bar{A}_2)=P(\bar{A}_1)P(\bar{A}_2|\bar{A}_1)=\frac{8}{10}\times\frac{7}{9}=\frac{28}{45}$;

(2) 由全概率公式，有

$$P(A_2)=P(A_1)P(A_2|A_1)+P(\bar{A}_1)P(A_2|\bar{A}_1)=\frac{2}{10}\times\frac{1}{9}+\frac{8}{10}\times\frac{2}{9}=\frac{1}{5}$$

(3) 由贝叶斯公式，有

$$P(A_1|A_2)=\frac{P(A_1)P(A_2|A_1)}{P(A_2)}=\frac{\frac{2}{10}\times\frac{1}{9}}{\frac{1}{5}}=\frac{1}{9}$$

1.6　事件的独立性与贝努利概型

1.6.1　事件的独立性

设有甲、乙两台车床，它们的工作是互不影响的. 已知“甲车床发生故障”(记成 A)的概率为 0.02，“乙车床发生故障”(记成 B)的概率为 0.01. 由于某台车床发生故障与另一台车床是否发生故障无关，所以在“乙车床发生故障”的条件下“甲车床发生故障”的概率

仍为 0.02,即 $P(A|B)=P(A)$.

在实际生活中,类似这样的问题很多.这就是下面将讨论的事件的独立性.

定义 1 如果事件 B 的发生与否不影响事件 A 发生的概率,即 $P(A|B)=P(A)$,则称事件 A 对事件 B 是独立的,否则就是不独立的.

定理 1 若事件 A 对事件 B 是独立的,则事件 B 对事件 A 也是独立的.

证 因为 $P(A|B)=P(A)$,假定 $P(A)\neq 0$,所以由 $P(A)P(B|A)=P(AB)=P(B)P(A|B)$ 可得

$$P(B|A)=P(B)$$

这说明,事件之间的独立性是相互的,只需说 A 与 B 独立或不独立.

定理 2 事件 A 与 B 独立的充要条件是

$$P(AB)=P(A)P(B)$$

证 必要性.因为

$$P(AB)=P(A)P(B|A),P(B|A)=P(B)$$

所以

$$P(AB)=P(A)P(B)$$

充分性.由 $P(AB)=P(A)P(B)$ 可得

$$P(A)=\frac{P(AB)}{P(B)}$$

又因为

$$P(A|B)=\frac{P(AB)}{P(B)}$$

所以

$$P(A)=P(A|B)$$

于是 A 与 B 是独立的.

由上面的定理可知,也可以把 $P(AB)=P(A)P(B)$ 作为 A 与 B 独立的定义.

由条件概率和事件独立性的定义容易推知定理 3.

定理 3 若四对事件 A 与 B,A 与 $\overline{B}$,$\overline{A}$ 与 B,$\overline{A}$ 与 $\overline{B}$ 中有一对独立,则另外三对也独立.

例 1 甲、乙同时向一敌机射击,已知甲击中敌机的概率为 0.6,乙击中敌机的概率为 0.5,求敌机被击中的概率.

解 记 A=“甲击中”,B=“乙击中”,C=“敌机被击中”,则 $C=A+B$.

由加法公式得

$$P(C)=P(A)+P(B)-P(AB)$$

显然,可以认为甲击中与否不影响乙击中的概率,亦即根据对实际问题的分析就可认定 A 与 B 相互独立,从而

$$P(AB)=P(A)P(B)$$

所求概率为

$$P(C)=P(A)+P(B)-P(A)P(B)=0.6+0.5-0.6\times 0.5=0.8$$

由此例可见,可以通过对实际问题的具体分析来判断事件的独立性,进而帮助计算

概率.

定义 2　如果有

$$P(AB)=P(A)P(B)$$
$$P(AC)=P(A)P(C)$$
$$P(BC)=P(B)P(C)$$
$$P(ABC)=P(A)P(B)P(C)$$

则称事件 A,B,C 相互独立.

类似于三个事件的相互独立性,对于 n 个事件 $A_1,A_2,\cdots,A_n$ 的相互独立性有如下的定义.

定义 3　如果对任何正整数 $k(2\leqslant k\leqslant n)$有

$$P(A_{i_1}A_{i_2}\cdots A_{i_k})=P(A_{i_1})P(A_{i_2})\cdots P(A_{i_k})$$

其中 $i_1,i_2,\cdots,i_k$ 是满足下面不等式的任何 k 个自然数:$1\leqslant i_1<i_2<\cdots<i_k\leqslant n$,则称 n 个事件 $A_1,A_2,\cdots,A_n$ 是**相互独立**的.

显然,当 $A_1,A_2,\cdots,A_n$ 相互独立时,有

$$P(A_1A_2\cdots A_n)=P(A_1)P(A_2)\cdots P(A_n)$$

例 2　设某型号的高射炮,每一门炮(发射一发炮弹)击中飞机的概率为 0.6.现若干门炮同时发射(每炮发射一发炮弹).问欲以 99%的把握击中来犯的一架敌机,至少需配置几门高射炮?

解　设 n 是以 99%的概率击中敌机需配置的高射炮门数.令 $A_i=$“第 i 门炮击中敌机”$(i=1,2,\cdots,n)$,$A=$“敌机被击中”,则 $A=A_1+A_2+\cdots+A_n$.

问题是要找 n,使

$$P(A)=P(A_1+A_2+\cdots+A_n)\geqslant 0.99 \tag{1.5}$$

因为 $\overline{A}=\overline{A_1+A_2+\cdots+A_n}=\overline{A}_1\overline{A}_2\cdots\overline{A}_n$,且 $\overline{A}_1,\overline{A}_2,\cdots,\overline{A}_n$ 是相互独立的,所以

$$\begin{aligned}P(A)&=1-P(\overline{A})=1-P(\overline{A}_1\overline{A}_2\cdots\overline{A}_n)\\&=1-P(\overline{A}_1)P(\overline{A}_2)\cdots P(\overline{A}_n)\\&=1-(0.4)^n\end{aligned}$$

因此,不等式(1.5)就化为

$$1-(0.4)^n\geqslant 0.99$$

即

$$(0.4)^n\leqslant 0.01$$

由此得

$$n\geqslant\frac{\lg 0.01}{\lg 0.4}=\frac{2}{0.3979}=5.026$$

故至少需配置 6 门高射炮方能以 99%以上的把握击中来犯的敌机.

1.6.2　贝努利概型

定义 4　在完全相同的条件下重复进行 n 次试验,如果每次试验的结果互不影响,即

每次试验的结果与其他各次试验的结果无关，则称这 n 次重复试验为 n 重独立试验.

特别地，如果每次试验只有两个对立的结果，即事件 A 和 $\overline{A}$，且 $P(A)=p, P(\overline{A})=1-p=q$，则称这 n 重独立试验为 n 重贝努利试验，或**贝努利概型**.

例如，在产品抽样检查时，如果采用不放回方式抽取 n 次（每次取一件产品），那么这 n 次试验就不是 n 重独立试验. 但是，如果采用放回抽样，即每次抽取检查后都把产品放回，所做的 n 次试验就是 n 重独立试验. 对于放回抽样的检验，产品检验结果可能区分为许多种：特级品、一级品、二级品、次品、废品等. 但是，如果把产品检验结果只区分为两种，即合格品和不合格品，那么此时的 n 重独立试验也就是 n 重贝努利试验.

对于 n 重贝努利试验，设在 n 次重复试验中，事件 A 恰好发生 k 次（$k=1,2,\cdots,n$）的概率为 $P_n(k)$. 下面以 $n=3, k=2$ 为例计算 $P_3(2)$.

用 $A_i(i=1,2,3)$ 表示“第 i 次试验中事件 A 发生”，则“3 次重复独立试验中事件 A 发生 2 次”的概率为

$$\begin{aligned} P_3(2) &= P(A_1A_2\overline{A}_3+A_1\overline{A}_2A_3+\overline{A}_1A_2A_3) \\ &= P(A_1A_2\overline{A}_3)+P(A_1\overline{A}_2A_3)+P(\overline{A}_1A_2A_3) \end{aligned}$$

而由独立性知

$$P(A_1A_2\overline{A}_3)=P(A_1)P(A_2)P(\overline{A}_3)=p^2q$$

同理
$$P(A_1\overline{A}_2A_3)=P(\overline{A}_1A_2A_3)=p^2q$$

从而
$$P_3(2)=p^2q+p^2q+p^2q=3p^2q=C_3^2\ p^2q$$

利用这种思想方法可以证明以下定理.

定理 4 如果在 n 重贝努利试验中，事件 A 在每一次试验中发生的概率为 $p(0<p<1)$，则事件 A 在 n 次试验中恰好发生 k 次的概率为

$$P_n(k)=C_n^kp^kq^{n-k},\ k=0,1,2,\cdots,n \tag{1.6}$$

其中，$q=1-p$.

式(1.6)称为**贝努利公式**. 由于 $C_n^kp^kq^{n-k}$ 恰好是二项式 $(p+q)^n$ 的展开式中的第 $k+1$ 项，故式(1.6)又称为**二项概率公式**.

例 3 某车间有 5 台车床彼此独立地工作，由于工艺原因，每台机床实际开动率为 0.8，求任一时刻，

(1) 车间内恰有 4 台车床在工作的概率；

(2) 车间内至少有 1 台车床在工作的概率.

解 因为各车床彼此独立地工作，且任一机床处于开动状态的概率为 $p=0.8$，因此本题可以看成是 $n=5, p=0.8$ 的贝努利概型. 由式(1.6)知，

(1) 5 台车床中恰有 4 台开动的概率为

$$P_5(4)=C_5^4(0.8)^4(0.2)=0.409\,6$$

(2) 设 A=“5 台中至少有 1 台开动”，则 $\overline{A}$=“5 台中有 0 台开动”，故

$$P(A)=1-P(\overline{A})=1-C_5^0(0.8)^0(0.2)^5=0.999\,68$$

例 4 每次掷两颗骰子，观察出现的点数之和. 连掷 5 次，求 5 次中恰好出现 1 次点

数和大于9的概率.

解 设A="掷一次出现点数和大于9",x为第1颗骰子出现的点数,y为第2颗骰子出现的点数,则$x,y=1,2,3,4,5,6$.这样共有36个基本事件(x,y),且每个基本事件(x,y)出现的概率相等,而事件A发生对应于(5,5),(6,4),(4,6),(5,6),(6,5),(6,6)共6个基本事件,故

$$P(A)=\frac{6}{36}=\frac{1}{6}$$

连掷5次,相当于重复进行5次试验.由二项概率公式知5次试验中事件A发生1次的概率为

$$P_5(1)=C_5^1\left(\frac{1}{6}\right)^1\left(\frac{5}{6}\right)^4=0.4019$$

例5 设有N件产品,其中有M件次品.

(1) 从这N件产品中连抽n件,求抽到m件次品的概率;

(2) 从这N件产品中连抽n件(有放回抽取即每取一件观察后放回,再取下一件),求抽到m件次品的概率.

解 (1) 基本事件总数(总的抽法数)为C_N^n,抽到m件次品的抽法共有$C_M^m C_{N-M}^{n-m}$种,故所求概率为

$$P=\frac{C_M^m C_{N-M}^{n-m}}{C_N^n}$$

(2) 采用有放回的抽取方式,则每次(抽一件)抽到次品的概率都为$p=\frac{M}{N}$.连抽n次相当于重复进行n次试验,由二项概率公式知,连抽n次有m次抽到次品的概率为

$$P_n(m)=C_n^m\left(\frac{M}{N}\right)^m\left(1-\frac{M}{N}\right)^{n-m}$$

例6 设某种药物对某种疾病的治愈率为0.8,现有10个这种病的患者同时服用此药,求其中至少有6个被治愈的概率.

解 把每个病人服此药当作一次试验,每个病人服药后被治愈(记作A)的概率为$P(A)=0.8$.因为各患者被治愈与否是相互独立的,所以可以认为这是10次重复独立试验,从而所求概率为

$$P=\sum_{k=6}^{10}P_{10}(k)=\sum_{k=6}^{10}C_{10}^k\,0.8^k0.2^{10-k}\approx 0.97$$

这个结果表明,服用此药,10人中至少有6人被治愈的可能性是非常大的(概率为0.97),而少于6人被治愈的事件则很少会发生(概率为0.03).如果在实际服此药的试验中,10个病人服此药后被治愈的人数少于6人,就认为"治愈率为0.8"的说法不可信,即此药的实际治愈率比0.8小.这里使用了所谓小概率事件的实际不可能性原理:概率很小的事件,在一次试验中几乎是不可能发生的.

本章小结

1. 理解随机现象、随机试验和随机事件的概念，掌握事件的四种运算——事件的并即和事件、事件的交即积事件、事件的差及事件的对立事件，掌握事件的运算法则——交换律、结合律、分配律和摩根法则，理解事件间的各种关系——包含关系与相等关系、对立关系与不相容关系.

2. 理解概率的定义，掌握概率的基本性质：

(1) $0 \leqslant P(A) \leqslant 1, P(\Omega)=1, P(\varnothing)=0$.

(2) 加法公式 $P(A+B)=P(A)+P(B)-P(AB)$，特别地，当事件 A 与 B 互不相容时，有 $P(A+B)=P(A)+P(B)$.

(3) $P(A-B)=P(A)-P(AB)$.

(4) $P(\bar{A})=1-P(A)$.

会用这些性质进行概率的基本运算.

3. 了解古典概型的定义，会计算简单的古典概率问题.

4. 理解条件概率的定义：

$$P(A|B)=\frac{P(AB)}{P(B)}$$

掌握概率的乘法公式

$$P(AB)=P(B)P(A|B)=P(A)P(B|A)$$

会用这些公式进行概率计算.

5. 掌握全概率公式和贝叶斯公式，并会运用它们进行计算.

6. 理解事件独立性的定义及充要条件；理解事件的相互对立、互不相容与相互独立三者之间的联系和区别.

7. 理解 n 重贝努利试验，掌握二项概率公式 $P_n(k)=C_n^k p^k q^{n-k}$，并会进行相应的概率计算.

习 题 一

一、解答题

1. 连续抛掷 2 枚硬币，观察其出现正反面的情况. 写出这个随机试验的样本空间.

2. 任选一个有 3 个孩子的家庭，记录 3 个孩子的性别. 写出这个随机试验的样本空间.

3. 从一批零件中任取两个，设事件 A=“第一个零件为合格品”，事件 B=“第二个零件为合格品”. 问 $AB, \bar{A}, \bar{B}, \bar{A}\bar{B}, A-B, A+B$ 及 $\overline{AB}$ 分别表示什么事件.

4. 设 A,B,C 表示 3 个随机事件，试以 A,B,C 的运算来表示下列事件：

(1) 仅 A 发生；

(2) A,B,C 都发生；

(3) A,B,C 都不发生;

(4) A,B,C 中至少一个发生;

(5) A,B,C 中恰有一个发生;

(6) A 不发生,而 B,C 中至少一个发生;

(7) A,B,C 中不多于一个发生;

(8) A,B,C 中至少两个发生;

(9) A,B,C 中不多于两个发生;

(10) A,B,C 中恰有两个发生.

5. 已知一批产品中有 3 个次品,从这批产品中任取 5 件产品来检查.设事件 A_i 表示取出的 5 件产品中恰有 i 件次品($i=0,1,2,3$),问:

(1) 事件 A_0,A_1,A_2A_3 是否互不相容?

(2) 事件 $A_0+A_1+A_2+A_3$ 是否为必然事件?

(3) 设事件 $B=$"取出的 5 件产品中有次品",试用 A_0,A_1,A_2,A_3 表示 B.

6. 连掷两颗骰子,求点数和大于 10 的概率.

7. 某种产品共 40 件,其中有 3 件次品,现从中任取两件,求其中至少有一件次品的概率.

8. 某人有 5 把钥匙,但忘记了开房门的是哪一把,于是逐把试开.问:

(1) 恰好第三次打开房门的概率是多少?

(2) 3 次内打开的概率是多少?

9. 将 3 个球随机地放入 4 个杯子中,求杯子中球的最大个数分别为 1,2,3 的概率.

10. 某个小码头专供甲、乙两船停泊但不能同时停两船.甲、乙两船在一昼夜内的任一时刻到达此码头是等可能的.如果甲船的停泊时间是 1 h,乙船的停泊时间是 2 h,求它们中的任何一船都不需要等待码头空出的概率.

11. 一电路上装有甲、乙两根熔丝,当电流强度超过一定值时,甲烧断的概率为 0.8,乙烧断的概率为 0.74,两根同时烧断的概率为 0.63.问至少烧断一根熔丝的概率是多少?

12. 假设一批产品中一等品、二等品、三等品各占 60%,30%,10%,从中任取一件,结果不是三等品,求取到的是一等品的概率.

13. 某地某月份刮大风的概率为 $\frac{11}{30}$,在刮大风的条件下降雨的概率为 $\frac{7}{8}$.求该地该月份任一时刻既刮大风又下雨的概率.

14. 一批产品的次品率为 4%,合格品中一等品为 75%,现从这批产品中任取一件,试求恰好取到一等品的概率.

15. 设 A,B 为两个相互独立的事件,且 $P(A+B)=0.6$,$P(A)=0.4$.求 $P(B)$.

16. 两台机器相互独立地运转,它们不发生故障的概率依次为 0.8,0.9.求这 2 台机器至少有 1 台发生故障的概率.

17. 3人各自独立地破译一密码，他们能单独译出的概率分别是$\frac{1}{5}$，$\frac{1}{3}$，$\frac{1}{4}$.求此密码被译出的概率.

18. 加工一个产品要经过3道相互独立的工序，第一、二、三道工序不出废品的概率分别为0.9，0.95，0.8.求经过3道工序不出废品的概率.

19. 一个工人照看3台机床，在1小时内，甲、乙、丙3台机床需要人照看的概率分别是0.8，0.9，0.85.求在1小时内：

(1) 没有一台机床需要照看的概率；

(2) 至少有一台机床不需要照看的概率.

20. 电路由电池A与两个并联的电池B,C串联而成.若电池A,B,C损坏与否是相互独立的，且它们损坏的概率依次为0.3，0.2，0.1，求这个电路发生断路的概率.

21. 用3台机床加工同一种零件一批，这批零件中3台机床各产50%，30%和20%.若各机床加工零件为合格品的概率分别为0.94，0.9，0.95，求这批零件的合格率.

22. 两台机床加工同样的零件.第一台机床出废品的概率是3%，第二台机床出废品的概率是2%，两台机床加工出来的零件放在一起，并且已知第一台加工的零件比第二台加工的多一倍，求：

(1) 任取一零件是合格品的概率；

(2) 如果任取一个零件是废品，则它是第二台机床加工的概率.

23. 在一种数字通信中，信号是由数字0和1的序列组成的，设发报台分别以概率0.6与0.4发出信号0和1.由于通信系统受到随机干扰，当发出信号为0时，收报台未必收到信号0，而是分别以概率0.8与0.2收到信号0和1；同理，当发出信号1时，收报台分别以概率0.9与0.1收到信号1和0.求：

(1) 收报台收到信号0的概率；

(2) 当收报台收到信号0时，发报台确实发出信号0的概率.

24. 一批产品有30%的一等品，进行重复抽样检查，共取5个样品，求：

(1) 取出的5个样品中恰有2个一等品的概率；

(2) 取出的5个样品中至少有2个一等品的概率.

25. 甲、乙2个篮球运动员，投篮命中率分别为0.7和0.6，每人投篮3次，求：

(1) 二人进球数相等的概率；

(2) 甲比乙进球数多的概率.

26. 某工厂有10台同类型的机床，每台机床配备的电动机功率为10 kW，已知每台机床平均每小时开动12分钟，且各机床开动与否是相互独立的.若供电部门只提供50 kW的电力给这10台机床，问保证这10台机床正常工作的概率为多大？

二、选择题

27. 设事件A与事件B互不相容，则(　　).

A. $P(\overline{AB})=0$　　B. $P(AB)=P(A)P(B)$

C. $P(A)=1-P(B)$　　D. $P(\overline{A}+\overline{B})=1$

28. 从一批产品中随机抽取 2 件，以 A 表示事件“2 件都是正品”，B 表示事件“2 件中至少有 1 件次品”，则下列关系式中正确的是(　　).

A. $A\subset B$　　B. $B\subset A$　　C. $A=B$　　D. $A=\overline{B}$

29. 设事件 A 与事件 B 互为对立事件，且 $P(A)>0$，$P(B)>0$，则下列各式中错误的是(　　).

A. $P(A)=1-P(B)$　　B. $P(AB)=P(A)P(B)$

C. $P(\overline{AB})=1$　　D. $P(A+B)=1$

30. 设事件 A 与事件 B 互不相容，则下列各式中错误的是(　　).

A. $P(AB)=0$　　B. $P(A+B)=P(A)+P(B)$

C. $P(AB)=P(A)P(B)$　　D. $P(B-A)=P(B)$

31. 将一枚硬币独立地抛掷两次，以 A 表示事件“掷第一次出现正面”，B 表示事件“掷第二次出现正面”，C 表示事件“正、反面各出现一次”，D 表示事件“正面出现两次”，则(　　).

A. 事件 A,B,C 相互独立　　B. 事件 B,C,D 相互独立

C. 事件 A,B,C 两两独立　　D. 事件 B,C,D 两两独立

32. 设 A,B 为随机事件，且 $P(B)>0$，$P(A|B)=1$，则必有(　　).

A. $P(A+B)>P(A)$　　B. $P(A+B)>P(B)$

C. $P(A+B)=P(A)$　　D. $P(B+A)=P(B)$

33. 以 A 表示事件“甲种产品畅销，乙种产品滞销”，则其对立事件 $\overline{A}$ 为(　　).

A. “甲种产品滞销，乙种产品畅销”　　B. “甲、乙两种产品均畅销”

C. “甲种产品滞销”　　D. “甲种产品滞销或乙种产品畅销”

34. 在电炉上安装了 4 个温控器，其显示温度的误差是随机的. 在使用过程中，只要有两个温控器显示的温度不低于临界温度 t_0，电炉就断电. 以 E 表示事件“电炉断电”，而 $T_1\leqslant T_2\leqslant T_3\leqslant T_4$ 为 4 个温控器显示的按递增顺序排列的温度值，则事件 E 等于(　　).

A. $\{T_1\geqslant t_0\}$　　B. $\{T_2\geqslant t_0\}$　　C. $\{T_3\geqslant t_0\}$　　D. $\{T_4\geqslant t_0\}$

35. 设 $0<P(A)<1$，$0<P(B)<1$，$P(A|B)+P(\overline{A}|\overline{B})=1$，则(　　).

A. 事件 A 和 B 互不相容　　B. 事件 A 和 B 相互对立

C. 事件 A 和 B 不相互独立　　D. 事件 A 和 B 相互独立

36. 某人向某一目标独立重复射击，每次射击命中目标的概率为 $p(0<p<1)$，则此人第 4 次射击恰好第 2 次命中目标的概率为(　　).

A. $3p(1-p)^2$　　B. $6p(1-p)^2$

C. $3p^2(1-p)^2$　　D. $6p^2(1-p)^2$

37. 同时抛掷 3 枚均匀硬币，则至多 1 枚硬币正面朝上的概率为(　　).

A. $\frac{1}{8}$　　B. $\frac{1}{6}$　　C. $\frac{1}{4}$　　D. $\frac{1}{2}$

38. 设事件 A,B,C 两两独立，则 A,B,C 相互独立的充分必要条件是（　　）.

A. A 与 BC 相互独立　　B. AB 与 $B+C$ 相互独立

C. AB 和 AC 相互独立　　D. $A+B$ 和 $A+C$ 相互独立

三、填空题

39. 设事件 A 与事件 B 互不相容，且 $P(B)=0.2$，则 $P(\overline{A}B)=$________.

40. 设事件 A 与事件 B 相互独立，且 $P(A)=0.2$，$P(B)=0.4$，则 $P(A+B)=$________.

41. 设 A 与 B 是两个随机事件，已知 $P(A)=0.4$，$P(B)=0.6$，且 $P(A+B)=0.7$，则 $P(\overline{A}B)=$________.

42. 设三次独立试验中，每一次事件 A 出现的概率都相等. 若已知 A 至少出现一次的概率为 $\frac{19}{27}$，则事件 A 在一次试验中出现的概率为________.

43. 盒中有 4 个棋子，其中白子 2 个，黑子 2 个，现从盒中随机取出 2 子，则这 2 个棋子颜色相同的概率为________.

44. 从 0，1，2，3，4，5 五个数中任取三个数，则这三个数中不含 0 的概率为________.

45. 从 1，2，3，4 中任取一个数，记为 X，再从 $1,\cdots,X$ 中任取一个数，记为 Y，那么事件“$Y=2$”的概率为________.

46. 在区间$(0,1)$中随机地取两个数，则这两个数之差的绝对值小于 $\frac{1}{2}$ 的概率为________.

47. 袋中有 50 个乒乓球，其中 20 个是黄球，30 个是白球. 今有两人依次随机地从袋中各取一球，取后不放回，则第 2 个人取得黄球的概率是________.

48. 设有两箱同种零件：第一箱内装 10 件，其中 6 件一等品；第二箱内装 10 件，其中 4 件一等品. 现从两箱中随机挑出一箱，然后从该箱中先后随机取出两个零件（取出的零件均不放回），则先取出的零件是一等品的概率为________；在先取出的是一等品的条件下，后取出的零件仍然是一等品的条件概率为________.

49. 设 B,C 分别是将一枚骰子接连抛掷两次先后出现的点数，则一元二次方程 $x^2+Bx+C=0$ 有重根的概率为________.

50. 假设某厂家生产的每台仪器，以概率 0.7 可以直接出厂，以概率 0.3 需进一步调试，经调试后以概率 0.8 可以出厂，以概率 0.2 定为不合格产品不能出厂. 现该厂新生产了 $n(n\geqslant 2)$ 台仪器（假设各台仪器的生产过程相互独立），则这批产品全部能出厂的概率为________，恰有两台不能出厂的概率为________.

第 2 章　随机变量及其分布

教学目标

(1) 理解随机变量的概念，掌握分布函数的定义与性质；

(2) 理解离散型随机变量及其分布列的概念与性质，会求分布列；

(3) 理解连续型随机变量及其密度函数的概念与性质；

(4) 掌握密度函数与分布函数的关系；

(5) 掌握三个离散型分布——两点分布、二项分布和泊松分布；

(6) 掌握三个连续型分布——均匀分布、指数分布和正态分布；

(7) 会利用随机变量的概率分布进行有关的概率计算；

(8) 会求随机变量的简单函数的概率分布.

教学要求

知识要点	能力要求	相关知识
基本概念与性质	(1) 理解随机变量及其分布函数的概念与性质； (2) 理解离散型随机变量及其分布列的概念与性质； (3) 理解连续型随机变量及其密度函数的概念与性质； (4) 掌握密度函数与分布函数的关系	(1) 随机变量及其分布函数； (2) 离散型随机变量及分布列； (3) 理解连续型随机变量及其密度函数； (4) 密度函数与分布函数的关系
常见概率分布	(1) 掌握两点分布、二项分布、泊松分布； (2) 掌握均匀分布、指数分布、正态分布	(1) 两点分布、二项分布、泊松分布； (2) 均匀分布、指数分布、正态分布
基本计算	(1) 会求分布列，掌握密度函数与分布函数相互确定，利用概率分布进行概率计算； (2) 会求随机变量的简单函数的概率分布	(1) 由分布列计算概率； (2) 由密度函数计算概率； (3) 由分布函数计算概率； (4) 随机变量函数的概率分布

引 例

设某工厂有同型设备80台，各台设备工作是相互独立的，每台设备发生故障的概率都是0.01. 假设一台故障设备由一个维修工人即可维修处理. 试求：

(1) 配备4个维修工人，每人各负责20台设备，且各人互不支援时，设备发生故障而不能及时维修的概率；

(2) 由3人共同负责维修这80台设备时，设备发生故障而不能及时维修的概率.

从计算结果看，哪一种人员配备更有效率？

这个问题的解决，要用到离散型随机变量的二项概率分布和泊松分布，或者用连续型的正态分布进行近似计算.

本章引言

如上面引例所示，有些概率计算是困难的，有必要借助于其他数学理论. 有些随机试验的结果可以直接数量化，如掷骰子观察出现的点数、某型号电视机的使用寿命、某工厂某同型设备在运行中同时发生故障的设备台数等；有些随机试验结果可能不是数量，但也可以数量化，例如，检测一件产品，引入变量 X 来表示检测的结果：用“$X=0$”表示“产品为合格品”，用“$X=1$”表示“产品为次品”. 引入随机变量来描述随机试验的结果，能够把对随机事件的研究转化为对随机变量的研究，从而可以引用微积分等其他数学理论和方法来研究随机现象. 本章将引入随机变量及其分布函数、离散型随机变量及其分布列、连续型随机变量及其密度函数等概念，介绍几种常用的概率分布及相应的概率计算，并探讨随机变量的函数的概率分布的计算方法.

2.1 随机变量的概念

第1章讨论了用随机事件来表示随机现象的各种可能结果，并引入了随机事件的概率. 为了更深入地研究随机现象，需要把随机试验的结果数量化，也就是要引进随机变量来描述随机试验的结果.

有一些随机试验的结果直接就是用数值表示的. 例如，观察一次射击中的“命中环数”，可能的基本结果为“中0环”“中1环”……“中10环”，于是可以引进变量 X 来表示这些出现的“命中环数”：“$X=0$”表示事件“中0环”，“$X=1$”表示事件“中1环”，……，“$X=10$”表示事件“中10环”，从而这一随机试验的各个基本事件就用变量 X 取某个数值表示了. 而且这个随机试验的其他可能结果如“命中环数不超过1”这一事件 A 也可以用变量 X 来表示，即

$$A=\{X\leqslant 1\} \text{或} A=\{X=0\}+\{X=1\}$$

又如掷骰子观察出现的点数、产品检测时检测到的次品数、某品牌手机的使用寿命、某种动物的身长等，这些随机试验的结果都可以直接数量化，相应的随机事件可以用某变量 X 取不同的数或不同的取值范围来表示.

有些随机试验结果可能不是数量，但也可以数量化. 例如，抛掷 1 枚硬币，观察其正反面的情况，可能出现的基本结果为："正面向上"和"反面向上"；也可以引入变量 X 来表示试验的结果：用"$X=1$"表示"正面向上"，用"$X=0$"表示"反面向上".

前面例子中引入的变量 X 就是随机变量.

一般地，把表示随机现象的各种结果或描述随机事件的变量叫作**随机变量**. 随机变量通常用大写英文字母 X, Y, Z 等表示.

随机变量具有以下两个特点：

(1) 在一次试验前，不能预言随机变量取什么值. 即随机变量的取值具有偶然性，它的取值取决于随机试验的结果.

(2) 随机变量的所有可能取值是事先知道的，而且对应于随机变量取某一数值或某一范围的概率也是确定的.

引进随机变量以后，就可以把对随机事件的研究转化为对随机变量的研究，从而可以引用微积分等其他数学理论和方法来研究随机现象.

2.2　离散型随机变量

如果随机变量 X 的所有可能取值为有限个，或虽是无限多个但可以一一列举出来，则称 X 为**离散型随机变量**. 如一批产品的次品数，某一时间段内到某商场的顾客人数. 本节先讨论离散型随机变量.

2.2.1　分布列的概念与性质

离散型随机变量 X 只可能取有限个或可列无限个值. 设 X 可能取的值是 $x_1, x_2, \cdots, x_k, \cdots$，为了确切了解随机变量 X，不仅要知道它可能取哪些值，还要知道它取各个值的可能性有多大，即要确定它取各个值的概率：$P\{X=x_1\}$，$P\{X=x_2\}$，…，$P\{X=x_k\}$，…各是多少.

$P\{X=x_k\}=p_k, k=1,2,\cdots$ 叫作离散型随机变量 X 的**分布列**(或**概率分布**).

离散型随机变量的分布列也可用表格形式来表示：

X	x_1	x_2	x_3	…	x_k	…
P	p_1	p_2	p_3	…	p_k	…

上表也称为 X 的概率分布表. 它清楚且完整地表示了 X 所取值的概率分布情况.

分布列具有下列性质：

性质 1 $p_k \geq 0, k=1,2,\cdots$.

性质 2 $$\sum_{k=1}^{+\infty} p_k = 1. \tag{2.1}$$

例 1 用随机变量去描述掷一颗骰子的试验情况.

解 令 X 表示掷一颗骰子出现的点数，它可以取 1～6 这 6 个自然数，相应的概率都是 $\frac{1}{6}$. X 的分布列为

X	1	2	3	4	5	6
P	$\frac{1}{6}$	$\frac{1}{6}$	$\frac{1}{6}$	$\frac{1}{6}$	$\frac{1}{6}$	$\frac{1}{6}$

例 2 一批产品共 10 件，其中有 3 件次品，现从中任取 4 件，则"取得的次品数"X 是一个随机变量. 试求 X 的分布列.

解 X 只可能取 0,1,2,3 共 4 个值. "$X=k$"表示"取到 k 件次品"，由古典概率的定义知

$$P\{X=0\}=\frac{C_7^4}{C_{10}^4}=\frac{1}{6},\ P\{X=1\}=\frac{C_3^1C_7^3}{C_{10}^4}=\frac{1}{2}$$

$$P\{X=2\}=\frac{C_3^2C_7^2}{C_{10}^4}=\frac{3}{10},\ P\{X=3\}=\frac{C_3^3C_7^1}{C_{10}^4}=\frac{1}{30}$$

X 的分布列为

X	0	1	2	3
P	$\frac{1}{6}$	$\frac{1}{2}$	$\frac{3}{10}$	$\frac{1}{30}$

例 3 设随机变量 X 的分布列为

$$P\{X=k\}=\frac{a}{10},\ k=1,2,\cdots,10$$

试确定常数 a.

解 由式(2.1)知

$$P\{X=1\}+P\{X=2\}+\cdots+P\{X=10\}=1$$

即
$$\frac{a}{10}+\frac{a}{10}+\cdots+\frac{a}{10}=\frac{10a}{10}=1$$

所以
$$a=1$$

2.2.2 几种常见的离散型分布

1. 两点分布

如果随机变量 X 的分布列如下：

$$P\{X=1\}=p \quad (0<p<1)$$
$$P\{X=0\}=q=1-p$$

则称 X 服从**两点分布**(p 为参数).两点分布也叫贝努利分布或 0－1 分布.

例如,在 100 件产品中,有 95 件正品、5 件次品,现从中随机抽取一件,假如抽得每件的机会都相同,那么抽得正品的概率为 0.95,抽得次品的概率为 0.05.

现在定义随机变量 X 如下:

$$X=\begin{cases}1, & \text{抽得正品}\\ 0, & \text{抽得次品}\end{cases}$$

则有

$$P\{X=1\}=0.95$$
$$P\{X=0\}=0.05$$

即 X 服从两点分布.

两点分布虽简单但很有用.当随机试验只有 2 个可能结果,且都有正概率时,就可以确定一个服从两点分布的随机变量.例如:检查产品质量是否合格、某车间的电力消耗是否超过负荷、某射手对目标的一次射击是否中靶等都可以用服从两点分布的随机变量来描述.

2. 二项分布

如果随机变量 X 的概率分布为

$$P\{X=k\}=C_n^k p^k q^{n-k},\ k=0,1,2,\cdots,n,0<p<1,q=1-p$$

则称 X 服从参数为 n,p 的**二项分布**.用记号

$$X\sim B(n,p)$$

表示.

第 1 章讨论了贝努利概型.如果令 X 表示在 n 次独立重复试验中,事件 A 发生的次数,则 X 可取值为 $0,1,2,\cdots,n$,且

$$P\{X=k\}=P_n(k)=C_n^k p^k q^{n-k},\ k=0,1,2,\cdots,n$$

可见 X 服从二项分布.这就给出了二项分布的随机变量的直观背景,即在贝努利概型中事件 A 发生的次数 X 是服从二项分布的随机变量.

例 4　某一仪器由 3 个相同的独立工作的元件构成.该仪器工作时每个元件发生故障的概率为 0.1.试求该仪器工作时发生故障的元件数 X 的分布列.

解　X 为随机变量,可取以下数值:

$X=0$(仪器中没有一个元件发生故障);

$X=1$(仪器中有一个元件发生故障);

$X=2$(仪器中有两个元件发生故障);

$X=3$(仪器中有三个元件发生故障).

若将对每个元件的一次观察看成一次试验,因每次观察的结果只有 2 个:发生故障或正常.而发生故障的概率都是 0.1,又因为各元件发生故障与否是相互独立的,因此属于贝努利概型,即 $X\sim B(3,\ 0.1)$.

于是 X 的分布列为

$$P\{X=k\}=C_3^k(0.1)^k(0.9)^{3-k},\ k=0,1,2,3$$

或写成

$$P\{X=0\}=0.9^3=0.729$$
$$P\{X=1\}=C_3^1(0.1)(0.9)^2=0.243$$
$$P\{X=2\}=C_3^2(0.1)^2(0.9)=0.027$$
$$P\{X=3\}=0.1^3=0.001$$

X 的分布列也可表示为

X	0	1	2	3
P	0.729	0.243	0.027	0.001

例 5 从学校乘汽车到火车站的途中有 3 个交通岗，假设在各个交通岗遇到红灯的事件是相互独立的，各交通岗红灯点亮的时间占 $\frac{2}{5}$. 设 X 为途中遇到红灯的次数，求至多遇到 1 次红灯的概率.

解 所求概率即 $P(X\leqslant 1)=P(X=0)+P(X=1)$

而 X 服从二项分布 $B\left(3,\frac{2}{5}\right)$，即有

$$P\{X=0\}=C_3^0\left(\frac{2}{5}\right)^0\left(\frac{3}{5}\right)^3=\frac{27}{125}$$

$$P\{X=1\}=C_3^1\left(\frac{2}{5}\right)\left(\frac{3}{5}\right)^2=\frac{54}{125}$$

故

$$P\{X\leqslant 1\}=\frac{27}{125}+\frac{54}{125}=\frac{81}{125}$$

例 6 设每台某型机器发生故障的概率为 0.01. 现有该型机器 300 台，各台机器相互独立地工作. 假设一台机器的故障可由一个人处理，问至少需配备多少名维修工人，就能保证机器发生故障而无人去及时维修的概率不超过 0.01?

解 设 X 表示这 300 台机器在任一时刻同时发生故障的机器台数，则 $X\sim B(300, 0.01)$.

设至少配备 N 名工人，这时问题就转化为确定最小的 N，使 $P\{X>N\}\leqslant 0.01$，即 $P\{X\leqslant N\}\geqslant 0.99$，也即

$$P\{X=0\}+P\{X=1\}+\cdots+P\{X=N\}\geqslant 0.99$$

$$C_{300}^0(0.01)^0(0.99)^{300}+C_{300}^1(0.01)(0.99)^{299}+\cdots+C_{300}^N(0.01)^N(0.99)^{300-N}\geqslant 0.99$$

若取 $N=300$，即配备 300 名工人，当然能 100%保证维修，但这显然太浪费. 若 $N=0$，显然不行. 要确定满足要求的最小的 N，直接用手工计算是困难的，读者可以自己用计算机编程计算 N 值，也可参考本节的泊松定理或第 5 章中的中心极限定理提供的近似计算方法.

3．泊松(Poisson)分布

如果随机变量 X 的概率分布为

$$P\{X=k\}=\frac{\lambda^k e^{-\lambda}}{k!},\ k=0,1,2,\cdots$$

其中常数 $\lambda>0$，则称 X 服从参数为 λ 的**泊松分布**，记为 $X\sim P(\lambda)$.

泊松分布是概率论中最重要的分布之一. 这是由于在实际问题中很多随机变量都服从泊松分布. 例如，在长为 τ 的时间段内电话交换台接到的呼叫次数、到公共汽车站的乘客数、纺织厂生产的一批布上的疵点个数等，都服从泊松分布.

例 7　电话交换台每分钟接到的呼唤次数 X 为随机变量，设 $X\sim P(4)$，求：

(1) 1 分钟内呼唤次数恰为 8 次的概率；

(2) 1 分钟内呼唤次数不超过 1 次的概率.

解　因为 X 服从参数为 $\lambda=4$ 的泊松分布，故有

(1) $P\{X=8\}=\dfrac{4^8}{8!}e^{-4}=0.029\,8$；

(2) $P\{X\leqslant 1\}=P\{X=0\}+P\{X=1\}=\dfrac{4^0}{0\,!}e^{-4}+\dfrac{4}{1\,!}e^{-4}=0.091\,6$.

在许多应用问题中，常遇到 n 很大而 p 很小的二项分布 $B(n,p)$，这时直接用 $P\{X=k\}=C_n^k p^k(1-p)^{n-k}$ 计算是很烦琐的，在例 6 中就遇到这种情况. 下面给出的泊松定理能帮助做近似计算.

定理 1(泊松定理)　设随机变量 $X\sim B(n,p)$，λ 是某正数，$np\to\lambda$(当 $n\to+\infty$)，则对固定的非负整数 k，有

$$\lim_{n\to+\infty} C_n^k p^k(1-p)^{n-k}=\frac{\lambda^k}{k!}e^{-\lambda}$$

这个定理此处不予证明. 当 $X\sim B(n,p)$，且 n 很大而 p 很小时，记 $np=\lambda$，则由泊松定理得下面的近似公式

$$P\{X=k\}=C_n^k p^k(1-p)^{n-k}\approx\frac{\lambda^k}{k!}e^{-\lambda}$$

附录 4 的“泊松分布表”就某些 λ 值给出了 $\sum\limits_{r=x}^{+\infty}\dfrac{\lambda^r e^{-\lambda}}{r!}$ 的值，查此附录表也不难得出 $\dfrac{\lambda^k}{k!}e^{-\lambda}$ 的值.

在例 7 中，$n=300$，$p=0.01$，$np=3$(相当于附录 4 中 $\lambda=3$). 例 7 中要求 $P\{X>N\}\leqslant 0.01$，即

$$\sum_{k=N+1}^{300}\frac{3^k e^{-3}}{k!}\approx\sum_{k=N+1}^{+\infty}\frac{3^k e^{-3}}{k!}\leqslant 0.01\,.$$

查附录 4 知可取 $N+1$ 为 9，即 N 应取 8. 因此至少需配备 8 名维修工人.

例 8　设有同型设备 80 台，各台设备工作是相互独立的，发生故障的概率都是 0.01. 假设一台设备的故障由一个人即可处理. 试求：

(1) 配备 4 个人,每人各负责 20 台设备,且各人互不支援时,设备发生故障而不能及时维修的概率;

(2) 由 3 人共同负责维修这 80 台设备时,设备发生故障而不能及时维修的概率.

解 (1) 设 $X_i(i=1,2,3,4)$表示第 i 人负责的 20 台设备中同时发生故障的台数,则 $X_i\sim B(20,0.01)$,$X_i\geqslant 2$ 时第 i 人就不能及时修理.

若用泊松近似公式($\lambda=np=20\times 0.01=0.2$),则查附录 4 得

$$P\{X_i\geqslant 2\}\approx\sum_{k=2}^{+\infty}\frac{0.2^k}{k!}\mathrm{e}^{-0.2}=0.0175$$

故
$$P\{X_i\leqslant 1\}\approx 0.9825,i=1,2,3,4$$

所以 4 个人都能应付得过来的概率为 $0.9825^4\approx 0.9318$,从而 4 人中至少有 1 人应付不过来的概率为 $1-0.9318=0.0682$.

(2) 由 3 人共同负责 80 台设备时,设 X 表示同一时刻发生故障的设备台数,则 $X\sim B(80,0.01)$,$X\geqslant 4$ 时出现不能及时维修的情况.用泊松近似公式($\lambda=np=80\times 0.01=0.8$),则查附录 4 得

$$P\{X\geqslant 4\}\approx\sum_{k=4}^{+\infty}\frac{0.8^k}{k!}\mathrm{e}^{-0.8}=0.0091$$

因为 $0.0682>0.0091$,所以由 3 人共同负责维修 80 台设备(每人平均约 27 台),比配备 4 人每人单独负责维修 20 台更好,既节约了人力又提高了效率.

2.3 连续型随机变量

前面讨论了离散型随机变量及描述这些随机变量的概率分布情况的分布列.这些问题的讨论都建立在随机变量的取值可以一一列举出来的基础之上.但在许多实际问题中所遇见的随机变量是不可列举的,其可能的取值连续地充满了某个实数区间,例如某种电子元件的使用寿命、人的身高、测量物体长度时产生的误差等.这种类型的随机变量就是本节要讨论的所谓连续型随机变量.

2.3.1 连续型随机变量的概率密度函数

对于连续型随机变量,由于其取值不能一一列举出来,因而不能用离散型随机变量的分布列来描述其取值的概率分布情况.但人们在大量的社会实践中发现,连续型随机变量落在任一区间$[a,b]$上的概率可用某一函数 $f(x)$在$[a,b]$上的定积分来计算.于是有下列定义.

定义 1 对于随机变量 X,如果存在非负可积函数 $f(x)(-\infty<x<+\infty)$,使对任意 $a,b(a<b)$都有

$$P\{a\leqslant X\leqslant b\}=\int_a^b f(x)\mathrm{d}x$$

则称 X 为**连续型随机变量**;称 $f(x)$ 为连续型随机变量 X 的**概率密度函数**,简称**概率密度**,或**密度函数**.

密度函数的函数图像叫作**密度曲线**.

由此定义知概率密度函数 $f(x)$ 具有下列性质.

性质1　$f(x)\geqslant 0(-\infty<x<+\infty)$.

性质2　$\int_{-\infty}^{+\infty} f(x)\mathrm{d}x = 1$.

这是因为 $\int_{-\infty}^{+\infty} f(x)\mathrm{d}x = P(-\infty < X < +\infty) = P(\Omega) = 1$.

另外,对于连续型随机变量 X 和任意一个给定的实数 a,还有下列性质.

性质3　$P\{X=a\}=0$.

这是因为 $P\{X=a\} = \lim\limits_{\Delta x \to 0+} P\{a \leqslant X \leqslant a+\Delta x\} = \lim\limits_{\Delta x\to 0+}\int_a^{a+\Delta x} f(x)\mathrm{d}x = \int_a^a f(x)\mathrm{d}x = 0$.

性质3表明连续型随机变量取任一给定实数的概率为0,所以在计算连续型随机变量落在某一区间上的概率时,不必考虑区间是开区间还是闭区间.区间是否包括端点并不影响概率值,即有

性质4　对连续型随机变量 X 和任意 $a,b(a<b)$,有

$$\begin{aligned}P\{a<X<b\}&=P\{a\leqslant X<b\}=P\{a<X\leqslant b\}\\&=P\{a\leqslant X\leqslant b\}=\int_a^b f(x)\mathrm{d}x\end{aligned}$$

由性质3还可知,一个事件的概率为0,该事件未必就是不可能事件;因此,一个事件的概率为1,该事件也不一定是必然事件.

例1　设随机变量 X 具有密度函数

$$f(x)=\begin{cases}A\mathrm{e}^{-3x}, & x>0\\0, & x\leqslant 0\end{cases}$$

求常数 A 并计算概率 $P\{-1<X\leqslant 2\}$ 和 $P\{X\leqslant 1\}$.

解　由性质2有 $\int_{-\infty}^{+\infty} f(x)\mathrm{d}x = 1$,故 $\int_0^{+\infty} A\mathrm{e}^{-3x}\mathrm{d}x = 1$,由此求得 $A=3$.

于是 X 的概率密度函数

$$f(x)=\begin{cases}3\mathrm{e}^{-3x}, & x>0\\0, & x\leqslant 0\end{cases}$$

所以

$$P\{-1<X\leqslant 2\} = \int_{-1}^{2} f(x)\mathrm{d}x = \int_{-1}^{0} 0\mathrm{d}x + \int_0^2 3\mathrm{e}^{-3x}\mathrm{d}x = 1-\mathrm{e}^{-6}$$

$$P\{X\leqslant 1\} = P\{-\infty < X \leqslant 1\} = \int_{-\infty}^{1} f(x)\mathrm{d}x = \int_{-\infty}^{0} 0\mathrm{d}x + \int_0^1 3\mathrm{e}^{-3x}\mathrm{d}x = 1-\mathrm{e}^{-3}$$

2.3.2 几种常见的连续型分布

1. 均匀分布

设连续型随机变量 X 在有限区间 $[a,b]$ 上取值，且它的概率密度为

$$f(x)=\begin{cases}\dfrac{1}{b-a}, & a\leqslant x\leqslant b\\ 0, & \text{其他}\end{cases}$$

则称 X 服从区间 $[a,b]$ 上的**均匀分布**，可记成 $X\sim U[a,b]$.

如果 X 在 $[a,b]$ 上服从均匀分布，则对满足 $a\leqslant c<c+l\leqslant b$ 的任意 c,l，都有

$$P\{c\leqslant X\leqslant c+l\}=\int_c^{c+l}f(x)\mathrm{d}x=\int_c^{c+l}\frac{1}{b-a}\mathrm{d}x=\frac{l}{b-a}$$

这表明：不论 c 在 $[a,b]$ 上的位置如何，X 落入子区间 $[c,c+l]$ 的概率与该子区间的长度 l 成正比，而与该子区间的位置无关，故称之为均匀分布.

例 2 设公共汽车每隔 5 分钟一班，乘客到站是随机的，则等车时间 X 服从 $[0,5]$ 上的均匀分布，求 X 的密度函数并求某乘客随机地去乘车而候车时间不超过 3 分钟的概率.

解 X 服从 $[0,5]$ 上的均匀分布，故其密度函数为

$$f(x)=\begin{cases}\dfrac{1}{5}, & 0\leqslant x\leqslant 5\\ 0, & \text{其他}\end{cases}$$

候车时间不超过 3 分钟的概率为 $P\{0\leqslant X\leqslant 3\}=\int_0^3\frac{1}{5}\mathrm{d}x=\frac{3}{5}$.

2. 指数分布

设连续型随机变量 X 的概率密度为

$$f(x)=\begin{cases}\lambda\mathrm{e}^{-\lambda x}, & x\geqslant 0\\ 0, & x<0\end{cases}$$

其中常数 $\lambda>0$，则称 X 服从参数为 λ 的**指数分布**，可记成 $X\sim E(\lambda)$.

指数分布常用来描述各种“寿命”分布. 它在可靠性理论中起着重要的作用. 电话问题中的通话时间、电子元件的使用寿命等常假定为服从指数分布.

例 3 设某型人造卫星的寿命 X(单位：年)服从参数为 $\frac{2}{3}$ 的指数分布. 若 3 颗这样的卫星同时升空投入使用，求：

(1) 连续使用 2 年后 3 颗卫星仍都正常运行的概率；

(2) 连续使用 2 年后至少 1 颗卫星仍正常运行的概率.

解 X 的密度函数为 $f(x)=\begin{cases}\dfrac{2}{3}\mathrm{e}^{-\frac{2}{3}x}, & x\geqslant 0\\ 0, & x<0\end{cases}$

故 1 颗卫星 2 年后还正常运行的概率为

$$P\{X \geqslant 2\} = \int_{2}^{+\infty} \frac{2}{3} e^{-\frac{2}{3}x} dx = e^{-\frac{4}{3}}$$

记 Y 表示 2 年后仍正常运行的卫星颗数，则

$$Y \sim B(3, e^{-\frac{4}{3}})$$

即服从二项分布.

(1) 2 年后 3 颗卫星都正常的概率为

$$P\{Y=3\} = (e^{-\frac{4}{3}})^3 = e^{-4} \approx 0.0183$$

(2) 2 年后至少有 1 颗卫星正常的概率为

$$P\{Y \geqslant 1\} = 1 - P\{Y=0\} = 1 - (1 - e^{-\frac{4}{3}})^3 \approx 0.6007$$

3. 正态分布

若连续型随机变量 X 的密度函数为

$$f(x) = \frac{1}{\sqrt{2\pi}\sigma} e^{-\frac{(x-\mu)^2}{2\sigma^2}}, \quad -\infty < x < +\infty$$

其中 $\mu, \sigma (\sigma > 0)$ 为常数，则称 X 服从参数为 μ, σ 的**正态分布**，简记为

$$X \sim N(\mu, \sigma^2)$$

利用微积分的知识可知，正态分布的概率密度函数的性态如下：

(1) 曲线 $y = f(x)$ 以 $x = \mu$ 为对称轴，函数 $y = f(x)$ 在 μ 处达到最大，最大值为 $\dfrac{1}{\sqrt{2\pi}\sigma}$.

(2) 当 $x \to \pm\infty$ 时，$f(x) \to 0$，即曲线 $y = f(x)$ 以 x 轴为水平渐近线.

(3) $x = \mu \pm \sigma$ 为曲线 $y = f(x)$ 的 2 个拐点的横坐标，σ 为拐点到对称轴 $x = \mu$ 的距离.

(4) 若固定 σ 而改变 μ 的值，则正态分布密度曲线沿着 x 轴平行移动，而不改变其形状，可见曲线的位置完全由参数 μ 确定. 若固定 μ 而改变 σ 的值，则当 σ 越小时图形变得越陡峭；反之，当 σ 越大时图形变得越平缓，如图 2.1 所示.

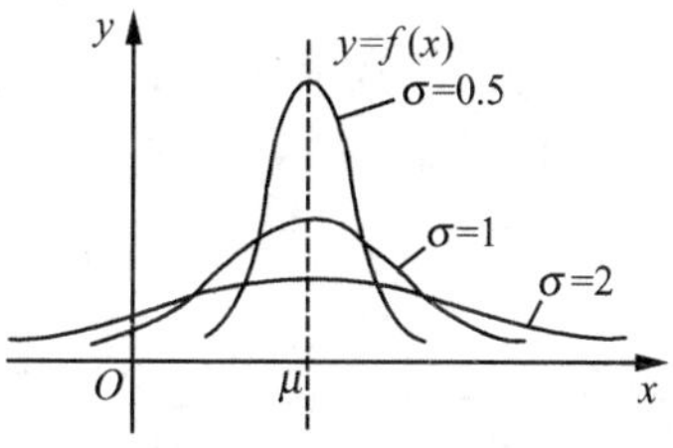

图 2.1

特别地，如果正态分布 $N(\mu, \sigma^2)$ 中的 2 个参数 $\mu = 0$，$\sigma = 1$，则称 X 服从**标准正态分布**，记成 $X \sim N(0, 1)$.

本书中特别用 $\varphi(x)$ 表示标准正态分布的概率密度函数，即

$$\varphi(x) = \frac{1}{\sqrt{2\pi}} e^{-\frac{x^2}{2}}$$

标准正态分布的密度曲线 $y = \varphi(x)$ 关于 y 轴对称，如图 2.2 所示.

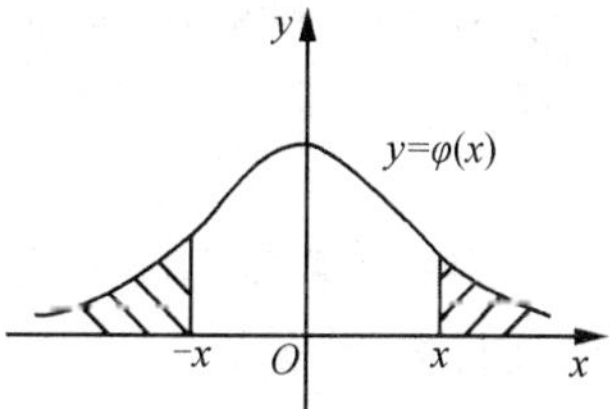

图 2.2

正态分布是最常见也是最重要的一种分布，自然界及社会生活、生产实际中很多随机变量都服从或近似服从正态分布，例如产品的各种质量指标、测量误差、某地区的年降雨量、成年人的身高等.

正态分布的概率计算将在2.4节讨论.

2.4 分布函数

2.4.1 分布函数的概念

在前面的讨论中，离散型随机变量是用分布列来描述的，而连续型随机变量是用密度函数来刻画的. 为了在数学上能统一地研究离散型随机变量和连续型随机变量，下面引进随机变量的分布函数的概念.

定义1 设 X 是一个随机变量(它可以是离散的，也可以是非离散的)，x 是任一实数，则称函数

$$F(x)=P\{X\leqslant x\}\ (-\infty<x<+\infty)$$

为随机变量 X 的**分布函数**.

对于任意实数 $a,b(a<b)$，有

$$P\{a<X\leqslant b\}=P\{X\leqslant b\}-P\{X\leqslant a\}=F(b)-F(a) \tag{2.2}$$

分布函数是一个定义在$(-\infty,+\infty)$上的普通函数，可通过它用微积分等数学方法来研究随机变量.

如果将 X 看成是数轴上随机点的坐标，那么分布函数

$$F(x)=P\{X\leqslant x\}=P\{-\infty<X\leqslant x\}$$

在 x 处的函数值就表示点 X 落在区间$(-\infty,x]$上的概率.

特别地，若 X 为离散型随机变量，则可由分布列确定分布函数

$$F(x)=P\{X\leqslant x\}=\sum_{x_i\leqslant x}P\{X=x_i\} \tag{2.3}$$

即把满足“$x_i\leqslant x$”的所有的概率 $P\{X=x_i\}$ 相加.

若 X 为连续型随机变量，其密度函数为 $f(x)$，则可由密度函数确定分布函数

$$F(x)=P\{X\leqslant x\}=\int_{-\infty}^{x}f(t)\mathrm{d}t \tag{2.4}$$

对于连续型随机变量 X，结合第2.3节的性质4和本节的式(2.2)知

$$\begin{aligned}P\{a<X<b\}&=P\{a\leqslant X<b\}=P\{a<X\leqslant b\}\\&=P\{a\leqslant X\leqslant b\}=F(b)-F(a)\end{aligned}$$

但对于离散型随机变量 X，其分布函数由式(2.3)确定，故本节的式(2.2)只对左开右闭区间$(a,b]$成立.

2.4.2 分布函数的性质

分布函数具有以下基本性质:

(1) $F(x)$是一个不减的函数,即当 $x_1<x_2$ 时,$F(x_1)\leqslant F(x_2)$.

事实上,$F(x_2)-F(x_1)=P\{x_1<X\leqslant x_2\}\geqslant 0$.

(2) $0\leqslant F(x)\leqslant 1(-\infty<x<+\infty)$,且 $F(-\infty)=\lim\limits_{x\to-\infty}F(x)=0$,$F(+\infty)=\lim\limits_{x\to+\infty}F(x)=1$.

(3) $F(x+0)=F(x)$ 即 $F(x)$是右连续的.

这 3 条性质对离散型随机变量和连续型随机变量的分布函数均成立.

特别地,对于连续型随机变量而言,其分布函数 $F(x)$为连续函数,且其密度函数 $f(x)$的连续点 x 处有

$$F'(x)=f(x) \tag{2.5}$$

例 1 设袋中装有 10 个球,其中有 2 个 1 号球,3 个 2 号球,5 个 3 号球.现从袋中任取一个球.求:

(1) 该球号码 X 的分布函数 $F(x)$;

(2) $F\left(\dfrac{5}{2}\right)$;

(3) $P\{X>2\}$及 $P\left\{\dfrac{3}{2}<X\leqslant 7\right\}$.

解 显然,X 只能取 1,2,3 三个值,且其分布列为

$$P\{X=1\}=\frac{2}{10}=\frac{1}{5},\ P\{X=2\}=\frac{3}{10},\ P\{X=3\}=\frac{5}{10}=\frac{1}{2}$$

(1) 当 $x<1$ 时,“$X\leqslant x$”是不可能事件(因为 X 只取 1,2,3),故

$$F(x)=P\{X\leqslant x\}=0$$

当 $1\leqslant x<2$ 时,“$X\leqslant x$”相当于“$X=1$”,故

$$F(x)=P\{X\leqslant x\}=P\{X=1\}=\frac{1}{5}=0.2$$

当 $2\leqslant x<3$ 时,“$X\leqslant x$”相当于“$X=1$ 或 $X=2$”,故

$$\begin{aligned}F(x)&=P\{X\leqslant x\}=P\{X=1\}+P\{X=2\}\\&=\frac{1}{5}+\frac{3}{10}=\frac{1}{2}=0.5\end{aligned}$$

当 $x\geqslant 3$ 时,“$X\leqslant x$”相当于“$X=1$ 或 $X=2$ 或 $X=3$”,故

$$\begin{aligned}F(x)&=P\{X\leqslant x\}=P\{X=1\}+P\{X=2\}+P\{X=3\}\\&=\frac{1}{5}+\frac{3}{10}+\frac{1}{2}=1\end{aligned}$$

因此 X 的分布函数为

$$F(x)=\begin{cases}0, & x<1\\ 0.2, & 1\leqslant x<2\\ 0.5, & 2\leqslant x<3\\ 1, & x\geqslant 3\end{cases}$$

(2) 因 $2\leqslant\frac{5}{2}<3$，故 $F\left(\frac{5}{2}\right)=0.5$；

(3) “$X>2$”相当于“$X=3$”，故

$$P\{X>2\}=P\{X=3\}=0.5$$

而

$$P\left\{\frac{3}{2}<X\leqslant 7\right\}=F(7)-F\left(\frac{3}{2}\right)=1-0.2=0.8$$

从此例可以看出由离散型随机变量的分布列求分布函数的方法.

例 2 设 X 服从$[a,b]$上的均匀分布，求 X 的分布函数.

解 X 的密度函数为

$$f(x)=\begin{cases}\frac{1}{b-a}, & x\in[a,b]\\ 0, & x<a \text{ 或 } x>b\end{cases}$$

X 的分布函数 $F(x)=\int_{-\infty}^{x}f(t)\mathrm{d}t$，故

当 $x<a$ 时，

$$F(x)=\int_{-\infty}^{x}f(t)\mathrm{d}t=\int_{-\infty}^{x}0\mathrm{d}t=0$$

当 $a\leqslant x<b$ 时，

$$F(x)=\int_{-\infty}^{x}f(t)\mathrm{d}t=\int_{-\infty}^{a}0\mathrm{d}t+\int_{a}^{x}\frac{1}{b-a}\mathrm{d}t=\frac{x-a}{b-a}$$

当 $x<b$ 时，

$$F(x)=\int_{-\infty}^{x}f(t)\mathrm{d}x=\int_{-\infty}^{a}0\mathrm{d}t+\int_{a}^{b}\frac{1}{b-a}\mathrm{d}t+\int_{b}^{x}0\mathrm{d}t=1$$

所以 X 的分布函数为

$$F(x)=\begin{cases}0, & x<a\\ \frac{x-a}{b-a}, & a\leqslant x<b\\ 1, & x\geqslant b\end{cases}$$

例 3 设连续型随机变量 X 的分布函数为

$$F(x)=\begin{cases}A+B\mathrm{e}^{-2x}, & x\geqslant 0\\ 0, & x<0\end{cases}$$

(1) 求常数 A,B；

(2) 求 X 的概率密度函数.

解 (1) 由分布函数的性质知 $F(+\infty)=1$，即

$$\lim_{x\to+\infty}(A+B\mathrm{e}^{-2x})=1$$

所以 $A=1$.

又因为 $F(x)$在点 $x=0$ 处连续(事实上连续型随机变量的分布函数在任意点连续),所以 $\lim\limits_{x\to0-}F(x)=F(0)$,即 $0=A+B$,故 $B=-1$.

从而分布函数为

$$F(x)=\begin{cases}1-\mathrm{e}^{-2x}, & x\geqslant0\\0, & x<0\end{cases}$$

(2) 密度函数 $f(x)=F'(x)$,故

$$f(x)=\begin{cases}2\mathrm{e}^{-2x}, & x\geqslant0\\0, & x<0\end{cases}$$

例 2 和例 3 讨论了连续型随机变量的密度函数和分布函数的相互确定的问题.一般地,这两者之间的关系见式(2.4)和式(2.5).

2.4.3　正态分布的概率计算

1. 标准正态分布的概率计算

设 $X\sim N(0,1)$,则 X 的分布函数特别用 $\Phi(x)$表示,即

$$\Phi(x)=\int_{-\infty}^{x}\frac{1}{\sqrt{2\pi}}\mathrm{e}^{-\frac{t^2}{2}}\mathrm{d}t$$

由于此式给出的函数 $\Phi(x)$的函数值很难计算,人们为了计算方便,编制了 $\Phi(x)$的函数值表,以便查用.附录 3 中给出了 $x\geqslant0$ 时 $\Phi(x)$的函数值.

标准正态分布函数具有性质:

$$\Phi(-x)=1-\Phi(x)\tag{2.6}$$

式(2.6)可利用标准正态分布的概率密度 $\varphi(x)$是偶函数和 $\int_{-\infty}^{+\infty}\varphi(x)\mathrm{d}x=1$ 而得到证明.

利用式(2.6),当 $x<0$ 时函数值 $\Phi(x)$也可通过查附录 3 来计算.

例 4　设 $X\sim N(0,1)$,求:

(1) $P\{|X|<1\}$,$P\{|X|<2\}$,$P\{|X|<3\}$;

(2) $P\{0.59<X<1.56\}$,$P\{-2<X\leqslant1\}$;

(3) $P\{|X|>1\}$.

解　(1) $P\{|X|<1\}=P\{-1<X<1\}=\Phi(1)-\Phi(-1)$

$=\Phi(1)-[1-\Phi(1)]=2\Phi(1)-1$(查附录 3 表)

$=2\times0.8413-1=0.6826$

同理可得

$$P\{|X|<2\}=0.9544,\ P\{|X|<3\}=0.9974.$$

(2) $P\{0.59<X<1.56\}=\Phi(1.56)-\Phi(0.59)$

$=0.9406-0.7224=0.2182$,

$P\{-2<X\leqslant 1\}=\Phi(1)-\Phi(-2)=\Phi(1)-1+\Phi(2)$

$=0.8413-1+0.9772=0.8185$.

(3) $P\{|X|>1\}=1-P\{|X|\leqslant 1\}$(利用(1)的结果)

$=1-0.6826=0.3174$.

例 5 设 $X\sim N(0,1)$,求 $x>0$,使 $P\{|X|>x\}=0.05$.

解 由 $P\{|X|>x\}=0.05$,得 $P\{|X|\leqslant x\}=0.95$,即

$$P\{-x\leqslant X\leqslant x\}=\Phi(x)-\Phi(-x)=\Phi(x)-[1-\Phi(x)]$$
$$=2\Phi(x)-1=0.95$$

由此解得

$$\Phi(x)=0.975$$

查附录 3 得

$$x=1.96$$

2. 一般正态分布的概率计算

定理 1 设 $X\sim N(\mu,\sigma^2)$,则随机变量 $Y=\frac{X-\mu}{\sigma}\sim N(0,1)$,从而

$$P\{X\leqslant b\}=\Phi\left(\frac{b-\mu}{\sigma}\right)$$

$$P\{a<X<b\}=\Phi\left(\frac{b-\mu}{\sigma}\right)-\Phi\left(\frac{a-\mu}{\sigma}\right) \tag{2.7}$$

证 X 的分布函数为

$$F(x)=\frac{1}{\sqrt{2\pi}\sigma}\int_{-\infty}^{x}\mathrm{e}^{-\frac{(t-\mu)^2}{2\sigma^2}}\mathrm{d}t$$

令
$$y=\frac{t-\mu}{\sigma}$$

则
$$F(x)=\frac{1}{\sqrt{2\pi}}\int_{-\infty}^{\frac{x-\mu}{\sigma}}\mathrm{e}^{-\frac{y^2}{2}}\mathrm{d}y=\Phi\left(\frac{x-\mu}{\sigma}\right)$$

上式说明,若 $X\sim N(\mu,\sigma^2)$,则

$$Y=\frac{X-\mu}{\sigma}\sim N(0,1)$$

从而

$$P\{X\leqslant b\}=\Phi\left(\frac{b-\mu}{\sigma}\right)$$

$$P\{a<X<b\}=P\left\{\frac{a-\mu}{\sigma}<\frac{X-\mu}{\sigma}<\frac{b-\mu}{\sigma}\right\}$$
$$=\Phi\left(\frac{b-\mu}{\sigma}\right)-\Phi\left(\frac{a-\mu}{\sigma}\right)$$

例 6　设 $X\sim N(1.5,4)$，求 $P\{-4<X<3.5\}$ 和 $P\{X>2\}$.

解　由已知 $\mu=1.5,\sigma=2$，根据式(2.7)有

$$\begin{aligned}P\{-4<X<3.5\}&=\Phi\left(\frac{3.5-1.5}{2}\right)-\Phi\left(\frac{-4-1.5}{2}\right)\\&=\Phi(1)-\Phi(-2.75)\\&=\Phi(1)-[1-\Phi(2.75)]\\&=0.8413-(1-0.9970)=0.8383\end{aligned}$$

$$\begin{aligned}P\{X>2\}&=1-P\{X\leqslant 2\}=1-\Phi\left(\frac{2-1.5}{2}\right)\\&=1-\Phi(0.25)=1-0.5987=0.4013.\end{aligned}$$

例 7　公共汽车门的高度是按男子与车门碰头的概率在 0.01 以下来设计的. 设男子身高 X 服从 $\mu=170$ cm，$\sigma=6$ cm 的正态分布，即 $X\sim N(170,6^2)$，试问：车门高度应如何确定？

解　设车门高度为 h（单位：cm），按设计要求，

$$P\{X\geqslant h\}\leqslant 0.01$$

即

$$1-P\{X<h\}\leqslant 0.01$$

也即

$$P\{X<h\}\geqslant 0.99$$

从而

$$P\{X<h\}=P\{X\leqslant h\}=\Phi\left(\frac{h-170}{6}\right)\geqslant 0.99$$

查附录表知

$$\Phi(2.33)=0.9901>0.99$$

所以

$$\frac{h-170}{6}\geqslant 2.33$$

即

$$h\geqslant 170+6\times 2.33\approx 184$$

因此，当设计的车门高度为 184 cm 时即可使男子与车门碰头的概率不超过 0.01.

3. 正态分布的 σ 准则

下面简单介绍一下实际应用中有重要意义的正态分布的 **σ 准则**.

设 $X\sim N(\mu,\sigma^2)$，则 $\frac{X-\mu}{\sigma}\sim N(0,1)$，于是由例 4(1)知

$$P\left\{\left|\frac{X-\mu}{\sigma}\right|<1\right\}=0.6826$$

即

$$P\{\mu-\sigma<X<\mu+\sigma\}=0.6826$$

同理

$$P\{\mu-2\sigma<X<\mu+2\sigma\}=0.9544 \tag{2.8}$$

$$P\{\mu-3\sigma<X<\mu+3\sigma\}=0.9974 \tag{2.9}$$

由式(2.8)和式(2.9)知，当 $X\sim N(\mu,\sigma^2)$ 时，X 落在开区间 $(\mu-2\sigma,\mu+2\sigma)$ 或 $(\mu-3\sigma,\mu+3\sigma)$ 之外的概率都很小.

因此当一个数据来自正态分布 $N(\mu,\sigma^2)$ 时，总认为这个数据应落在区间 $(\mu-2\sigma,\mu+2\sigma)$ 或 $(\mu-3\sigma,\mu+3\sigma)$ 内（或者说该数据与 μ 相距不超过 2σ 或 3σ），否则就认为这个数据异

常.这就是通常所说的 2σ 准则或 3σ 准则.

在产品质量控制中就常用 3σ 准则.根据 3σ 准则,产品的质量指标就落在上、下管理限 $\mu+3\sigma$ 和 $\mu-3\sigma$ 之间,由此可以通过抽样检查来判断生产过程是否出现异常.例如抽查袋装水泥每包的质量,已知包装机包装的水泥在正常情况下每袋质量服从正态分布 $N(100,2^2)$,今抽查一袋测得其质量为 108.5,是否可以怀疑包装机械出了故障?根据 3σ 准则,每袋质量应在 94 与 106 之间,因为 $108.5>106$,故可以认为包装机械出了故障.

2.5 随机变量函数的分布

设 X 是一个随机变量,$g(x)$ 是一个连续实函数,则 $Y=g(X)$ 也是一个随机变量.称 $Y=g(X)$ 为随机变量 X 的函数.例如,设分子运动的速率 X 是一个随机变量,而 Y 是分子的动能,则 Y 是 X 的函数,$Y=\frac{1}{2}mX^2$(m 是分子的质量).

本节将讨论如何由已知的 X 的概率分布求 $Y=g(X)$ 的概率分布.下面分离散型和连续型两种情况讨论.

2.5.1 离散型随机变量的函数的分布

当 X 是离散型随机变量时,$Y=g(X)$ 自然也是离散型的随机变量.设 X 的分布列为

X	x_1	x_2	$\cdots$	x_k	$\cdots$
P	p_1	p_2	$\cdots$	p_k	$\cdots$

记 $y_i=g(x_i)(i=1,2,\cdots)$,则

(1) 当 $y_1,y_2,\cdots$ 各值互不相等时,$Y=g(X)$ 的分布列为

Y	y_1	y_2	$\cdots$	y_k	$\cdots$
P	p_1	p_2	$\cdots$	p_k	$\cdots$

(2) 当 $y_1,y_2,\cdots$ 各值不是互不相等时,应把相等的值合并,即把相应的概率相加.

例 1 设随机变量 X 的分布列为

X	-2	-1	0	1	2
P	0.2	0.3	0.3	0.1	0.1

试求:(1) $Y=2X+1$ 的分布列;

(2) $Y=X^2$ 的分布列.

解 (1) X 取 $-2,-1,0,1,2$ 分别对应于 $Y=2X+1$ 取 $-3,-1,1,3,5$. Y 的取值中没有相等的,故 $Y=2X+1$ 的分布列为

Y	−3	−1	1	3	5
P	0.2	0.3	0.3	0.1	0.1

(2) X 取 $-2,-1,0,1,2$ 分别对应于 $Y=X^2$ 取 $4,1,0,1,4$. Y 的取值有相同的，比如"$Y=4$"就对应"$X=-2$ 或 $X=2$"，故

$$P\{Y=4\}=P\{X=-2 \text{ 或 } X=2\}=P\{X=-2\}+P\{X=2\}=0.2+0.1=0.3$$

同理，
$$P\{Y=1\}=P\{X=-1\}+P\{X=1\}=0.3+0.1=0.4$$
$$P\{Y=0\}=P\{X=0\}=0.3$$

故 $Y=X^2$ 的分布列为

Y	0	1	4
P	0.3	0.4	0.3

2.5.2 连续型随机变量的函数的分布

当 X 是连续型随机变量时，可先通过关系式 $Y=g(X)$ 找出 Y 的分布函数，再对此分布函数求导，即得到 $Y=g(X)$ 的密度函数.

下面通过例子来说明这种求解方法.

例 2　设随机变量 X 的密度函数为

$$f(x)=\begin{cases}0, & x<0\\ 2x^3\mathrm{e}^{-x^2}, & x\geqslant 0\end{cases}$$

试求：(1) $Y=2X+3$；

(2) $Y=\ln X$ 的密度函数.

解　可先求出 Y 的分布函数 $F_Y(y)$，再由 $F_Y(y)$ 对 y 求导得 Y 的密度函数.

(1) 设 $Y=2X+3$ 的分布函数为 $F_Y(y)$，则

$$F_Y(y)=P\{Y\leqslant y\}=P\{2X+3\leqslant y\}$$
$$=P\left\{X\leqslant\frac{y-3}{2}\right\}=\int_{-\infty}^{\frac{y-3}{2}}f(x)\mathrm{d}x$$

将此式两边对 y 求导得 $Y=2X+3$ 的密度函数为

$$f_Y(y)=F'_Y(y)=f\left(\frac{y-3}{2}\right)\cdot\left(\frac{y-3}{2}\right)'=\frac{1}{2}f\left(\frac{y-3}{2}\right)$$
$$=\begin{cases}\dfrac{(y-3)^3}{8}\mathrm{e}^{-\left(\frac{y-3}{2}\right)^2}, & y\geqslant 3\\ 0, & y<3\end{cases}$$

(2) 设 $Y=\ln X$ 的分布函数为 $F_Y(y)$，则

$$F_Y(y)=P\{Y\leqslant y\}=P\{\ln X\leqslant y\}=P\{X\leqslant \mathrm{e}^y\}=\int_{-\infty}^{\mathrm{e}^y}f(x)\mathrm{d}x$$

$F_Y(y)$对 y 求导得 Y 的密度函数为

$$f_Y(y)=F'_Y(y)=f(\mathrm{e}^y)(\mathrm{e}^y)'=\mathrm{e}^y f(\mathrm{e}^y)$$

因为 e^y 总大于 0,故

$$f(\mathrm{e}^y)=2(\mathrm{e}^y)^3\mathrm{e}^{-\mathrm{e}^{2y}}$$

即 $Y=\ln X$ 的密度函数为

$$f_Y(y)=2\mathrm{e}^{4y}\mathrm{e}^{-\mathrm{e}^{2y}}$$

例 3 已知 $X\sim N(\mu,\sigma^2)$,求 $Y=\dfrac{X-\mu}{\sigma}$的密度函数.

解 设 Y 的分布函数为 $F_Y(y)$,于是

$$\begin{aligned}F_Y(y)&=P\{Y\leqslant y\}=P\left\{\frac{X-\mu}{\sigma}\leqslant y\right\}\\&=P\{X\leqslant\sigma y+\mu\}(\text{因为 }\sigma>0)\\&=\int_{-\infty}^{\sigma y+\mu}\frac{1}{\sqrt{2\pi}\sigma}\mathrm{e}^{-\frac{(x-\mu)^2}{2\sigma^2}}\mathrm{d}x(\text{因为 }X\sim N(\mu,\sigma^2))\end{aligned}$$

将上式两端对 y 求导得 Y 的密度函数为

$$f_Y(y)=F'_Y(y)=\frac{1}{\sqrt{2\pi}\sigma}\mathrm{e}^{-\frac{(\sigma y+\mu-\mu)^2}{2\sigma^2}}\cdot(\sigma y+\mu)'=\frac{1}{\sqrt{2\pi}}\mathrm{e}^{-\frac{y^2}{2}}$$

例 3 的结论也表明:若 $X\sim N(\mu,\sigma^2)$,则 $Y=\dfrac{X-\mu}{\sigma}\sim N(0,1)$.

例 4 设 $X\sim N(0,1)$,求 $Y=X^2$ 的概率密度函数.

解 设 Y 的分布函数为 $F_Y(y)$,则

$$F_Y(y)=P\{Y\leqslant y\}=P\{X^2\leqslant y\}$$

(1) 对于 $y\leqslant 0$,因为

$$F_Y(y)=P\{X^2\leqslant y\}\leqslant P\{X^2\leqslant 0\}=P\{X=0\}=0$$

所以

$$F_Y(y)=0$$

从而

$$f_Y(y)=0$$

(2) 对于 $y>0$,因为

$$X^2\leqslant y\Leftrightarrow-\sqrt{y}\leqslant X\leqslant\sqrt{y}$$

故

$$F_Y(y)=P\{-\sqrt{y}\leqslant X\leqslant\sqrt{y}\}$$

由 $X\sim N(0,1)$知

$$F_Y(y)=\frac{1}{\sqrt{2\pi}}\int_{-\sqrt{y}}^{\sqrt{y}}\mathrm{e}^{-\frac{t^2}{2}}\mathrm{d}t=\frac{2}{\sqrt{2\pi}}\int_0^{\sqrt{y}}\mathrm{e}^{-\frac{t^2}{2}}\mathrm{d}t$$

所以

$$f_Y(y)=F'_Y(y)=\frac{2}{\sqrt{2\pi}}\mathrm{e}^{-\frac{(\sqrt{y})^2}{2}}\cdot\frac{1}{2\sqrt{y}}=\frac{1}{\sqrt{2\pi}}y^{-\frac{1}{2}}\mathrm{e}^{-\frac{y}{2}}$$

综合(1)(2)知

$$f_y(y)=\begin{cases}\dfrac{1}{\sqrt{2\pi}}y^{-\frac{1}{2}}\mathrm{e}^{-\frac{y}{2}}, & y>0\\0, & y\leqslant 0\end{cases}$$

例 5　设 X 服从 $[1,2]$ 上的均匀分布，试求 $Y=e^{2X}$ 的概率密度函数.

解　因为 $1\leqslant X\leqslant 2$ 对应于 $e^2\leqslant Y\leqslant e^4$，所以

$$P\{Y\leqslant e^2\}=0,\ P\{Y\leqslant e^4\}=1$$

从而，当 $y\leqslant e^2$ 时，$F_Y(y)=P\{Y\leqslant y\}=0$；

当 $y\geqslant e^4$ 时，$F_Y(y)=P\{Y\leqslant y\}=1$；

当 $e^2<y<e^4$ 时，

$$F_Y(y)=P\{Y\leqslant y\}=P\{e^{2X}\leqslant y\}=P\left\{X\leqslant\frac{1}{2}\ln y\right\}=\int_1^{\frac{1}{2}\ln y}1\mathrm{d}x=\frac{1}{2}\ln y-1$$

故 Y 的概率密度函数为

$$f_Y(y)=F'_Y(y)=\begin{cases}\dfrac{1}{2y}, & e^2<y<e^4\\ 0, & \text{其他}\end{cases}$$

本章小结

1. 理解随机变量的概念，掌握分布函数的概念与性质，会用分布函数求概率.

2. 理解离散型随机变量及其分布列的概念与性质，会求离散型随机变量的分布列和分布函数.

3. 掌握三个常用的离散型概率分布：两点分布、二项分布和泊松分布，会算这些分布的相关概率.

4. 理解连续型随机变量及其概率密度函数的概念与性质，注意区分密度函数与分布函数，并掌握密度函数与分布函数的关系；会用密度函数求分布函数，也会用分布函数求密度函数，会计算随机变量落入某区间的概率.

5. 掌握三个常用的连续型概率分布：均匀分布、指数分布和正态分布；掌握均匀分布、指数分布的概率计算；会查标准正态分布表，并熟练掌握有关正态分布的概率计算.

6. 会求离散型随机变量简单函数的分布列.

7. 会求连续型随机变量简单函数的概率密度.

习题二

一、解答题

1. 盒中有 10 个形状相同的灯泡，其中 7 个螺口灯泡，3 个卡口灯泡，但灯口向下放着看不见. 要取出一个螺口灯泡，若取出的为卡口灯泡就放到另一个空盒中. 求取到螺口灯泡前已取出卡口灯泡的个数的分布列.

2. 有 1 号到 10 号共 10 个号码. 现从中任抽取 3 个号码，记这 3 个号码中最小号码为 X，求 X 的分布列及 $P\{2<X\leqslant 5\}$.

3. 对一个目标进行射击，直到击中为止. 如果每次射击命中率为 p，求射击次数 X 的

分布列.

4. 有人求得一离散型随机变量的分布列为

X	0	1	2
P	$\frac{1}{2}$	$\frac{1}{3}$	$\frac{1}{4}$

试说明这个计算结果是否正确.

5. 10门火炮各自独立地同时向一敌船射击一次.设敌船被命中两发或两发以上的炮弹则被击沉.若每门炮射击一次的命中率都为0.6,求敌船被击沉的概率.

6. 某电话小总机下设99个电话用户,假设每户一部电话,平均每小时有3 min使用外线,问:

(1) 有多少用户同时使用外线的可能性最大?

(2) 小总机设置多少条外线比较合适?(以95%以上的概率保证小总机下设的电话用户使用外线时不占线)

7. 某地每年遭台风袭击的次数服从参数为4的泊松分布,求:

(1) 该地一年遭受8次台风的概率;

(2) 该地一年遭受台风次数大于8的概率.

8. 设 X 服从泊松分布,且已知 $P\{X=1\}=P\{X=2\}$,求 $P\{X=4\}$.

9. 设某种电子元件的使用寿命 T(单位:h)的概率密度函数为

$$f(t)=\begin{cases}\dfrac{a}{t^2}, & t\geqslant 100\\ 0, & t<100\end{cases}$$

(1) 确定常数 a;

(2) 一仪器中有3个这种元件,问从最初开始使用算起的150 h内3个元件至少损坏一个的概率是多少?

10. 设随机变量 X 的概率密度函数为

$$f(x)=\begin{cases}cx, & 0\leqslant x\leqslant 1\\ 0, & \text{其他}\end{cases}$$

(1) 求常数 c;

(2) 计算 $P\{0.3<X<0.7\}$ 和 $P\{-1<X<0.5\}$.

11. 随机变量 X 的概率密度函数为

$$f(x)=C\mathrm{e}^{-|x|},-\infty<x<+\infty$$

(1) 求常数 C;

(2) 求 X 落入区间(0,1)的概率.

12. 设 X 服从[0,5]上的均匀分布,求关于 x 的方程 $4x^2+4Xx+X+2=0$ 有实根的概率.

13. 设某类动物的寿命服从指数分布，试证明在已知寿命长于 s 年的条件下再活 t 年的概率与年龄 s 无关，即 $P\{X>s+t|X>s\}=P\{X>t\}$.

14. 设随机变量 X 的概率分布为

X	0	1	3
P	$\frac{1}{4}$	$2a$	a

(1) 求常数 a；

(2) 求 $P\{X>0.5\}$ 及 $P\{1<X\leqslant 5\}$；

(3) 求 X 的分布函数 $F(x)$，并做出 $F(x)$ 的图形.

15. 设随机变量 X 的分布函数为

$$F(x)=\begin{cases}1-\mathrm{e}^{-x}, & x\geqslant 0\\ 0, & x<0\end{cases}$$

(1) 求 $P\{X\leqslant 2\}$ 及 $P\{X>3\}$ 和 $P\{-1\leqslant X<3\}$；

(2) 求 X 的密度函数 $f(x)$.

16. 设连续型随机变量 X 的分布函数 $F(x)=A+B\arctan x,-\infty<x<+\infty$. 求：

(1) 常数 A,B；

(2) $P\{-1\leqslant X\leqslant 1\}$；

(3) 随机变量 X 的密度函数.

17. 设 $X\sim N(0,1)$，求：

(1) $P\{X<2.4\}$；

(2) $P\{X\leqslant -1\}$；

(3) $P\{|X|<1.5\}$.

18. 设 $X\sim N(3,2^2)$，求：

(1) $P\{2<X\leqslant 5\}$；　　(2) $P\{-1<X<7\}$；

(3) $P\{|X|>2\}$；　　(4) $P\{X>-1\}$.

19. 某产品的质量指标 $X\sim N(160,\sigma^2)$，若要求 $P\{120<X<200\}\geqslant 0.8$，问允许 σ 最大为多少？

20. 设测量从某地到某一目标的距离时，发生的误差 $X\sim N(20,40^2)$（单位：m).

(1) 求测量一次产生的误差的绝对值不超过 30 m 的概率；

(2) 如果接连测量三次，各次测量是相互独立进行的，求至少有一次误差的绝对值不超过 30 m 的概率.

21. 设某批材料的强度 $X\sim N(200,18^2)$.

(1) 计算从中任取一件，其强度不低于 180 的概率；

(2) 如果所用的材料要求以 99% 的概率保证强度不低于 150，问这批材料是否符合这个要求？

22. 设离散型随机变量 X 的分布列为

X	-1	0	1	2
P	0.35	0.2	0.2	0.25

求 $Y=X^2$ 和 $Z=2X-1$ 及 $W=|X|+1$ 的分布列.

23. 设连续型随机变量 X 的密度函数

$$f(x)=\begin{cases}3x^2, & 0\leqslant x\leqslant 1\\ 0, & x<0 \text{ 或 } x>1\end{cases}$$

(1) 求 $Y=-2X+1$ 的密度函数;

(2) 求 $Z=X^2$ 的密度函数.

24. 设 $X\sim N(0,1)$,求:

(1) $Y=e^X$ 的密度函数;

(2) $Y=|X|$的密度函数.

二、选择题

25. 对一批次品率为 $p(0<p<1)$的产品逐一检测,则第二次或第二次后才检测到次品的概率为(　　).

A. p　　B. $1-p$　　C. $(1-p)p$　　D. $(2-p)p$

26. 一批产品共有 1 000 个,其中有 50 个次品,从中随机有放回地抽取 500 个产品,以 X 表示抽到的次品数,则 $P\{X=3\}=$(　　).

A. $\dfrac{C_{50}^{3}C_{950}^{497}}{C_{1\,000}^{500}}$　　B. $\dfrac{A_{50}^{3}A_{950}^{497}}{A_{1\,000}^{500}}$

C. $C_{500}^{3}(0.05)^3(0.95)^{497}$　　D. $\dfrac{3}{500}$

27. 要使 $f(x)=\cos x$ 可以成为随机变量 X 的密度函数,则 X 的可能取值区间为(　　).

A. $\left[0,\dfrac{\pi}{2}\right]$　　B. $\left[\dfrac{\pi}{2},\pi\right]$

C. $[0,\pi]$　　D. $\left[\dfrac{3\pi}{2},\dfrac{7\pi}{4}\right]$

28. 下列各函数中,可以作为某随机变量的密度函数的是(　　).

A. $f(x)=\begin{cases}2x, & 0<x<1\\ 0, & \text{其他}\end{cases}$　　B. $f(x)=\begin{cases}\dfrac{1}{2}, & 0<x<1\\ 0, & \text{其他}\end{cases}$

C. $f(x)=\begin{cases}3x^2, & 0<x<1\\ -1, & \text{其他}\end{cases}$　　D. $f(x)=\begin{cases}4x^3, & -1<x<1\\ 0, & \text{其他}\end{cases}$

29. 下列各函数中,可以作为某随机变量的分布函数的是(　　).

A. $F(x)=\begin{cases}2x, & 0\leqslant x\leqslant 1\\ 0, & 其他\end{cases}$　　B. $F(x)=\begin{cases}0, & x<0\\ x, & 0\leqslant x<1\\ 1, & x\geqslant 1\end{cases}$

C. $F(x)=\begin{cases}-1, & x<-1\\ x, & -1\leqslant x<1\\ 1, & x\geqslant 1\end{cases}$　　D. $F(x)=\begin{cases}0, & x<0\\ 2x, & 0\leqslant x<1\\ 2, & x\geqslant 1\end{cases}$

30. 设随机变量 X 的概率密度为 $f(x)=\begin{cases}\dfrac{|x|}{4}, & -2<x<2\\ 0, & 其他\end{cases}$，则 $P\{-1<X<1\}=$（　　）.

A. $\dfrac{1}{4}$　　B. $\dfrac{1}{2}$　　C. $\dfrac{3}{4}$　　D. 1

31. 设 $F(x)$ 和 $f(x)$ 分别是某随机变量的分布函数和密度函数，则必有（　　）.

A. $f(x)$ 单调不减　　B. $\int_{-\infty}^{+\infty}F(x)\mathrm{d}x=1$

C. $F(-\infty)=0$　　D. $F(x)=\int_{-\infty}^{+\infty}f(x)\mathrm{d}x$

32. 离散型随机变量 X 的分布函数为 $F(x)$，则 $P\{X=x_k\}=$（　　）.

A. $P\{x_{k-1}\leqslant X\leqslant x_k\}$　　B. $F(x_{k+1})-F(x_{k-1})$

C. $P\{x_{k-1}<X<x_k\}$　　D. $F(x_k)-F(x_{k-1})$

33. 设随机变量 $X\sim B\left(3,\dfrac{1}{3}\right)$，则 $P\{X\geqslant 1\}=$（　　）.

A. $\dfrac{1}{27}$　　B. $\dfrac{8}{27}$　　C. $\dfrac{19}{27}$　　D. $\dfrac{26}{27}$

34. 设随机变量 $X\sim N(\mu,\sigma^2)$，则随着 σ 的变大，概率 $P\{|X-\mu|<\sigma\}$（　　）.

A. 单调增大　　B. 单调减小　　C. 保持不变　　D. 增减不定

35. 设随机变量 X 服从正态分布 $N(\mu_1,\sigma_1^2)$，Y 服从正态分布 $N(\mu_2,\sigma_2^2)$，且 $P\{|X-\mu_1|<1\}>P\{|Y-\mu_2|<1\}$，则必有（　　）.

A. $\sigma_1<\sigma_2$　　B. $\sigma_1>\sigma_2$　　C. $\mu_1<\mu_2$　　D. $\mu_1>\mu_2$

36. 设随机变量 X 服从标准正态分布 $N(0,1)$，对于给定的 $\alpha(0<\alpha<1)$，数 u_α 满足 $P\{X>u_\alpha\}=\alpha$. 若 $P\{|X|<x\}=\alpha$，则 $x=$（　　）.

A. $u_{\frac{\alpha}{2}}$　　B. $u_{1-\frac{\alpha}{2}}$　　C. $u_{\frac{1-\alpha}{2}}$　　D. $u_{1-\alpha}$

37. 设 X_1 和 X_2 是任意两个相互独立的连续型随机变量，它们的密度函数分别为 $f_1(x)$ 和 $f_2(x)$，分布函数分别为 $F_1(x)$ 和 $F_2(x)$，则（　　）.

A. $f_1(x)+f_2(x)$ 必为某随机变量的密度函数

B. $f_1(x)\cdot f_2(x)$ 必为某随机变量的密度函数

C. $F_1(x)+F_2(x)$ 必为某随机变量的分布函数

D. $F_1(x)\cdot F_2(x)$ 必为某随机变量的分布函数

38. 设随机变量 X 服从参数 $\lambda=3$ 的指数分布，则随机变量 $Y=1-e^{-3X}$ 服从(　　).

A. 在[0,1]上的均匀分布　　B. 指数分布

C. 参数 $\lambda=3$ 的泊松分布　　D. 正态分布

39. 设随机变量 X 服从正态分布 $N(3,4)$，满足条件 $P\{X<c\}=P\{X>c\}$，则其中常数 c 等于(　　).

A. 0　　B. 2　　C. 3　　D. 4

40. 设随机变量 X 的概率密度为 $f(x)=\begin{cases}2x, & 0<x<1\\ 0, & \text{其他}\end{cases}$，则随机变量 $Y=X^2$ 服从(　　).

A. 在[0,1]上的均匀分布　　B. 参数 $\lambda=1$ 的指数分布

C. 参数 $\lambda=2$ 的指数分布　　D. 在[0,2]上的均匀分布

41. 设随机变量 X 在区间[0,1].上服从均匀分布，则未知数为 a 的方程 $4a^2+4Xa+X+2=0$ 无实根的概率为(　　).

A. $\frac{1}{3}$　　B. 1　　C. $\frac{2}{3}$　　D. $\frac{1}{2}$

42. 设随机变量 X 服从指数分布，则随机变量 $Y=\min(X,2)$ 的分布函数(　　).

A. 是连续函数　　B. 至少有两个间断点

C. 是阶梯函数　　D. 恰好有一个间断点

三、填空题

43. 已知随机变量 X 的分布列为

X	1	2	3	4	5
P	$2a$	0.1	0.3	a	0.3

则常数 $a=$________.

44. 设随机变量 X 的分布列为

$$P\{X=k\}=\frac{a}{3^k},\ k=0,1,2,\cdots$$

则常数 $a=$________.

45. 设随机变量 X 的概率密度为 $f(x)=\begin{cases}a|x|, & -2<x<2\\ 0, & \text{其他}\end{cases}$，则常数 $a=$______.

46. 若 $P\{X<x_2\}=1-\beta, P\{X>x_1\}=1-\alpha$，其中 $x_1<x_2$，则 $P\{x_1\leqslant X\leqslant x_2\}=$______.

47. 设 $X\sim N(1.5,4)$，则 $P\{X\leqslant -4\}=$________，$P\{|X|<3\}=$________.

48. 设 $X\sim N(2,4)$，则 $P\{X\leqslant 2\}=$________.

49. 设10件产品中有2件次品，不放回地连续抽取，每次抽1件，直到抽到正品为止，则抽取次数 X 的分布列为________________________________.

50. 设 X 为连续型随机变量，c 为任意常数，则 $P\{X=c\}=$________.

51. 抛掷硬币 5 次，记其中正面朝上的次数为 X，则 $P\{X\leqslant 4\}=$________.

52. 设随机变量 X 服从参数 $\lambda(\lambda>0)$ 的泊松分布，且 $P\{X=0\}=\frac{1}{2}P\{X=2\}$，则 $\lambda=$________.

53. 设随机变量 X 的分布函数为 $F(x)=\begin{cases}1-\mathrm{e}^{-2x}, & x>0\\0, & x\leqslant 0\end{cases}$，其密度函数为 $f(x)$，则 $f(1)=$________.

54. 设随机变量 $X\sim N(0,1)$，则 $Y=2X+1$ 的概率密度为 $f_Y(y)=$________.

55. 设随机变量 $X\sim B(2,p)$，$Y\sim B(3,p)$，若 $P\{X\geqslant 1\}=\frac{5}{9}$，则 $P\{Y\geqslant 1\}=$________.

第3章 随机向量

教学目标

(1) 掌握二维随机向量及其联合分布函数的概念性质及相关计算；
(2) 掌握二维离散型随机向量联合分布列的概念性质及相关计算；
(3) 掌握二维连续型随机向量联合密度函数的概念性质及相关计算；
(4) 理解边缘分布及其与联合分布的关系，理解条件分布并会计算；
(5) 掌握边缘分布的计算并会判断两个随机变量的独立性；
(6) 会求两个离散型随机变量的简单函数的分布列；
(7) 会求两个相互独立的连续型随机变量的和的概率密度函数；
(8) 掌握相互独立的两个随机变量的最大值和最小值的分布；
(9) 记住二维均匀分布的密度函数，知道二维正态分布及其两个边缘分布；
(10) 知道多个独立正态随机变量的线性组合所服从的正态分布.

教学要求

知识要点	能力要求	相关知识
随机向量的联合分布	(1) 掌握联合分布函数； (2) 掌握联合分布列； (3) 掌握联合密度函数； (4) 记住二维均匀分布与二维正态分布	(1) 联合分布函数的概念性质与计算； (2) 联合分布列的概念性质与计算； (3) 联合密度函数的概念性质与计算； (4) 二维均匀分布与二维正态分布
边缘分布与独立性条件分布	(1) 掌握边缘分布及其计算； (2) 掌握独立性的概念与判断方法； (3) 掌握条件分布及其计算	(1) 边缘分布及其计算； (2) 独立性的概念与判断方法； (3) 条件分布及其计算； (4) 二维正态分布及相关的独立性

续表

知识要点	能力要求	相关知识
二维随机变量的函数的分布	(1) 会求二维离散型随机向量的简单函数的分布列； (2) 会求两个相互独立的连续型随机向量的和的密度函数； (3) 掌握相互独立的两个随机变量的最大值和最小值的分布	(1) 二维离散型随机变量的简单函数的分布列计算； (2) 两个相互独立的连续型随机变量的和的密度函数； (3) 相互独立的两个随机变量的最大值和最小值的分布

引例

设系统 L 由相互独立的两个子系统 L_1，L_2 连接而成，先用 L_1，当 L_1 损坏后再用 L_2. 设 L_1 和 L_2 的寿命分别为 X 和 Y，已知 X，Y 的密度函数分别为

$$f_X(x)=\begin{cases}\alpha e^{-\alpha x}, & x\geqslant 0\\ 0, & x<0\end{cases}$$

$$f_Y(y)=\begin{cases}\beta e^{-\beta y}, & y\geqslant 0\\ 0, & y<0\end{cases}$$

其中常数 $\alpha>0$，$\beta>0$ 且 $\alpha\neq\beta$，试研究系统 L 的寿命 Z 的概率分布.

这里先用 L_1，留 L_2 备用，故系统 L 的寿命 $Z=X+Y$. 这是二维随机向量的函数的概率分布问题.

本章引言

在有些随机现象中，随机试验的结果不能只用一个随机变量来描述. 例如考查射手打靶命中点的位置时要用到两个随机变量的值来描述；在研究分子运动的速度时，就需要用三个随机变量来刻画速度的三个分量；考查人体健康状况时，需要考虑身高、体重、视力、听力、肺活量、血压等，就要用到更多的随机变量. 一般地，把多个随机变量构成的数组称作**多维随机向量**. 因为多维随机向量的讨论方法和二维随机向量的讨论方法没有本质的差别，所以本章主要讨论二维随机向量及其概率分布.

3.1　随机向量的联合分布

对于二维随机向量 (X,Y)，把它当成两个一维随机变量 X 和 Y 分别研究是不够的，因为 X 和 Y 常常不是相互割裂的，而是相互关联的. 例如，人的身高 X 和体重 Y 是关联的. 把 (X,Y) 当成一个整体来研究，则不仅能研究每个分量的性质，还可以考查两个随机变量之间的关系.

3.1.1 联合分布函数

定义 1 设(X,Y)是二维随机向量，x,y是任意实数，则称二元函数$F(x,y)=P\{X\leqslant x,Y\leqslant y\}$为二维随机向量$(X,Y)$的**联合分布函数**.

在几何上，$F(x,y)$表示随机点(X,Y)落入以点(x,y)为顶点，而位于该点左下方的无限矩形区域(见图 3.1 中斜线部分)内的概率.

借助图 3.2 容易得到，随机点(X,Y)落在矩形区域$\{(x,y)\mid x_1<x\leqslant x_2,y_1<y\leqslant y_2\}$的概率为

$$P\{x_1<X\leqslant x_2,y_1<Y\leqslant y_2\}=F(x_2,y_2)-F(x_2,y_1)-F(x_1,y_2)+F(x_1,y_1)$$

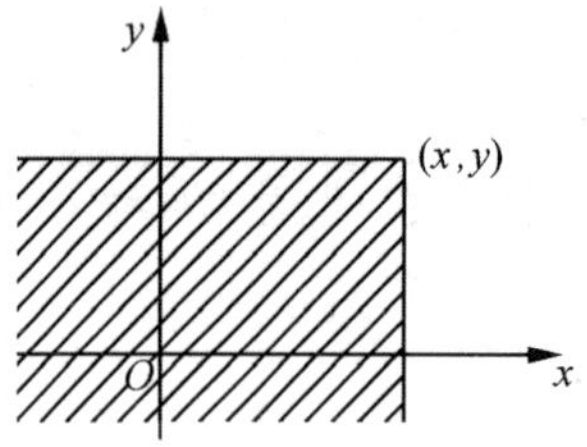

图 3.1

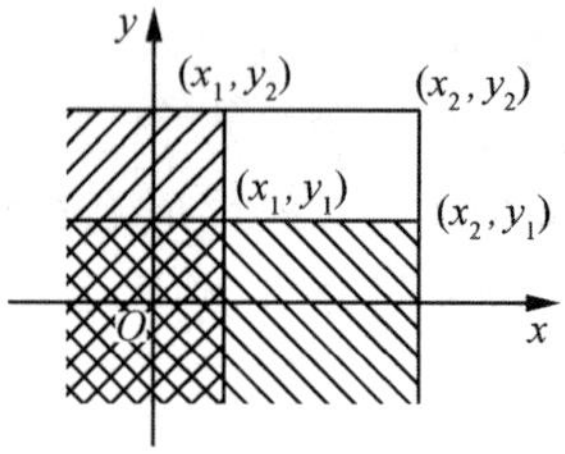

图 3.2

(联合分布函数$F(x,y)$具有如下基本性质.)

性质 1 $F(x,y)$是变量x或y的不减函数，即对于任意固定的y，当$x_2>x_1$时，$F(x_2,y)\geqslant F(x_1,y)$；对于任意固定的$x$，当$y_2>y_1$时，$F(x,y_2)\geqslant F(x,y_1)$.

性质 2 $0\leqslant F(x,y)\leqslant 1$，且对于任意固定的$y$，$F(-\infty,y)=0$；对于任意固定的$x$，$F(x,-\infty)=0$；$F(-\infty,-\infty)=0$；$F(+\infty,+\infty)=1$.

性质 3 $F(x,y)$关于x右连续，关于y也右连续.

性质 4 对于任意(x_1,y_1)，(x_2,y_2)，$x_1<x_2$，$y_1<y_2$，有

$$F(x_2,y_2)-F(x_2,y_1)-F(x_1,y_2)+F(x_1,y_1)\geqslant 0$$

关于前三条性质，可类同于一维随机变量分布函数的性质去解释. 对于性质 4，不等式的左边就是概率$P\{x_1<X\leqslant x_2,y_1<Y\leqslant y_2\}$，所以显然成立.

3.1.2 二维离散型随机向量及其联合分布列

如果二维随机向量(X,Y)只能取有限对或无穷可列对值$(x_i,y_j)(i,j=1,2,\cdots)$，则称$(X,Y)$是**离散型随机向量**. 称

$$P\{X=x_i,Y=y_j\}=p_{ij}(i,j=1,2,\cdots)$$

为二维离散型随机向量(X,Y)的**联合分布列**或**联合概率分布**.

由概率的性质可知

$$p_{ij}\geqslant 0,\ \sum_{i=1}^{+\infty}\sum_{j=1}^{+\infty}p_{ij}=1$$

联合分布列也常用表格来表示.

例 1　袋中装有标上号码 0,0,1,1,1 的 5 个球.从中任取一个并且不放回,然后从袋中任取一球,以 X,Y 分别记第一次、第二次取到的球上的号码数,求 (X,Y) 的联合分布列.

解　$P\{X=0,Y=0\}=\dfrac{2\times 1}{5\times 4}=\dfrac{1}{10}$, $P\{X=0,Y=1\}=\dfrac{2\times 3}{5\times 4}=\dfrac{3}{10}$

$P\{X=1,Y=0\}=\dfrac{3\times 2}{5\times 4}=\dfrac{3}{10}$, $P\{X=1,Y=1\}=\dfrac{3\times 2}{5\times 4}=\dfrac{3}{10}$

所以 (X,Y) 的联合分布列可用表格表示为

X \ Y	0	1
0	$\frac{1}{10}$	$\frac{3}{10}$
1	$\frac{3}{10}$	$\frac{3}{10}$

如果已知二维离散型随机向量 (X,Y) 的联合分布列 $P\{X=x_i,Y=y_j\}=p_{ij}$,则 (X,Y) 的联合分布函数可由下式确定.

$$F(x,y)=\sum_{\substack{x_i\leqslant x\\ y_j\leqslant y}} p_{ij}$$

3.1.3　二维连续型随机向量及其联合密度函数

定义 2　设 $F(x,y)$ 是二维随机向量 (X,Y) 的分布函数,如果存在一个非负函数 $f(x,y)$,使对任意实数 x,y 都有

$$F(x,y)=\int_{-\infty}^{x}\mathrm{d}u\int_{-\infty}^{y}f(u,v)\mathrm{d}v$$

则称 (X,Y) 为二维连续型随机向量,并称函数 $f(x,y)$ 为 (X,Y) 的**联合概率密度函数**,简称为**联合密度函数**.

由定义可知联合密度函数具有以下基本性质.

性质 1　$f(x,y)\geqslant 0$.

性质 2　$\displaystyle\int_{-\infty}^{+\infty}\int_{-\infty}^{+\infty}f(x,y)\mathrm{d}x\mathrm{d}y=F(+\infty,+\infty)=1$.

性质 3　若 $f(x,y)$ 在点 (x,y) 连续,则有

$$\frac{\partial^2 F(x,y)}{\partial x\partial y}=f(x,y)$$

性质 4　点 (X,Y) 落入区域 D 中的概率为

$$P\{(X,Y)\in D\}=\iint_D f(x,y)\mathrm{d}x\mathrm{d}y \tag{3.1}$$

性质 4 表明，二维连续型随机向量(X,Y)落在平面任一区域 D 内的概率，等于联合密度函数 $f(x,y)$在 D 上的二重积分，从而把概率计算化为二重积分的计算. 式(3.1)是很重要的一个公式.

例 2 设随机向量(X,Y)的联合概率密度函数为

$$f(x,y)=\begin{cases}x^2+\dfrac{xy}{k}, & 0\leqslant x\leqslant 1, 0\leqslant y\leqslant 2\\ 0, & \text{其他}\end{cases}$$

(1) 求常数 k；

(2) 计算概率 $P\{X+Y\geqslant 1\}$；

(3) 求联合分布函数.

解 (1) 由密度函数的性质知

$$\int_{-\infty}^{+\infty}\int_{-\infty}^{+\infty}f(x,y)\mathrm{d}x\mathrm{d}y=1$$

故有

$$\int_0^2\int_0^1\left(x^2+\frac{xy}{k}\right)\mathrm{d}x\mathrm{d}y=1$$

由此求得 $k=3$.

(2) 因为 $f(x,y)$在矩形区域$\{0\leqslant x\leqslant 1,\ 0\leqslant y\leqslant 2\}$之外恒为零，若记 D 为矩形区域$\{0\leqslant x\leqslant 1,\ 0\leqslant y\leqslant 2\}$中满足 $x+y\geqslant 1$ 的那部分区域，如图 3.3 所示，则

$$P\{X+Y\geqslant 1\}=\iint_D\left(x^2+\frac{xy}{3}\right)\mathrm{d}x\mathrm{d}y=\int_0^1\int_{1-x}^2\left(x^2+\frac{xy}{3}\right)\mathrm{d}y\mathrm{d}x=\frac{65}{72}$$

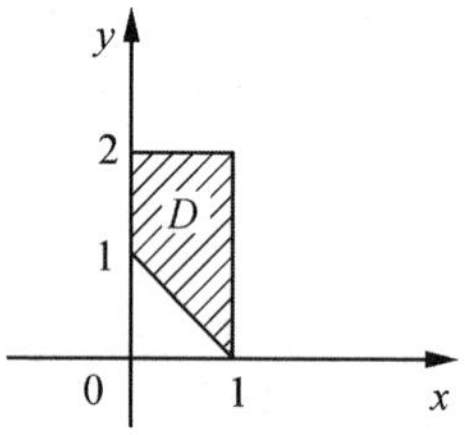

图 3.3

(3) 联合分布函数 $F(x,y)=\int_{-\infty}^{x}\mathrm{d}u\int_{-\infty}^{y}f(u,v)\mathrm{d}v$.

① 当 $x<0$ 或 $y<0$ 时，在区域$\{(u,v)\mid -\infty<u\leqslant x, -\infty<v\leqslant y\}$内 $f(u,v)\equiv 0$，故 $F(x,y)=\int_{-\infty}^{x}\mathrm{d}u\int_{-\infty}^{y}0\mathrm{d}v=0$；

② 当 $0\leqslant x\leqslant 1$ 且 $0\leqslant y\leqslant 2$ 时，

$$F(x,y)=\int_0^x\mathrm{d}u\int_0^y\left(u^2+\frac{uv}{3}\right)\mathrm{d}v=\frac{1}{3}x^3y+\frac{1}{12}x^2y^2$$

③ 当 $x>1$ 且 $0\leqslant y\leqslant 2$ 时，

$$F(x,y)=\int_0^1\mathrm{d}u\int_0^y\left(u^2+\frac{uv}{3}\right)\mathrm{d}v=\frac{1}{3}y+\frac{1}{12}y^2$$

④ 当 $0\leqslant x\leqslant 1$ 且 $y>2$ 时，

$$F(x,y)=\int_0^x\mathrm{d}u\int_0^2\left(u^2+\frac{uv}{3}\right)\mathrm{d}v=\frac{2}{3}x^3+\frac{1}{3}x^2$$

⑤ 当 $x>1$ 且 $y>2$ 时，

$$F(x,y)=\int_0^1\mathrm{d}x\int_0^2\left(u^2+\frac{uv}{3}\right)\mathrm{d}v=1$$

故联合分布函数为

$$F(x,y)=\begin{cases}0, & x<0 \text{ 或 } y<0 \\ \frac{1}{3}x^3y+\frac{1}{12}x^2y^2, & 0\leqslant x\leqslant 1, 0\leqslant y\leqslant 2 \\ \frac{1}{3}y+\frac{1}{12}y^2, & x>1, 0\leqslant y\leqslant 2 \\ \frac{2}{3}x^3+\frac{1}{3}x^2, & 0\leqslant x\leqslant 1, y>2 \\ 1, & x>1, y>2\end{cases}$$

例 3 设连续型随机向量 (X,Y) 的联合分布函数为

$$F(x,y)=A\left(B+\arctan\frac{x}{2}\right)\left(C+\arctan\frac{y}{3}\right)$$

(1) 求常数 A,B,C；

(2) 求 (X,Y) 的联合密度函数 $f(x,y)$.

解 (1) 由联合分布函数的性质知

$$1=F(+\infty,+\infty)=A\left(B+\frac{\pi}{2}\right)\left(C+\frac{\pi}{2}\right)$$

$$0=F(x,-\infty)=A\left(B+\arctan\frac{x}{2}\right)\left(C-\frac{\pi}{2}\right)$$

$$0=F(-\infty,y)=A\left(B-\frac{\pi}{2}\right)\left(C+\arctan\frac{y}{3}\right)$$

由以上三式中的第一式知 $A\neq 0$，在第二、三式中由 x,y 的任意性得 $B=\frac{\pi}{2}, C=\frac{\pi}{2}$，所以 $A=\frac{1}{\pi^2}$.

因此，$F(x,y)=\frac{1}{\pi^2}\left(\frac{\pi}{2}+\arctan\frac{x}{2}\right)\left(\frac{\pi}{2}+\arctan\frac{y}{3}\right)$.

(2) 联合密度函数为

$$f(x,y)=\frac{\partial^2 F(x,y)}{\partial x\partial y}=\frac{1}{\pi^2}\cdot\frac{\frac{1}{2}}{1+\left(\frac{x}{2}\right)^2}\cdot\frac{\frac{1}{3}}{1+\left(\frac{y}{3}\right)^2}$$

$$=\frac{6}{\pi^2(x^2+4)(y^2+9)}.$$

下面介绍两个常用的二维连续型随机向量的分布.

1. 平面区域上的均匀分布

设 D 为有界的平面闭区域，其面积为 S. 若随机向量 (X,Y) 的概率密度函数为

$$f(x,y)=\begin{cases}\frac{1}{S}, & (x,y)\in D \\ 0, & \text{其他}\end{cases}$$

则称(X,Y)服从平面区域D上的均匀分布.

2. 二维正态分布

如果二维随机向量(X,Y)的概率密度为

$$f(x,y)=\frac{1}{2\pi\sigma_1\sigma_2\sqrt{1-\rho^2}}e^{-\frac{1}{2(1-\rho^2)}\left[\frac{(x-\mu_1)^2}{\sigma_1^2}-2\rho\frac{(x-\mu_1)(y-\mu_2)}{\sigma_1\sigma_2}+\frac{(y-\mu_2)^2}{\sigma_2^2}\right]}$$

$$(-\infty<x<+\infty,-\infty<y<+\infty)$$

其中,$\mu_1,\mu_2,\sigma_1^2,\sigma_2^2,\rho$都是常数,且$\sigma_1>0,\sigma_2>0,|\rho|<1$,那么称$(X,Y)$服从二维正态分布$N(\mu_1,\sigma_1^2;\mu_2,\sigma_2^2;\rho)$.

3.2 边缘分布与随机变量的独立性　条件分布

3.2.1 边缘分布

二维随机向量(X,Y)具有联合分布函数$F(x,y)$,而其分量X和Y都是随机变量,它们也有各自的分布函数,分别记成$F_X(x)$和$F_Y(y)$,并称$F_X(x)$为二维随机向量(X,Y)**关于X的边缘分布函数**,称$F_Y(y)$为(X,Y)**关于Y的边缘分布函数**.

边缘分布函数可由联合分布函数完全确定.

因为

$$\begin{aligned}F_X(x)&=P\{X\leqslant x\}=P\{X\leqslant x,Y<+\infty\}\\&=\lim_{y\to+\infty}P\{X\leqslant x,Y\leqslant y\}\\&=\lim_{y\to+\infty}F(x,y)=F(x,+\infty)\end{aligned}$$

所以
$$F_X(x)=F(x,+\infty)\tag{3.2}$$

同理有
$$F_Y(y)=F(+\infty,y)\tag{3.3}$$

上面的讨论对离散型、连续型随机向量都适用.下面分别来讨论.

1. 离散型随机向量的边缘分布列

由二维离散型随机向量(X,Y)的联合分布列$P\{X=x_i,Y=y_i\}=p_{ij}\ (i,j=1,2,\cdots)$可以完全确定其两个分量$X$和$Y$的边缘分布列.因为

$$\begin{aligned}P\{X=x_i\}&=P\{X=x_i,Y<+\infty\}\\&=P\{X=x_i,Y=y_1\}+P\{X=x_i,Y=y_2\}+\cdots\\&=\sum_{j=1}^{+\infty}p_{ij}\quad(i=1,2,\cdots)\end{aligned}$$

所以
$$P\{X=x_i\}=\sum_{j=1}^{+\infty}p_{ij}\quad(i=1,2,\cdots)\tag{3.4}$$

同理
$$P\{Y=y_j\}=\sum_{i=1}^{+\infty}p_{ij}\quad(j=1,2,\cdots)\tag{3.5}$$

式(3.4)、式(3.5)给出了求二维离散型随机向量(X,Y)的两个边缘分布列的计算公式.

对于离散型随机向量,除了可由式(3.2)、式(3.3)利用联合分布函数求边缘分布函数外,也可按 $F(x)=P\{X\leqslant x\}=\sum\limits_{X\leqslant x}P\{X=x_i\}$ 由边缘分布列出发求边缘分布函数.

例 1　设随机变量 X 在 1,2,3 三个正整数中等可能地取值,另一个随机变量 Y 在不超过 X 的正整数中等可能地取值.试求(X,Y)的联合分布列和关于 X,Y 的边缘分布列.

解　$P\{X=1,Y=1\}=\frac{1}{3}$,$P\{X=1,Y=2\}=P\{X=1,Y=3\}=0$,

$$P\{X=2,Y=1\}=P\{X=2\}P\{Y=1|X=2\}=\frac{1}{3}\times\frac{1}{2}=\frac{1}{6}.$$

同理,$P\{X=2,Y=2\}=\frac{1}{6}$, $P\{X=2,Y=3\}=0$,

$$P\{X=3,Y=1\}=P\{X=3,Y=2\}=P\{X=3,Y=3\}=\frac{1}{9}.$$

这些等式就给出了(X,Y)的联合分布列.由联合分布列求得边缘分布列如下:

关于 X 的边缘分布列为

$$P\{X=1\}=P\{X=1,Y=1\}+P\{X=1,Y=2\}+P\{X=1,Y=3\}=\frac{1}{3}$$

$$P\{X=2\}=P\{X=2,Y=1\}+P\{X=2,Y=2\}+P\{X=2,Y=3\}=\frac{1}{3}$$

$$P\{X=3\}=P\{X=3,Y=1\}+P\{X=3,Y=2\}+P\{X=3,Y=3\}=\frac{1}{3}$$

关于 Y 的边缘分布列为

$$P\{Y=1\}=P\{X=1,Y=1\}+P\{X=2,Y=1\}+P\{X=3,Y=1\}=\frac{11}{18}$$

$$P\{Y=2\}=P\{X=1,Y=2\}+P\{X=2,Y=2\}+P\{X=3,Y=2\}=\frac{5}{18}$$

$$P\{Y=3\}=P\{X=1,Y=3\}+P\{X=2,Y=3\}+P\{X=3,Y=3\}=\frac{1}{9}$$

计算结果也可表示成表格形式:

X \ Y	1	2	3	$P_{i\cdot}=P\{X=x_i\}$
1	$\frac{1}{3}$	0	0	$\frac{1}{3}$
2	$\frac{1}{6}$	$\frac{1}{6}$	0	$\frac{1}{3}$
3	$\frac{1}{9}$	$\frac{1}{9}$	$\frac{1}{9}$	$\frac{1}{3}$
$P_{\cdot j}=P\{Y=y_j\}$	$\frac{11}{18}$	$\frac{5}{18}$	$\frac{1}{9}$	

2. 连续型随机向量的边缘密度函数

设二维连续型随机向量(X,Y)的联合密度函数为$f(x,y)$，则(X,Y)关于X和Y的边缘密度函数分别为

$$f_X(x)=\int_{-\infty}^{+\infty}f(x,y)\mathrm{d}y$$

$$f_Y(y)=\int_{-\infty}^{+\infty}f(x,y)\mathrm{d}x$$

对于连续型随机向量，也可由其边缘密度函数出发按式(2.4)确定边缘分布函数.

例 2 设D为抛物线$y=x^2$和直线$y=x$所围的封闭区域，如图3.4所示.(X,Y)服从区域D上的均匀分布，求(X,Y)的联合密度函数和关于X,Y的边缘密度函数.

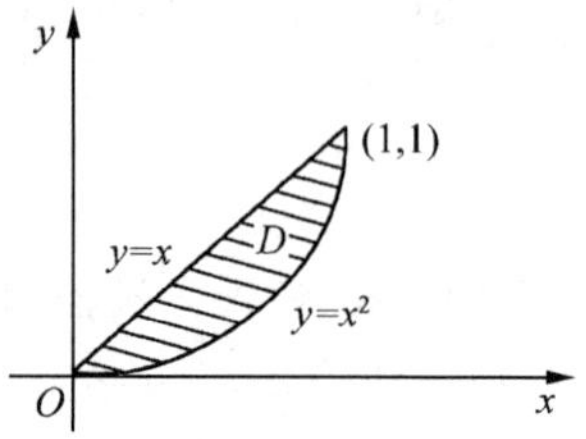

图 3.4

解 由于D的面积为

$$S=\int_0^1(x-x^2)\mathrm{d}x=\frac{1}{6}$$

故联合密度函数为

$$f(x,y)=\begin{cases}6, & (x,y)\in D\\ 0, & \text{其他}\end{cases}$$

当$0\leqslant x\leqslant 1$时，$f_X(x)=\int_{-\infty}^{+\infty}f(x,y)\mathrm{d}y=\int_{x^2}^{x}6\mathrm{d}y=6(x-x^2)$；

当$x<0$或$x>1$时，$f_X(x)=\int_{-\infty}^{+\infty}0\mathrm{d}y=0$；

当$0\leqslant y\leqslant 1$时，$f_Y(y)=\int_{-\infty}^{+\infty}f(x,y)\mathrm{d}x=\int_{y}^{\sqrt{y}}6\mathrm{d}x=6(\sqrt{y}-y)$；

当$y<0$或$y>1$时，$f_Y(y)=\int_{-\infty}^{+\infty}0\mathrm{d}x=0$.

所以，关于X的边缘密度为

$$f_X(x)=\begin{cases}6(x-x^2), & 0\leqslant x\leqslant 1\\ 0, & \text{其他}\end{cases}$$

关于Y的边缘密度为

$$f_Y(y)=\begin{cases}6(\sqrt{y}-y), & 0\leqslant y\leqslant 1\\ 0, & \text{其他}\end{cases}$$

3.2.2 随机变量的独立性

定义 1 设(X,Y)是二维随机向量，若对任意实数x,y有

$$P\{X\leqslant x,Y\leqslant y\}=P\{X\leqslant x\}\cdot P\{Y\leqslant y\}$$

即

$$F(x,y)=F_X(x)\cdot F_Y(y)$$

则称随机变量 X 与 Y 是**相互独立**的(简称 X 与 Y 独立).

定理 1 设(X,Y)是二维连续型随机向量,则 X 与 Y 相互独立的充分必要条件是对任意的实数 x,y 有

$$f(x,y)=f_X(x)\cdot f_Y(y)$$

即 X 与 Y 独立的充要条件是联合密度函数等于边缘密度函数之积.

证 先证必要性.设随机变量 X 与 Y 相互独立,则由定义有 $F(x,y)=F_X(x)\cdot F_Y(y)$对任意实数 x,y 成立.对上式两边求关于 x 和 y 的二阶混合偏导数,得

$$\frac{\partial^2 F(x,y)}{\partial x\partial y}=\frac{\mathrm{d}F_X(x)}{\mathrm{d}x}\cdot\frac{\mathrm{d}F_Y(y)}{\mathrm{d}y}$$

即

$$f(x,y)=f_X(x)\cdot f_Y(y)$$

对任意实数 x,y 成立.

再证充分性.设 $f(x,y)=f_X(x)\cdot f_Y(y)$对任意实数 x,y 都成立,则对上式两边积分得

$$\begin{aligned}\int_{-\infty}^{y}\int_{-\infty}^{x}f(u,v)\mathrm{d}u\mathrm{d}v&=\int_{-\infty}^{y}\int_{-\infty}^{x}f_X(u)\cdot f_Y(v)\mathrm{d}u\mathrm{d}v\\&=\int_{-\infty}^{x}f_X(u)\mathrm{d}u\cdot\int_{-\infty}^{y}f_Y(v)\mathrm{d}v\end{aligned}$$

即对任意实数 x,y 有

$$F(x,y)=F_X(x)\cdot F_Y(y)$$

因此随机变量 X 与 Y 相互独立.

对于离散的情形,类似于定理 1,有以下结论.

定理 2 设(X,Y)是二维离散型随机向量,则 X 与 Y 相互独立的充分必要条件是对(X,Y)的所有可能的取值(x_i,y_j)都有

$$P\{X=x_i,Y=y_j\}=P\{X=x_i\}\cdot P\{Y=y_j\}\quad(i,j=1,2,\cdots)$$

从第 3 章 3.1 节中讨论知道,由二维随机向量的联合分布可以确定其两个分量 X 和 Y 的边缘分布.但是反过来,一般是不行的.而定理 1 和定理 2 表明:当 X 与 Y 独立时,由 X 和 Y 的边缘分布也可以确定(X,Y)的联合分布.

例 3 设(X,Y)的联合密度函数为

$$f(x,y)=\begin{cases}C\mathrm{e}^{-(2x+y)}, & x\geqslant 0,y\geqslant 0\\0, & \text{其他}\end{cases}$$

(1) 求常数 C;

(2) 判断 X 与 Y 的独立性;

(3) 计算 $P\{0<X<1,0<Y<1\}$.

解 (1) 由联合密度的性质知$\int_{-\infty}^{+\infty}\int_{-\infty}^{+\infty}f(x,y)\mathrm{d}x\mathrm{d}y=1$,即

$$\int_{0}^{+\infty}\int_{0}^{+\infty}C\mathrm{e}^{-(2x+y)}\mathrm{d}x\mathrm{d}y=\frac{C}{2}=1$$

故 $$C=2$$

(2) 当 $x \geqslant 0$ 时，$f_X(x)=\int_{-\infty}^{+\infty} f(x,y)\mathrm{d}y=\int_0^{+\infty} 2\mathrm{e}^{-(2x+y)}\mathrm{d}y=2\mathrm{e}^{-2x}$.

故 $$f_X(x)=\begin{cases}2\mathrm{e}^{-2x}, & x\geqslant 0\\ 0, & x<0\end{cases}$$

当 $y\geqslant 0$ 时，$f_Y(y)=\int_{-\infty}^{+\infty} f(x,y)\mathrm{d}x=\int_0^{+\infty} 2\mathrm{e}^{-(2x+y)}\mathrm{d}x=\mathrm{e}^{-y}$.

故 $$f_Y(y)=\begin{cases}\mathrm{e}^{-y}, & y\geqslant 0\\ 0, & y<0\end{cases}$$

因此有 $f(x,y)=f_X(x)\cdot f_Y(y)$，由此得出 X 与 Y 相互独立.

(3) $$\begin{aligned}P\{0<X<1,\ 0<Y<1\}&=\int_0^1\int_0^1 f(x,y)\mathrm{d}x\mathrm{d}y\\&=\int_0^1\int_0^1 2\mathrm{e}^{-(2x+y)}\mathrm{d}x\mathrm{d}y\\&=\int_0^1 2\mathrm{e}^{-2x}\mathrm{d}x\int_0^1 \mathrm{e}^{-y}\mathrm{d}y\\&=(1-\mathrm{e}^{-2})(1-\mathrm{e}^{-1})\end{aligned}$$

例 4 设随机向量 (X,Y) 联合密度函数为

$$f(x,y)=\begin{cases}2(x+y), & 0\leqslant y\leqslant x\leqslant 1\\ 0, & \text{其他}\end{cases}$$

(1) 求 X,Y 的边缘密度函数；

(2) 讨论 X 与 Y 的独立性；

(3) 计算 $P\{X+Y\leqslant 1\}$.

解 (1) 当 $0\leqslant x\leqslant 1$ 时，

$$f_X(x)=\int_{-\infty}^{+\infty} f(x,y)\mathrm{d}y=\int_0^x 2(x+y)\mathrm{d}y=3x^2$$

故 $$f_X(x)=\begin{cases}3x^2, & 0\leqslant x\leqslant 1\\ 0, & \text{其他}\end{cases}$$

当 $0\leqslant y\leqslant 1$ 时，$f_Y(y)=\int_{-\infty}^{+\infty} f(x,y)\mathrm{d}x=\int_y^1 2(x+y)\mathrm{d}x=1+2y-3y^2$.

故 $$f_Y(y)=\begin{cases}1+2y-3y^2, & 0\leqslant y\leqslant 1\\ 0, & \text{其他}\end{cases}$$

(2) 因为 $f_X(x)f_Y(y)\neq f(x,y)$（比如 $f_X(1)f_Y(1)\neq f(1,1)$），所以 X 与 Y 不独立.

(3) $$\begin{aligned}P\{X+Y\leqslant 1\}&=\iint\limits_{x+y\leqslant 1} f(x,y)\mathrm{d}x\mathrm{d}y=\iint\limits_{\substack{x+y\leqslant 1\\0\leqslant y\leqslant x\leqslant 1}} 2(x+y)\mathrm{d}x\mathrm{d}y\\&=\int_0^{\frac{1}{2}}\mathrm{d}y\int_y^{1-y}2(x+y)\mathrm{d}x=\frac{1}{3}\end{aligned}$$

例 5　设离散型随机向量(X,Y)的联合分布列为

$X \backslash Y$	1	2	3
1	$\frac{1}{6}$	$\frac{1}{9}$	$\frac{1}{18}$
2	$\frac{1}{3}$	a	b

问 a,b 为何值时，X 与 Y 独立.

解　不难求出关于 X 的边缘分布列为

X	1	2
$p_{i\cdot}$	$\frac{1}{3}$	$\frac{1}{3}+a+b$

关于 Y 的边缘分布列为

Y	1	2	3
$p_{\cdot j}$	$\frac{1}{2}$	$\frac{1}{9}+a$	$\frac{1}{18}+b$

若 X 与 Y 独立，则

$$p_{12}=p_{1\cdot}\,p_{\cdot 2},\ p_{13}=p_{1\cdot}\,p_{\cdot 3},$$

即

$$\frac{1}{9}=\frac{1}{3}\left(\frac{1}{9}+a\right),\ \frac{1}{18}=\frac{1}{3}\left(\frac{1}{18}+b\right)$$

解得

$$a=\frac{2}{9},\ b=\frac{1}{9}$$

可验证，当 $a=\frac{2}{9}$，$b=\frac{1}{9}$时，$p_{ij}=p_{i\cdot}\,p_{\cdot j}(i=1,2;j=1,2,3)$都成立，而且满足联合分布列的要求：$\frac{1}{6}+\frac{1}{9}+\frac{1}{18}+\frac{1}{3}+a+b=1$，故这时 X 与 Y 独立.

例 6　设(X,Y)为本节例 1 中的随机向量，试判断 X 与 Y 的独立性.

解　例 1 中已求得(X,Y)的联合分布列和边缘分布列

$X \backslash Y$	1	2	3
1	$\frac{1}{3}$	0	0
2	$\frac{1}{6}$	$\frac{1}{6}$	0
3	$\frac{1}{9}$	$\frac{1}{9}$	$\frac{1}{9}$

X	1	2	3
$p_{i\cdot}$	$\frac{1}{3}$	$\frac{1}{3}$	$\frac{1}{3}$

Y	1	2	3
$p_{\cdot j}$	$\frac{11}{18}$	$\frac{5}{18}$	$\frac{1}{9}$

显然，$P\{X=1,Y=3\}\neq P\{X=1\}\cdot P\{Y=3\}\left(0\neq\frac{1}{3}\times\frac{1}{9}\right)$，所以 X 与 Y 不独立.

另外，还有一个有用的结论：若(X,Y)服从二维正态分布 $N(\mu_1,\sigma_1^2;\mu_2,\sigma_2^2;\rho)$，则 X 与 Y 独立的充要条件是 $\rho=0$.

在实际应用中，两个随机变量是否相互独立，一般并不是由数学式检验，而是由它们的实际意义来判断的. 如果它们之间没有影响或影响很弱时，就可认为它们是相互独立的.

3.2.3 条件分布

先讨论离散型情形.

设二维离散型随机向量(X,Y)的联合分布列为

$$P\{X=x_i,Y=y_j\}=p_{ij}\quad(i,j=1,2,\cdots)$$

(X,Y)关于 X 和 Y 的边缘分布列分别为

$$p_{i\cdot}=P\{X=x_i\}=\sum_{j=1}^{+\infty}p_{ij}\quad(i=1,2,\cdots)$$

$$p_{\cdot j}=P\{Y=y_j\}=\sum_{i=1}^{+\infty}p_{ij}\quad(j=1,2,\cdots)$$

设 $p_{i\cdot}>0,p_{\cdot j}>0$，考虑在事件"$Y=y_j$"发生的条件下事件"$X=x_i$"发生的条件概率 $P\{X=x_i|Y=y_j\}$. 即

$$P\{X=x_i|Y=y_j\}=\frac{P\{X=x_i,Y=y_j\}}{P\{Y=y_j\}}\quad(i=1,2,\cdots)$$

同理可得

$$P\{Y=y_j|X=X_i\}=\frac{P\{X=x_i,Y=y_j\}}{P\{X=x_i\}}\quad(j=1,2,\cdots)$$

不难验证固定 $Y=y_j$ 时 $P\{X=x_i|Y=y_j\}(i=1,2,\cdots)$具备分布列的基本性质，即 $P\{X=x_i|Y=y_j\}\geqslant 0$，且 $\sum_{i=1}^{+\infty}P\{X=x_i\mid Y=y_j\}=1$.

于是可给出如下定义：

定义 2 设(X,Y)是二维离散型随机向量，对于固定的 j，若 $P\{Y=y_j\}>0$，则称

$$P\{X=x_i|Y=y_j\}=\frac{P\{X=x_i,Y=y_j\}}{P\{Y=y_j\}}\quad(i=1,2,\cdots)$$

为在 $Y=y_j$ 条件下随机变量 X 的条件分布列.

同样,对于固定的 i,若 $P\{X=x_i\}>0$,则称

$$P\{Y=y_j|X=x_i\}=\frac{P\{X=x_i,Y=y_j\}}{P\{X=x_i\}}\quad(j=1,2,\cdots)$$

为在 $X=x_i$ 条件下随机变量 Y 的条件分布列.

例 7　设随机变量 X 在 1,2,3 三个正整数中等可能地取值,另一个随机变量 Y 在不超过 X 的正整数中等可能地取值.

(1) 试求(X,Y)的联合分布列和关于 X,Y 的边缘分布列;

(2) 求在 $Y=2$ 条件下随机变量 X 的条件分布列及在 $X=3$ 条件下随机变量 Y 的条件分布列.

解　(1) 本节例 1 中已求得(X,Y)的联合分布列为

X \ Y	1	2	3
1	$\frac{1}{3}$	0	0
2	$\frac{1}{6}$	$\frac{1}{6}$	0
3	$\frac{1}{9}$	$\frac{1}{9}$	$\frac{1}{9}$

边缘分布列为

X	1	2	3
$p_{i\cdot}$	$\frac{1}{3}$	$\frac{1}{3}$	$\frac{1}{3}$

Y	1	2	3
$p_{\cdot j}$	$\frac{11}{18}$	$\frac{5}{18}$	$\frac{1}{9}$

(2) $P\{Y=2\}=\frac{5}{18}$,

$$P\{X=1|Y=2\}=\frac{P\{X=1,Y=2\}}{P\{Y=2\}}=0,$$

$$P\{X=2|Y=2\}=\frac{P\{X=2,Y=2\}}{P\{Y=2\}}=\frac{3}{5},$$

$$P\{X=3|Y=2\}=\frac{P\{X=3,Y=2\}}{P\{Y=2\}}=\frac{2}{5}.$$

即在 $Y=2$ 条件下随机变量 X 的条件分布列为

X	1	2	3
$P\{X=x_i \mid Y=2\}$	0	$\frac{3}{5}$	$\frac{2}{5}$

$P\{X=3\}=\frac{1}{3}$;

$P\{Y=1 \mid X=3\}=\frac{P\{X=3,Y=1\}}{P\{X=3\}}=\frac{1}{3}$;

$P\{Y=2 \mid X=3\}=\frac{P\{X=3,Y=2\}}{P\{X=3\}}=\frac{1}{3}$;

$P\{Y=3 \mid X=3\}=\frac{P\{X=3,Y=3\}}{P\{X=3\}}=\frac{1}{3}$.

即在 $X=3$ 条件下随机变量 Y 的条件分布列为

Y	1	2	3
$P\{Y=y_i \mid X=3\}$	$\frac{1}{3}$	$\frac{1}{3}$	$\frac{1}{3}$

例 8 某射手在射击时，每次击中目标的概率为 $p(0<p<1)$，射击进行到第二次击中目标为止，X_i 表示第 i 次击中目标时已射击的次数($i=1,2$). 试求随机向量(X_1,X_2)的联合分布列及它们的条件分布列.

解 事件"$X_1=i,X_2=j$"表示第 i 次和第 j 次击中了目标($1\leqslant i<j$)，而其余 $j-2$ 次没有击中目标.

因为各次射击是相互独立的，所以随机向量(X_1,X_2)的联合分布列为

$$p_{ij}=P\{X_1=i,X_2=j\}=p^2(1-p)^{j-2}$$

边缘分布列为

$$p_{i\cdot}=P\{X_1=i\}=\sum_{j=i+1}^{+\infty}p_{ij}=p(1-p)^{i-1}\quad(i=1,2,\cdots)$$

$$p_{\cdot j}=P\{X_2=j\}=\sum_{i=1}^{j-1}p_{ij}=(j-1)p^2(1-p)^{j-2}\quad(j=2,3,\cdots)$$

对于任意 $j=2,3,\cdots$，有 $p_{\cdot j}=P\{X_2=j\}>0$，因此关于 X_1 的条件分布列为

$$P\{X_1=i \mid X_2=j\}=\frac{P\{X_1=i,X_2=j\}}{P\{X_2=j\}}=\frac{1}{j-1}\quad(i=1,2,\cdots,j-1)$$

对于任意 $i=1,2,\cdots$，有 $p_{i\cdot}=P\{X_1=i\}>0$，因此关于 X_2 的条件分布列为

$$P\{X_2=j \mid X_1=i\}=\frac{P\{X_1=i,X_2=j\}}{P\{X_1=i\}}=p(1-p)^{j-i-1}\quad(j=i+1,i+2,\cdots)$$

对于连续型情形的条件分布，我们不加推导地给出条件概率密度和条件分布函数的

计算公式：

若连续型随机向量(X,Y)的联合密度函数为$f(x,y)$，关于Y的边缘密度函数为$f_Y(y)$，且$f_Y(y)>0$，记$f_{X|Y}(x|y)$为**在$Y=y$的条件下X的条件概率密度**，则

$$f_{X|Y}(x|y)=\frac{f(x,y)}{f_Y(y)}$$

而在$Y=y$的条件下X的条件分布函数为

$$F_{X|Y}(x|y)=\int_{-\infty}^{x}\frac{f(u,y)}{f_Y(y)}\mathrm{d}u$$

类似地，若连续型随机向量(X,Y)的联合密度函数为$f(x,y)$，关于X的边缘密度函数$f_X(x)>0$，记$f_{Y|X}(y|x)$为**在$X=x$的条件下Y的条件概率密度**，则

$$f_{Y|X}(y|x)=\frac{f(x,y)}{f_X(x)}$$

而在$X=x$的条件下Y的条件分布函数为

$$F_{Y|X}(y|x)=\int_{-\infty}^{y}\frac{f(x,v)}{f_X(x)}\mathrm{d}v$$

例 9　设随机向量(X,Y)的联合密度函数为

$$f(x,y)=\begin{cases}x^2+\dfrac{1}{3}xy, & 0\leqslant x\leqslant 1,0\leqslant y\leqslant 2\\ 0, & \text{其他}\end{cases}$$

求(X,Y)的两个条件概率密度函数.

解　当$0\leqslant x\leqslant 1$时，

$$f_X(x)=\int_{-\infty}^{+\infty}f(x,y)\mathrm{d}y=\int_0^2\left(x^2+\frac{xy}{3}\right)\mathrm{d}y=2x^2+\frac{2}{3}x$$

故

$$f_X(x)=\begin{cases}2x^2+\dfrac{2}{3}x, & 0\leqslant x\leqslant 1\\ 0, & \text{其他}\end{cases}$$

当$0\leqslant y\leqslant 2$时，

$$f_Y(y)=\int_{-\infty}^{+\infty}f(x,y)\mathrm{d}x=\int_0^1\left(x^2+\frac{xy}{3}\right)\mathrm{d}x=\frac{1}{3}+\frac{1}{6}y$$

故

$$f_Y(y)=\begin{cases}\dfrac{1}{3}+\dfrac{1}{6}y, & 0\leqslant y\leqslant 2\\ 0, & \text{其他}\end{cases}$$

所以，当$0\leqslant y\leqslant 2$时，在$Y=y$的条件下X的条件概率密度为

$$f_{X|Y}(x|y)=\frac{f(x,y)}{f_Y(y)}=\frac{6x^2+2xy}{2+y}$$

当$0\leqslant x\leqslant 1$时，在$X=x$的条件下Y的条件概率密度为

$$f_{Y|X}(y|x)=\frac{f(x,y)}{f_X(x)}=\frac{3x+y}{6x+2}$$

3.3 两个随机变量的函数的分布

在第 2 章 2.5 节中，讨论了一个随机变量的函数的分布问题，即已知 X 的分布，求 X 的函数 $Y=g(X)$ 的分布. 本节将讨论两个随机变量(二维随机向量)的函数的分布. 但只就几个具体的函数举例说明讨论方法.

3.3.1 离散型情形的举例

例 1 设离散型随机向量 (X,Y) 的联合分布列为

X \ Y	-1	1
0	0.1	0.4
1	0.2	0.3

求：(1) $Z=X+Y$ 的分布列；

(2) $Z=XY$ 的分布列；

(3) $Z=X^2+Y^2$ 的分布列.

解 (1) $Z=X+Y$ 只能取 $-1,0,1,2$ 共四个值，且

$$P\{Z=-1\}=P\{X=0,Y=-1\}=0.1$$

同理，$P\{Z=0\}=0.2$，$P\{Z=1\}=0.4$，$P\{Z=2\}=0.3$.

所以 $Z=X+Y$ 的分布列为

$Z=X+Y$	-1	0	1	2
P	0.1	0.2	0.4	0.3

(2) $Z=XY$ 只能取 $-1,0,1$ 共 3 个值，且

$$P\{Z=-1\}=P\{X=1,Y=-1\}=0.2$$

$$P\{Z=0\}=P\{X=0,Y=-1\}+P\{X=0,Y=1\}=0.5$$

$$P\{Z=1\}=P\{X=1,Y=1\}=0.3$$

即 $Z=XY$ 的分布列为

$Z=XY$	-1	0	1
P	0.2	0.5	0.3

(3) $Z=X^2+Y^2$ 只取 1,2 两个值，且

$$P\{Z=1\}=P\{X=0,Y=-1\}+P\{X=0,Y=1\}=0.5$$

类似地，可得

$$P\{Z=2\}=0.5$$

所以 $Z=X^2+Y^2$ 的分布列为

$Z=X^2+Y^2$	1	2
P	0.5	0.5

3.3.2　连续型情形的举例

1. $Z=X+Y$ 的分布

设(X,Y)的联合密度函数为 $f(x,y)$，求 $Z=X+Y$ 的密度函数.

先求 Z 的分布函数 $F_Z(z)$.

用 D 表示平面区域$\{(x,y)\mid x+y\leqslant z\}$，如图 3.5 所示.

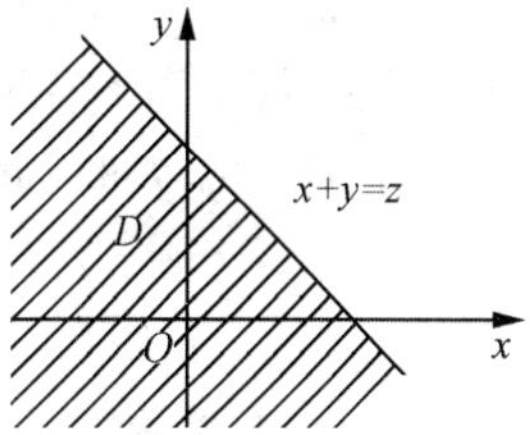

图 3.5

Z 的分布函数为

$$\begin{aligned}F_Z(z)&=P\{Z\leqslant z\}=P\{X+Y\leqslant z\}\\&=P\{(X,Y)\in D\}=\iint_D f(x,y)\mathrm{d}x\mathrm{d}y\\&=\iint_{x+y\leqslant z} f(x,y)\mathrm{d}x\mathrm{d}y=\int_{-\infty}^{+\infty}\mathrm{d}x\int_{-\infty}^{z-x}f(x,y)\mathrm{d}y\\&\xlongequal{\text{令 } u=y+x}\int_{-\infty}^{+\infty}\mathrm{d}x\int_{-\infty}^{z}f(x,u-x)\mathrm{d}u\\&=\int_{-\infty}^{z}\left[\int_{-\infty}^{+\infty}f(x,u-x)\mathrm{d}x\right]\mathrm{d}u\end{aligned}$$

关于 z 求导，则得 $Z=X+Y$ 的密度函数为

$$f_Z(z)=\int_{-\infty}^{+\infty}f(x,z-x)\mathrm{d}x$$

特别地，当 X 与 Y 相互独立时，$Z=X+Y$ 的密度函数为

$$f_Z(z)=\int_{-\infty}^{+\infty}f_X(x)f_Y(z-x)\mathrm{d}x \qquad (3.6)$$

式(3.6)右端称为两个函数 f_X 与 f_Y 的**卷积**.

例 2　设 X 和 Y 是两个相互独立的随机变量，它们都服从 $N(0,1)$分布，即

$$f_X(x)=\frac{1}{\sqrt{2\pi}}\mathrm{e}^{-\frac{x^2}{2}}\quad(-\infty<x<+\infty)$$

$$f_Y(y)=\frac{1}{\sqrt{2\pi}}\mathrm{e}^{-\frac{y^2}{2}}\quad(-\infty<y<+\infty)$$

求 $Z=X+Y$ 的概率密度.

解 由式(3.6)知

$$f_Z(z)=\int_{-\infty}^{+\infty}f_X(x)f_Y(z-x)\mathrm{d}x=\frac{1}{2\pi}\int_{-\infty}^{+\infty}\mathrm{e}^{-\frac{x^2}{2}}\mathrm{e}^{-\frac{(z-x)^2}{2}}\mathrm{d}x$$

$$=\frac{1}{2\pi}\mathrm{e}^{-\frac{z^2}{4}}\int_{-\infty}^{+\infty}\mathrm{e}^{-\left(x-\frac{z}{2}\right)^2}\mathrm{d}x\xlongequal{令 t=x-\frac{z}{2}}\frac{1}{2\pi}\mathrm{e}^{-\frac{z^2}{4}}\int_{-\infty}^{+\infty}\mathrm{e}^{-t^2}\mathrm{d}t$$

$$=\frac{1}{2\pi}\mathrm{e}^{-\frac{z^2}{4}}\cdot\sqrt{\pi}=\frac{1}{2\sqrt{\pi}}\mathrm{e}^{-\frac{z^2}{4}}$$

即 Z 服从正态分布 $N(0,2)$.

一般地,设 X,Y 相互独立且 $X\sim N(\mu_1,\sigma_1^2)$,$Y\sim N(\mu_2,\sigma_2^2)$,则利用式(3.6)可得 $Z=X+Y$ 服从正态分布 $N(\mu_1+\mu_2,\sigma_1^2+\sigma_2^2)$.

事实上可以进一步证明,若 $X_k\sim N(\mu_k,\sigma_k^2)(k=1,2,\cdots,n)$ 且它们相互独立,则 $Z=c_1X_1+c_2X_2+\cdots+c_nX_n+c$ 仍然服从正态分布,且有

$$Z\sim N(c_1\mu_1+c_2\mu_2+\cdots+c_n\mu_n+c,\ c_1^2\sigma_1^2+c_2^2\sigma_2^2+\cdots+c_n^2\sigma_n^2)$$

2. X 与 Y 独立时 $\max(X,Y)$ 和 $\min(X,Y)$ 的分布

设 X 与 Y 相互独立,其分布函数分别为 $F_X(x)$ 和 $F_Y(y)$,令

$$M=\max(X,Y),N=\min(X,Y)$$

则 M 的分布函数为

$$\begin{aligned}F_M(z)&=P\{M\leqslant z\}=P\{X\leqslant z 且 Y\leqslant z\}\\&=P\{X\leqslant z\}P\{Y\leqslant z\}=F_X(z)F_Y(z)\end{aligned}\tag{3.7}$$

N 的分布函数为

$$\begin{aligned}F_N(z)&=P\{N\leqslant z\}=1-P\{N>z\}\\&=1-P\{X>z 且 Y>z\}\\&=1-P\{X>z\}P\{Y>z\}\\&=1-[1-P\{X\leqslant z\}][1-P\{Y\leqslant z\}]\\&=1-[1-F_X(z)][1-F_Y(z)]\end{aligned}\tag{3.8}$$

当 X,Y 为连续型变量时,由式(3.7)和式(3.8)求导则可求得函数 $M=\max(X,Y)$ 和 $N=\min(X,Y)$ 的概率密度函数.

例 3 设系统 L 由相互独立的两个子系统 L_1,L_2 连接而成,连接的方式分别为:(1) 串联;(2) 并联;(3) 先用 L_1,当 L_1 损坏后再用 L_2. 如图 3.6 所示.

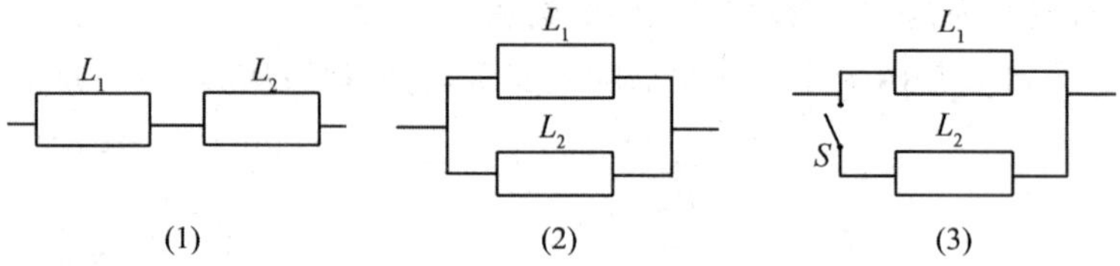

图 3.6

设 L_1,L_2 的寿命分别为 X 和 Y,已知 X,Y 的密度函数分别为

$$f_X(x)=\begin{cases}\alpha e^{-\alpha x}, & x\geqslant 0\\ 0, & x<0\end{cases}$$

$$f_Y(y)=\begin{cases}\beta e^{-\beta y}, & y\geqslant 0\\ 0, & y<0\end{cases}$$

其中常数 $\alpha>0,\beta>0$ 且 $\alpha\neq\beta$. 试分别就以上 3 种连接方式求出系统 L 的寿命 Z 的密度函数.

解　(1) 串联时,L_1,L_2 中有一个损坏,则整个系统 L 就不能正常工作,故 L 的寿命 $Z=\min(X,Y)$.

由 X 的密度函数容易求得其分布函数为

$$F_X(x)=\int_{-\infty}^{x} f_X(x)\mathrm{d}x=\begin{cases}1-e^{-\alpha x}, & x\geqslant 0\\ 0, & x<0\end{cases}\tag{3.9}$$

类似可得 Y 的分布函数为

$$F_Y(y)=\begin{cases}1-e^{-\beta y}, & y\geqslant 0\\ 0, & y<0\end{cases}\tag{3.10}$$

又因为 X 与 Y 独立,由式(3.8)得 $Z=\min(X,Y)$的分布函数为

$$F_Z(z)=1-[1-F_X(z)][1-F_Y(z)]\tag{3.11}$$

将式(3.9)和式(3.10)分别代入式(3.11)得

$$F_Z(z)=\begin{cases}1-e^{-(\alpha+\beta)z}, & z\geqslant 0\\ 0, & z<0\end{cases}$$

对此式求导,则得 $Z=\min(X,Y)$的密度函数为

$$f_Z(z)=\begin{cases}(\alpha+\beta)e^{-(\alpha+\beta)z}, & z\geqslant 0\\ 0, & z<0\end{cases}$$

(2) 并联时,只要 L_1,L_2 中有一个不损坏,则整个系统 L 就能正常工作,故 L 的寿命为 $Z=\max(X,Y)$.

因为 X,Y 的分布函数仍由式(3.9)和式(3.10)给出,且 X 与 Y 独立,故由式(3.7)得 $Z=\max(X,Y)$的分布函数为

$$\begin{aligned}F_Z(z)&=F_X(z)F_Y(z)\\&=\begin{cases}1-e^{-\alpha z}-e^{-\beta z}+e^{-(\alpha+\beta)z}, & z\geqslant 0\\ 0, & z<0\end{cases}\end{aligned}$$

故并联时 L 的寿命 $Z=\max(X,Y)$的密度函数为

$$f_Z(z)=F'_Z(z)=\begin{cases}\alpha e^{-\alpha z}+\beta e^{-\beta z}-(\alpha+\beta)e^{-(\alpha+\beta)z}, & z\geqslant 0\\ 0, & z<0\end{cases}$$

(3) 留 L_2 备用时,系统 L 的寿命为 $Z=X+Y$.

当 $z\leqslant 0$ 时,除了 $x=0$ 这一点外,$f_X(x)f_Y(z-x)=0$,故由式(3.6)得

$$f_Z(z)=0$$

当 $z>0$ 时,由式(3.6)得

$$f_Z(z)=\int_{-\infty}^{+\infty}f_X(x)f_Y(z-x)\mathrm{d}x=\int_0^z \alpha \mathrm{e}^{-\alpha x}\beta \mathrm{e}^{-\beta(z-x)}\mathrm{d}x$$

$$=\frac{\alpha\beta}{\alpha-\beta}(\mathrm{e}^{-\beta z}-\mathrm{e}^{-\alpha z})$$

故
$$f_Z(z)=\begin{cases}\dfrac{\alpha\beta}{\alpha-\beta}(\mathrm{e}^{-\beta z}-\mathrm{e}^{-\alpha z}), & z>0\\ 0, & z\leqslant 0\end{cases}$$

3. 一般函数 $Z=g(X,Y)$ 的分布

对连续型随机向量 (X,Y)，若其联合密度为 $f(x,y)$，则 $Z=g(X,Y)$ 的分布函数为

$$F_Z(z)=P\{Z\leqslant z\}=P\{g(X,Y)\leqslant z\}=\iint_{D_z}f(x,y)\mathrm{d}x\mathrm{d}y$$

其中 $D_z=\{(x,y)\mid g(x,y)\leqslant z\}$，从而 $Z=g(X,Y)$ 的密度函数为 $f_Z(z)=F'_Z(z)$.

例 4 设 X,Y 相互独立，均服从正态分布 $N(0,\sigma^2)$，求 $Z=\sqrt{X^2+Y^2}$ 的密度函数.

解 Z 的分布函数

$$F_Z(z)=P\{Z\leqslant z\}=P\{\sqrt{X^2+Y^2}\leqslant z\}$$

当 $z<0$ 时，"$\sqrt{X^2+Y^2}\leqslant z$"是不可能事件，故

$$P\{\sqrt{X^2+Y^2}\leqslant z\}=0,\text{ 即 } F_Z(z)=0$$

当 $z\geqslant 0$ 时，$F_Z(z)=\displaystyle\iint_{\sqrt{x^2+y^2}\leqslant z}\frac{1}{2\pi\sigma^2}\mathrm{e}^{-\frac{x^2+y^2}{2\sigma^2}}\mathrm{d}x\mathrm{d}y$

$$=\int_0^{2\pi}\mathrm{d}\theta\int_0^z\frac{1}{2\pi\sigma^2}\mathrm{e}^{-\frac{r^2}{2\sigma^2}}r\mathrm{d}r=\frac{1}{\sigma^2}\int_0^z\mathrm{e}^{-\frac{r^2}{2\sigma^2}}r\mathrm{d}r$$

而密度函数 $f_Z(z)=F'_Z(z)$，故

$$f_Z(z)=\begin{cases}\dfrac{z}{\sigma^2}\mathrm{e}^{-\frac{z^2}{2\sigma^2}}, & z\geqslant 0\\ 0, & z<0\end{cases}$$

本章小结

1. 正确理解二维随机向量及其联合分布函数的概念和性质；理解二维离散型随机向量的(联合)分布列的概念和性质，理解二维连续型随机向量及其概率密度(即联合密度函数)的概念和性质；会用联合分布列的性质和联合密度函数的性质进行相关计算，掌握二维离散型随机向量和二维连续型随机向量的概率计算.

2. 理解二维离散型随机向量边缘分布列的概念，会由联合分布列求边缘分布列；理解二维连续型随机向量的边缘概率密度的概念，掌握由联合概率密度求边缘概率密度的计算；掌握二维均匀分布和二维正态分布；知道二维正态分布的两个边缘分布都是一维正态分布.

3. 随机变量的独立性是概率论中最重要的概念之一. 要求理解两个或多个随机变量相互独立的概念；掌握两个离散型随机变量相互独立的定义和充分必要条

件；掌握两个连续型随机变量相互独立的定义和充分必要条件，从而会判断两个随机变量的独立性；知道二维正态分布中两个分量相互独立的充分必要条件是 $\rho=0$.

4. 会求两个离散型随机变量的简单函数的分布列；会求两个相互独立的连续型随机变量的和的概率密度函数；掌握随机变量 X 和 Y 相互独立时函数 $\max(X,Y)$ 和函数 $\min(X,Y)$ 的分布；知道多个独立正态随机变量的线性组合仍为正态随机变量；知道结论：若 $X_k\sim N(\mu_k,\sigma_k^2)(k=1,2,\cdots,n)$ 且它们相互独立，则 $Z=c_1X_1+c_2X_2+\cdots+c_nX_n+c$ 仍然服从正态分布，且有 $Z\sim N(c_1\mu_1+c_2\mu_2+\cdots+c_n\mu_n+c,\ c_1^2\sigma_1^2+c_2^2\sigma_2^2+\cdots+c_n^2\sigma_n^2)$.

习 题 三

一、解答题

1. 一个口袋中装有 4 个球，标号分别为 1,2,2,3，从中先后任取 2 个球，第一次取得的球标号记为 X，第二次取得的球标号记为 Y. 试就放回抽取与不放回抽取两种情况分别求出 (X,Y) 的联合分布列.

2. 甲、乙两人独立地各进行 2 次射击，假设甲的命中率为 0.2，乙的命中率为 0.5，以 X 和 Y 分别表示甲和乙的命中次数，试求 (X,Y) 的联合分布列.

3. 设二维随机向量 (X,Y) 的概率密度为

$$f(x,y)=\begin{cases}Axy, & x^2\leqslant y\leqslant 1 \text{ 且 } 0\leqslant x\leqslant 1\\ 0, & \text{其他}\end{cases}$$

(1) 确定常数 A；

(2) 计算 $P\left\{0\leqslant X\leqslant 1,\ 0\leqslant Y\leqslant \dfrac{1}{2}\right\}$；

(3) 计算 $P\{(X,Y)\in D\}$，D 由 $x^2\leqslant y\leqslant x, 0\leqslant x\leqslant 1$ 确定.

4. 设 (X,Y) 服从区域 D 上的均匀分布，D 是由直线 $y=x+1$、x 轴以及 y 轴围成的区域，求：

(1) (X,Y) 的联合密度函数；

(2) 概率 $P\{Y\leqslant -X\}$；

(3) (X,Y) 的联合分布函数.

5. 随机向量 (X,Y) 的联合密度函数为

$$f(x,y)=\begin{cases}A(2-\sqrt{x^2+y^2}), & x^2+y^2\leqslant 4\\ 0, & x^2+y^2>4\end{cases}$$

(1) 求常数 A；

(2) 求 $P\{X^2+Y^2\leqslant 1\}$.

6. 将一枚均匀硬币抛掷三次，用 X 表示在三次中出现的正面向上次数，以 Y 表示三次中出现的正面向上次数与反面向上次数之差的绝对值. 求 (X,Y) 的联合分布列和边缘分布列，并判断 X 与 Y 是否独立.

7. 设 (X,Y) 为第 1 题中的随机向量，求 (X,Y) 的边缘分布列并判断 X 与 Y 是否独立.

8. 设二维随机向量(X,Y)的联合密度函数为

$$f(x,y)=\begin{cases}e^{-x-y}, & x>0,y>0\\0, & \text{其他}\end{cases}$$

求边缘密度函数并判断X与Y是否独立.

9. 盒中有3只黑球,2只红球,2只白球,从中任取4只,以X表示取到的黑球数,以Y表示取到的红球数.求(X,Y)的联合分布列和边缘分布列,并判断X与Y是否独立.

10. (1)若(X,Y)的联合密度函数为

$$f(x,y)=\begin{cases}4xy, & 0\leqslant x\leqslant 1,0\leqslant y\leqslant 1\\0, & \text{其他}\end{cases}$$

问X与Y是否独立?

(2) 若(X,Y)的联合密度函数为

$$f(x,y)=\begin{cases}8xy, & 0\leqslant x\leqslant y,0\leqslant y\leqslant 1\\0, & \text{其他}\end{cases}$$

问X与Y是否独立?

11. 设(X,Y)的联合密度函数为

$$f(x,y)=\begin{cases}A\sin(x+y), & 0<x<\dfrac{\pi}{2},0<y<\dfrac{\pi}{2}\\0, & \text{其他}\end{cases}$$

(1) 求常数A;

(2) 求边缘密度函数.

12. 设(X,Y)的联合密度函数为

$$f(x,y)=\begin{cases}e^{-x}, & 0<y<x\\0, & \text{其他}\end{cases}$$

求条件密度函数$f_{Y|X}(y|x)$.

13. 设X与Y相互独立,其分布列分别为

X	1	2	3
P	0.3	0.1	0.6

Y	1	2	3
P	0.2	0.5	0.3

(1) 求$X+Y$的分布列;

(2) 求XY的分布列.

14. 设X与Y相互独立,其密度函数分别为

$$f_X(x)=\begin{cases}1, & 0\leqslant x\leqslant 1\\0, & \text{其他}\end{cases},\ f_Y(y)=\begin{cases}e^{-y}, & y\leqslant 0\\0, & y<0\end{cases}$$

求 $Z=X+Y$ 的概率密度.

15. 设(X,Y)服从区域 D 上的均匀分布,其中 D 由直线 $x=2,y=2$ 与 x 轴、y 轴围成,求 $Z=X+Y$ 的密度函数.

16. 设(X,Y)的联合密度函数为 $f(x,y)=\frac{1}{2\pi}e^{-\frac{x^2+y^2}{2}}$,求 $Z=X^2+Y^2$ 的密度函数和概率 $P\{|Z|>2\}$.

17. 设随机变量 X,Y 相互独立,且都服从$[0,1]$上的均匀分布,求 $Z=\max(X,Y)$的概率密度函数.

二、选择题

18. 设(X,Y)的联合分布列为

X \ Y	0	1
1	k	$\frac{3}{10}$
2	$\frac{3}{10}$	$\frac{3}{10}$

则常数 k 等于(　　).

A. $\frac{1}{10}$　　B. $\frac{2}{10}$　　C. $\frac{3}{10}$　　D. 1

19. 设二维随机向量(X,Y)的联合密度函数为

$$f(x,y)=\begin{cases} kxy^2, & 0\leqslant x\leqslant 1,0\leqslant y\leqslant 1 \\ 0, & 其他 \end{cases}$$

则常数 k 等于(　　).

A. 1　　B. 0　　C. 6　　D. $\frac{1}{6}$

20. 设随机变量 X 和 Y 相互独立,X 的分布列为

X	1	2
P	$\frac{1}{3}$	$\frac{2}{3}$

Y 的分布列为

Y	1	2
P	$\frac{1}{3}$	$\frac{2}{3}$

则下列各式正确的是(　　).

A. $P\{X=Y\}=\frac{2}{3}$　　B. $P\{X=Y\}=1$

C. $P\{X=Y\}=\frac{1}{2}$　　D. $P\{X=Y\}=\frac{5}{9}$

21. 设二维随机向量(X,Y)服从区域G: $0\leqslant x\leqslant 1$, $0\leqslant y\leqslant 1$上的均匀分布, $f_Y(y)$为(X,Y)关于Y的边缘密度函数,则$f_Y(1)=$(　　).

A. 0　　B. $\frac{1}{2}$　　C. 2　　D. 1

22. 设随机变量$X\sim N(-3,1)$,$Y\sim N(2,1)$,且X和Y相互独立,设$Z=X-2Y+7$,则$Z\sim$(　　).

A. $N(0,3)$　　B. $N(0,5)$　　C. $N(0,46)$　　D. $N(0,54)$

23. 设(X,Y)的联合分布列为

X \ Y	−1	0
0	0.1	0.3
1	0.2	0.4

则$P\{X+Y=0\}=$(　　).

A. 0.3　　B. 0.4　　C. 0.5　　D. 0.1

24. 设(X,Y)的联合概率密度为

$$f(x,y)=\begin{cases}\frac{xy}{96}, & 0\leqslant x\leqslant 4,\ 1\leqslant y\leqslant 5\\ 0, & \text{其他}\end{cases}$$

则$P\{X\geqslant 3,Y\leqslant 2\}=$(　　).

A. $\frac{1}{6}$　　B. $\frac{1}{96}$　　C. $\frac{7}{128}$　　D. $\frac{11}{192}$

25. 设随机变量X和Y独立同分布,X的分布函数为$F(x)$,则$Z=\max(X,Y)$的分布函数为(　　).

A. $F^2(x)$　　B. $F(x)F(y)$

C. $1-[1-F(x)]^2$　　D. $[1-F(x)][1-F(y)]$

26. 设随机变量$X_i\sim\begin{bmatrix}-1 & 0 & 1\\ 0.25 & 0.5 & 0.25\end{bmatrix}(i=1,2)$,且满足$P\{X_1X_2=0\}=1$,则$P\{X_1=X_2\}=$(　　).

A. 0　　B. 0.25　　C. 0.5　　D. 1

27. 设随机向量(X,Y)服从二维正态分布,且X与Y相互独立,$f_X(x)$和$f_Y(y)$分别表

示 X 和 Y 的概率密度,则在 $Y=y$ 的条件下,X 的条件概率密度 $f_{X|Y}(x|y)$ 等于(　　).

A. $f_X(x)$　　B. $f_Y(y)$　　C. $f_X(x)f_Y(y)$　　D. $\dfrac{f_X(x)}{f_Y(y)}$

三、填空题

28. 设随机变量 X 在区间(0,1)上服从均匀分布,在 $X=x(0<x<1)$ 的条件下,随机变量 Y 在区间$(0,x)$上服从均匀分布. 则随机向量(X,Y)的联合概率密度为__________,概率 $P\{X+Y>1\}=$__________.

29. 设(X,Y)的联合分布列为

X \ Y	−1	0
0	0.1	0.3
1	0.2	0.4

则 $P\{Y<0\}=$__________.

30. 设随机向量(X,Y)的联合密度函数为

$$f(x,y)=\begin{cases}24xy, & 0<x<\dfrac{1}{\sqrt{2}},0<y<\dfrac{1}{\sqrt{3}}\\ 0, & \text{其他}\end{cases}$$

则 $P\left\{X\leqslant\dfrac{1}{2}\right\}=$__________.

31. 设随机变量 X 和 Y 相互独立,且均服从区间[0,3]上的均匀分布,则 $P\{\max(X,Y)\leqslant 1\}=$__________.

32. 设二维随机变量(X,Y)的联合分布列为

X \ Y	0	1
0	0.4	a
1	b	0.1

若随机事件$\{X=0\}$与$\{X+Y=1\}$相互独立,则 $a=$________,$b=$________.

33. 设随机向量(X,Y)的联合密度函数为

$$f(x,y)=\begin{cases}e^{-x}, & 0<y<x\\ 0, & \text{其他}\end{cases}$$

则条件概率密度 $f_{Y|X}(y|x)=$__________,概率 $P\{X\leqslant 1,Y\leqslant 1\}=$__________.

第 4 章 随机变量的数字特征

教学目标

(1) 掌握随机变量数学期望的定义、性质及计算；
(2) 掌握随机变量函数的数学期望的计算；
(3) 掌握方差的定义、性质及计算，知道标准差的定义；
(4) 掌握协方差与相关系数的定义、性质和计算，知道矩的定义；
(5) 熟记常用分布的数学期望和方差；
(6) 掌握随机变量相互独立与不相关的联系与区别；
(7) 知道服从二维正态分布的随机向量的两个分量独立的充要条件是不相关.

教学要求

知识要点	能力要求	相关知识
数学期望	(1) 掌握数学期望的定义、性质及计算； (2) 掌握随机变量函数的数学期望的计算； (3) 熟记常用分布的数学期望	(1) 数学期望的定义、性质及计算； (2) 随机变量函数的数学期望的计算； (3) 常用分布的数学期望
方　差	(1) 掌握方差的定义、性质及计算； (2) 知道标准差的定义； (3) 熟记常用分布的方差	(1) 方差的定义、性质及计算； (2) 标准差的定义； (3) 常用分布的方差
矩、协方差与相关系数	(1) 掌握协方差与相关系数的定义、性质和计算，知道矩的定义并会计算； (2) 理解不相关的概念，掌握随机变量相互独立与不相关的联系与区别并会判断； (3) 知道服从二维正态分布的随机向量的两个分量独立的充要条件是不相关	(1) 协方差与相关系数的定义、性质和计算； (2) 矩的定义和计算； (3) 不相关的概念，不相关的判断； (4) 随机变量相互独立与不相关的联系与区别； (5) 服从二维正态分布的随机向量的两个分量独立与不相关

引例

设一地摊游戏规则为：游戏参与者先付给摊主 1 元钱，然后掷一枚骰子一次. 若骰子点数为 6，则摊主发给游戏参与者奖金 5 元，否则游戏结束. 问摊主平均从每次游戏中获利多少？不计机会成本的话，游戏参与者付给摊主的钱数和摊主发给游戏参与者的奖金数满足怎样的关系，就能保证摊主不亏？

这是一个计算随机变量数学期望的问题.

本章引言

随机变量的概率分布(即离散型的分布列和连续型的密度函数及分布函数)能够完整全面地反映随机变量的统计规律，但在实际工作中，有时要求得一个随机变量的概率分布并非是一件容易的事；另一方面，对于有些实际问题来说，也不需要知道那么详细的概率分布. 例如，在检查一批棉花的质量优劣时，要知道棉花纤维的平均长度，还要知道纤维长度与平均长度之差，在纤维的平均长度一定时，这个差反映了与平均长度的离散程度，差越小表示棉花的质量越好. 又如，要了解某次期末英语考试成绩的总体情况，通常也只关心平均分数及各个人成绩与这个平均分数的整体偏离程度. 也就是说，只要知道反映随机变量变化的一些数字特征就够了.

研究随机变量的数字特征在理论上和实际中都有重要意义. 本章将讨论数学期望(也叫均值)、方差、协方差、相关系数等数字特征.

4.1　数学期望

4.1.1　数学期望的概念

例 1　甲、乙两射手在相同的条件下进行射击的技术统计结果如表 4.1 所示，其中随机变量 X,Y 为甲、乙击中的环数.

表 4.1

	甲(X)			乙(Y)		
击中环数	8	9	10	8	9	10
概　率	0.2	0.2	0.6	0.2	0.5	0.3

试问谁的射击技术好？

解　在表 4.1 中，虽然找到了 X,Y 的分布列，但看不出谁的射击技术好. 用“平均数”即平均击中环数这个量来判断. 设甲、乙各射击了 100 次，对甲射手，从分布列可看出，击中 8、

9、10 环的次数分别为 20 次、20 次、60 次，则甲在 100 次射击中每次射击的平均击中环数为

$$\frac{8\times 20+9\times 20+10\times 60}{100}=8\times\frac{20}{100}+9\times\frac{20}{100}+10\times\frac{60}{100}$$

$$=8\times 0.2+9\times 0.2+10\times 0.6=9.4(\text{环})$$

对乙射手，可求出 100 次射击中每次射击的平均击中环数为

$$\frac{8\times 20+9\times 50+10\times 30}{100}=8\times\frac{20}{100}+9\times\frac{50}{100}+10\times\frac{30}{100}$$

$$=8\times 0.2+9\times 0.5+10\times 0.3=9.1(\text{环})$$

因此，甲的射击技术比乙的射击技术好.

从例 1 的计算可见，平均击中环数(即"平均数")恰好是随机变量可能的取值与相应的概率的乘积之和.

定义 1 (1) 设离散型随机变量 X 的分布列为

$$P\{X=x_i\}=p_i,\ i=1,2,\cdots$$

若级数 $\sum\limits_{i=1}^{+\infty}x_ip_i$ 绝对收敛，则称级数 $\sum\limits_{i=1}^{+\infty}x_ip_i$ 的和为随机变量 X 的**数学期望**(也称**期望**或**均值**)，记为 EX，即 $EX=x_1p_1+x_2p_2+\cdots+x_ip_i+\cdots=\sum\limits_{i=1}^{+\infty}x_ip_i$.

(2) 设连续型随机变量 X 的概率密度函数为 $f(x)$，积分 $\int_{-\infty}^{+\infty}xf(x)\mathrm{d}x$ 绝对收敛，则定义 X 的数学期望 EX 为

$$EX=\int_{-\infty}^{+\infty}xf(x)\mathrm{d}x$$

例 2 设随机变量 X 服从两点分布，且 $P\{X=0\}=1-p$, $P\{X=1\}=p$, $0<p<1$，求 EX.

解 $EX=0\times(1-p)+1\times p=p$.

例 3 设 $X\sim B(n,\ p)$，求 EX.

解 因为 $P\{X=k\}=\mathrm{C}_n^kp^k(1-p)^{n-k}(k=0,1,2,\cdots,n)$. 所以

$$EX=\sum_{k=0}^{n}kP\{X=k\}=\sum_{k=0}^{n}k\mathrm{C}_n^kp^k(1-p)^{n-k}=\sum_{k=1}^{n}k\mathrm{C}_n^kp^k(1-p)^{n-k}$$

$$=\sum_{k=1}^{n}\frac{k\cdot n!}{k!(n-k)!}p^k(1-p)^{n-k}$$

$$=\sum_{k=1}^{n}\frac{n\cdot p\cdot(n-1)!}{(k-1)![(n-1)-(k-1)]!}p^{k-1}(1-p)^{(n-1)-(k-1)}$$

$$=np\sum_{k=0}^{n-1}\frac{(n-1)!}{k!(n-1-k)!}p^k(1-p)^{(n-1)-k}=np[p+(1-p)]^{n-1}=np$$

例 4 设 $X\sim P(\lambda)$，求 EX.

解 $P\{X=k\}=\dfrac{\lambda^k}{k!}\mathrm{e}^{-\lambda}(k=0,1,2,\cdots)$，所以

$$EX=\sum_{k=0}^{+\infty}k\frac{\lambda^k}{k!}e^{-\lambda}=e^{-\lambda}\sum_{k=1}^{+\infty}\frac{\lambda^k}{(k-1)!}=e^{-\lambda}\sum_{k=1}^{+\infty}\frac{\lambda\cdot\lambda^{k-1}}{(k-1)!}=\lambda e^{-\lambda}\sum_{k=0}^{+\infty}\frac{\lambda^k}{k!}=\lambda e^{-\lambda}\cdot e^{\lambda}=\lambda$$

例 5 设 X 在区间 $[a, b]$ 上服从均匀分布,其概率密度为

$$f(x)=\begin{cases}\dfrac{1}{b-a}, & a\leqslant x\leqslant b\\ 0, & \text{其他}\end{cases}$$

求 EX.

解 $EX=\int_{-\infty}^{+\infty}xf(x)\mathrm{d}x=\int_a^b x\frac{1}{b-a}\mathrm{d}x=\frac{a+b}{2}$.

例 6 设 $X\sim N(\mu, \sigma^2)$,求 EX.

解 $f(x)=\frac{1}{\sqrt{2\pi}\sigma}e^{-\frac{(x-\mu)^2}{2\sigma^2}}(-\infty<x<+\infty)$,则

$$EX=\int_{-\infty}^{+\infty}xf(x)\mathrm{d}x=\frac{1}{\sqrt{2\pi}\sigma}\int_{-\infty}^{+\infty}xe^{-\frac{(x-\mu)^2}{2\sigma^2}}\mathrm{d}x$$

令 $t=\frac{x-\mu}{\sigma}$,有

$$EX=\frac{1}{\sqrt{2\pi}}\int_{-\infty}^{+\infty}(\mu+\sigma t)e^{-\frac{t^2}{2}}\mathrm{d}t=\frac{\mu}{\sqrt{2\pi}}\int_{-\infty}^{+\infty}e^{-\frac{t^2}{2}}\mathrm{d}t+\frac{\sigma}{\sqrt{2\pi}}\int_{-\infty}^{+\infty}te^{-\frac{t^2}{2}}\mathrm{d}t=\mu$$

例 7 设 X 服从参数为 λ 的指数分布,求 EX.

解 因为 $f(x)=\begin{cases}\lambda e^{-\lambda x}, & x\geqslant 0\\ 0, & x<0\end{cases}$,所以 $EX=\int_{-\infty}^{+\infty}xf(x)\mathrm{d}x=\lambda\int_0^{+\infty}xe^{-\lambda x}\mathrm{d}x=\frac{1}{\lambda}$.

例 8 某公司进行有奖销售活动,一等奖 250 元,二等奖 100 元,三等奖 50 元.一、二、三等奖分别设 1,2,5 个.在活动中共有 1 000 个客户,每个客户有一个号码,求每个客户得到奖金的数学期望.

解 设每个客户得到的奖金为随机变量 X,则 X 的分布列为

X	0	50	100	250
P	$\frac{992}{1\,000}$	$\frac{5}{1\,000}$	$\frac{2}{1\,000}$	$\frac{1}{1\,000}$

于是 $EX=0\times\frac{992}{1\,000}+50\times\frac{5}{1\,000}+100\times\frac{2}{1\,000}+250\times\frac{1}{1\,000}=0.7$(元).

例 9 设随机变量 X 的概率密度为

$$f(x)=\begin{cases}|x|, & |x|<1\\ 0, & \text{其他}\end{cases}$$

求 EX.

解
$$\begin{aligned}EX&=\int_{-\infty}^{+\infty}xf(x)\mathrm{d}x=\int_{-\infty}^{-1}xf(x)\mathrm{d}x+\int_{-1}^{1}xf(x)\mathrm{d}x+\int_{1}^{+\infty}xf(x)\mathrm{d}x\\&=0+\int_{-1}^{1}x|x|\mathrm{d}x+0=0.\end{aligned}$$

最后说明一点，随机变量的数学期望有可能不存在．如设随机变量 X 服从柯西分布，其概率密度为 $f(x)=\frac{1}{\pi}\cdot\frac{1}{1+x^2}$，$-\infty<x<+\infty$，则

$$EX=\int_{-\infty}^{+\infty}xf(x)\mathrm{d}x=\frac{1}{\pi}\int_{-\infty}^{+\infty}x\frac{1}{1+x^2}\mathrm{d}x$$

由于 $\frac{1}{\pi}\int_{-\infty}^{+\infty}x\frac{1}{1+x^2}\mathrm{d}x$ 不绝对收敛，故 EX 不存在．

4.1.2 随机变量函数的数学期望

设随机变量 Y 为随机变量 X 的函数，即 $Y=g(X)$．从上小节的讨论可知，要求 Y 的数学期望，只要求 Y 的概率分布即可，但这个过程往往比较麻烦．利用如下的定理，不用求出随机变量 Y 的概率分布，便可直接求出 EY．

定理 1 设 Y 为随机变量 X 的函数 $Y=g(X)$，这里 $g(x)$ 为连续的实值函数．

(1) 若 X 为离散型随机变量，其概率分布（或分布列）为

$$P\{X=x_i\}=p_i,\ i=1,2,\cdots$$

且 $\sum_{i=1}^{+\infty}g(x_i)p_i$ 绝对收敛，则

$$EY=Eg(X)=\sum_{i=1}^{+\infty}g(x_i)p_i$$

(2) 若 X 为连续型随机变量，其密度函数为 $f(x)$，且 $\int_{-\infty}^{+\infty}f(x)g(x)\mathrm{d}x$ 绝对收敛，则

$$EY=Eg(X)=\int_{-\infty}^{+\infty}f(x)g(x)\mathrm{d}x$$

在定理 1 中，若令 $g(x)=x$，则得到数学期望 EX．

例 10 设随机变量 X 的分布列为

X	-1	0	3
P	0.1	0.6	0.3

求 EX，$E(X^2)$，$E(3X-1)$．

解 列表如下：

X	-1	0	3
X^2	1	0	9
$3X-1$	-4	-1	8
P	0.1	0.6	0.3

于是

$$EX=(-1)\times0.1+0\times0.6+3\times0.3=0.8$$

$$E(X^2)=1\times0.1+0\times0.6+9\times0.3=2.8$$
$$E(3X-1)=(-4)\times0.1+(-1)\times0.6+8\times0.3=1.4$$

例 11　设随机变量 X 的概率密度为

$$f(x)=\begin{cases}4x^3, & 0<x<1\\ 0, & 其他\end{cases}$$

求 $E\left(\frac{1}{X^3}\right)$.

解　这里 $g(x)=\frac{1}{x^3}$，于是

$$E\left(\frac{1}{X^3}\right)=\int_{-\infty}^{+\infty}\frac{1}{x^3}f(x)\mathrm{d}x=\int_0^1\frac{1}{x^3}\cdot 4x^3\mathrm{d}x=4$$

定理 1 可推广到二维随机向量的函数 $Z=f(X,Y)$.

定理 2　设 Z 为二维随机向量(X,Y)的函数 $Z=g(X,Y)$，这里 $g(x,y)$为二元连续实函数，则

(1) 若(X,Y)为离散型随机向量，其联合分布列为 $P\{X=x_i,Y=y_j\}=p_{ij}(i,j=1,2,\cdots)$ 且 $\sum_{i=1}^{+\infty}\sum_{j=1}^{+\infty}g(x_i,y_j)p_{ij}$ 绝对收敛，那么

$$EZ=Eg(X,Y)=\sum_{i=1}^{+\infty}\sum_{j=1}^{+\infty}g(x_i,y_j)p_{ij}$$

(2) 若(X,Y)为连续型随机向量，其联合概率密度为 $f(x,y)$，且 $\int_{-\infty}^{+\infty}\int_{-\infty}^{+\infty}f(x,y)g(x,y)\mathrm{d}x\mathrm{d}y$ 绝对收敛，那么

$$EZ=Eg(X,Y)=\int_{-\infty}^{+\infty}\int_{-\infty}^{+\infty}f(x,y)g(x,y)\mathrm{d}x\mathrm{d}y$$

定理 2 说明，在求二维随机向量(X,Y)的函数 Z 的数学期望时，不需要知道 Z 的分布，只要知道(X,Y)的分布即可，这简化了计算.

例 12　(X,Y)的联合分布列为

X \ Y	1	2	3
-1	0.2	0.1	0
0	0.1	0	0.3
1	0.1	0.1	0.1

求：(1) $E(X+Y)$；(2) $E(XY)$.

解　列表如下：

(X,Y)	$(-1,1)$	$(-1,2)$	$(-1,3)$	$(0,1)$	$(0,2)$	$(0,3)$	$(1,1)$	$(1,2)$	$(1,3)$
$X+Y$	0	1	2	1	2	3	2	3	4
XY	-1	-2	-3	0	0	0	1	2	3
P	0.2	0.1	0	0.1	0	0.3	0.1	0.1	0.1

(1) $E(X+Y)=0\times0.2+1\times0.1+2\times0+1\times0.1+2\times0+3\times0.3+2\times0.1+3\times0.1+4\times0.1=2.0.$

(2) $E(XY)=(-1)\times0.2+(-2)\times0.1+(-3)\times0+0\times0.1+0\times0+0\times0.3+1\times0.1+2\times0.1+3\times0.1=0.2.$

例 13 设(X,Y)的联合密度函数为 $f(x,y)=\begin{cases}12y^2, & 0\leqslant y\leqslant x\leqslant 1\\ 0, & \text{其他}\end{cases}$，求：

(1) $E(XY)$；(2) $E(X+Y)$.

解 (1) 令 $Z=XY$，由定理 2 有 $g(x,y)=xy$. $f(x,y)$不等于 0 的区域为 D（见图 4.1）.

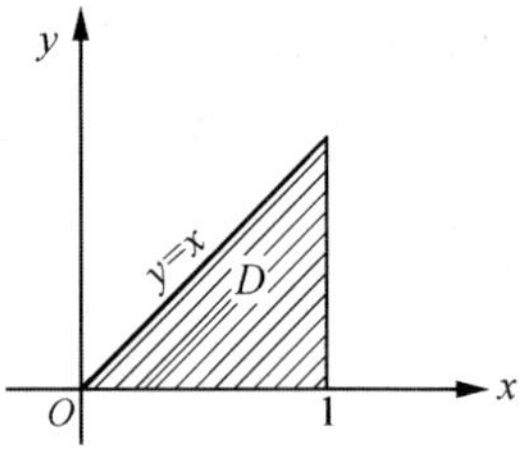

图 4.1

$$EZ=E(XY)=\int_{-\infty}^{+\infty}\int_{-\infty}^{+\infty}f(x,y)g(x,y)\mathrm{d}x\mathrm{d}y$$

$$=\int_{-\infty}^{+\infty}\int_{-\infty}^{+\infty}xyf(x,y)\mathrm{d}x\mathrm{d}y$$

$$=\int_0^1\int_0^x xy\cdot12y^2\mathrm{d}y\mathrm{d}x=\int_0^1 x\cdot3x^4\mathrm{d}x=\frac{1}{2}$$

(2) 令 $Z=X+Y$，则 $g(x,y)=x+y$，于是

$$EZ=\int_0^1\mathrm{d}x\int_0^x(x+y)12y^2\mathrm{d}y=12\int_0^1\left(\frac{1}{3}xy^3+\frac{1}{4}y^4\right)\Big|_0^x\mathrm{d}x=\frac{7}{5}$$

4.1.3 数学期望的性质

在下列性质中，假设随机变量的数学期望总存在.

性质 1 $EC=C$，C 为常数.

性质 2 $E(CX)=CEX$，C 为常数.

性质 3 $E(X+Y)=EX+EY$.

性质 4 设 X,Y 相互独立，则 $E(XY)=EX\cdot EY$.

性质 3 和性质 4 可推广到有限多个随机变量的情况，但要注意在性质 4 中要求这些有限多个随机变量是相互独立的. 下面就连续型随机变量来证明性质 4，其他性质的证明请读者思考.

设 X,Y 的密度函数分别为 $f_1(x)$，$f_2(y)$. 由 X,Y 的独立性得(X,Y)的联合密度为 $f_1(x)f_2(y)$，则由定理 2 及数学期望的定义知

$$E(XY)=\int_{-\infty}^{+\infty}\int_{-\infty}^{+\infty}xy\cdot f_1(x)f_2(y)\mathrm{d}x\mathrm{d}y=\int_{-\infty}^{+\infty}xf_1(x)\mathrm{d}x\int_{-\infty}^{+\infty}yf_2(y)\mathrm{d}y=EX\cdot EY$$

例 14　设 $X\sim N(\mu,\sigma^2)$，$Y=\dfrac{X-\mu}{\sigma}$，求 EY.

解　$EY=E\left(\dfrac{X-\mu}{\sigma}\right)=\dfrac{1}{\sigma}E(X-\mu)=\dfrac{1}{\sigma}(EX-E\mu)=\dfrac{1}{\sigma}(\mu-\mu)=0.$

实际上，由前面的讨论已知 $Y\sim N(0,1)$，结合本节的例 6，故 $EY=0$.

例 15　两台相同的电话交换机，每台无故障的工作时间服从参数为 5 的指数分布. 先启用一台，当其发生故障时停用而另一台自动开启. 试求这两台交换机无故障工作总时间 T 的数学期望.

解　设第一、第二台交换机的无故障工作时间分别为 T_1，T_2，则 $T=T_1+T_2$.

由性质 3 知

$$ET=E(T_1+T_2)=ET_1+ET_2$$

而

$$f_{T_1}(t)=f_{T_2}(t)=\begin{cases}5\mathrm{e}^{-5t}, & t\geqslant 0\\ 0, & t<0\end{cases}$$

所以　$ET=ET_1+ET_2=\int_{-\infty}^{+\infty}tf_{T_1}(t)\mathrm{d}t+\int_{-\infty}^{+\infty}tf_{T_2}(t)\mathrm{d}t=2\int_0^{+\infty}t\mathrm{e}^{-5t}\mathrm{d}t=\dfrac{2}{5}$

4.2 方　差

4.2.1　方差的概念

在第 4 章 4.1 节中讨论的数学期望的概念能反映随机变量的平均值，在一些实际问题中有时仅知道平均值是不够的. 如在 4.1 节例 1 中若甲、乙两射手的平均击中环数即数学期望是相等的，则用数学期望分不清甲、乙的技术差异. 这时还可以看甲、乙的各次击中环数与平均击中环数的偏离情况，偏离少说明技术发挥稳定，偏离大则说明技术发挥不稳定. 本节将引入方差的概念来反映随机变量对数学期望的离散程度.

定义 1　设 X 为一随机变量，若 $E(X-EX)^2$ 存在，则称这个值为 X 的**方差**，记为 DX，即 $DX=E(X-EX)^2$，称 $\sqrt{DX}$ 为 X 的**标准差或均方差**.

对于方差的计算，由定义 1 可知：若 X 为离散型随机变量，且 X 的分布列为 $P\{X=x_i\}=p_i(i=1,2,\cdots)$，则 $DX=\sum\limits_{i=1}^{+\infty}(x_i-EX)^2p_i$；若 X 为连续型随机变量，且 X 的密度函数为 $f(x)$，则 $DX=\int_{-\infty}^{+\infty}(x-EX)^2f(x)\mathrm{d}x$. 但在实际计算中，往往采用如下的计算公式：

$$DX=EX^2-(EX)^2$$

这个公式之所以成立，是因为

$$\begin{aligned}DX&=E(X-EX)^2=E[X^2-2XEX+(EX)^2]=EX^2-2EX\cdot EX+(EX)^2\\&=EX^2-(EX)^2\end{aligned}$$

例 1 设 X 服从 0-1 分布,求 DX.

解 $EX=p,EX^2=1^2\times p+0^2\times(1-p)=p$,所以

$$DX=EX^2-(EX)^2=p-p^2=p(1-p).$$

例 2 设 $X\sim B(n,p)$,求 DX.

解 因为

$$EX=np$$

$$\begin{aligned}EX^2&=\sum_{k=0}^{n}k^2\cdot\frac{n!}{k!(n-k)!}p^kq^{n-k}\quad(q=1-p)\\&=np\sum_{k=1}^{n}k\cdot\frac{(n-1)!}{(k-1)!(n-k)!}p^{k-1}q^{n-k}\\&=np\left[\sum_{k=1}^{n}(k-1)\cdot\frac{(n-1)!}{(k-1)!(n-k)!}p^{k-1}q^{n-k}\right]+\\&\quad np\left[\sum_{k=1}^{n}\frac{(n-1)!}{(k-1)!(n-k)!}p^{k-1}q^{n-k}\right]\\&=np[(n-1)p+(p+q)^{n-1}]\\&=n^2p^2+npq\end{aligned}$$

所以

$$DX=EX^2-(EX)^2=npq$$

例 3 设 $X\sim P(\lambda)$, 求 DX.

解 因为

$$EX=\lambda$$

$$\begin{aligned}EX^2&=\sum_{k=0}^{+\infty}k^2\frac{\lambda^k}{k!}e^{-\lambda}=\sum_{k=1}^{+\infty}k\frac{\lambda^k}{(k-1)!}e^{-\lambda}\\&=\lambda\sum_{k=1}^{+\infty}(k-1)\frac{\lambda^{k-1}}{(k-1)!}e^{-\lambda}+\lambda\sum_{k=1}^{+\infty}\frac{\lambda^{k-1}}{(k-1)!}e^{-\lambda}\\&=\lambda EX+\lambda e^{\lambda}e^{-\lambda}\\&=\lambda^2+\lambda\end{aligned}$$

所以

$$DX=EX^2-(EX)^2=\lambda$$

例 4 设 X 服从$[a,b]$上的均匀分布,求 DX.

解 因为

$$EX=\frac{a+b}{2},EX^2=\int_a^b\frac{x^2}{b-a}dx=\frac{1}{3}(a^2+ab+b^2)$$

所以

$$DX=EX^2-(EX)^2=\frac{1}{3}(a^2+ab+b^2)-\frac{1}{4}(a+b)^2=\frac{1}{12}(b-a)^2$$

例 5 设 $X\sim N(\mu,\sigma^2)$, 求 DX.

解 $DX=E(X-\mu)^2=\int_{-\infty}^{+\infty}(x-\mu)^2\frac{1}{\sqrt{2\pi}\sigma}e^{-\frac{(x-\mu)^2}{2\sigma^2}}dx.$

令 $t=\frac{x-\mu}{\sigma}$,则

$$DX = \frac{\sigma^2}{\sqrt{2\pi}}\int_{-\infty}^{+\infty} t^2 e^{-\frac{t^2}{2}} dt = \sigma^2$$

例 6　设 X 服从参数为 λ 指数分布，求 DX.

解　因为 $EX = \frac{1}{\lambda}, EX^2 = \lambda\int_0^{+\infty} x^2 e^{-\lambda x} dx = \frac{2}{\lambda^2}$，所以

$$DX=EX^2-(EX)^2=\frac{2}{\lambda^2}-\frac{1}{\lambda^2}=\frac{1}{\lambda^2}$$

由 4.1 节例 6 及本节例 5 可知，正态分布的密度函数中的两个参数 μ,σ 分别为它的期望与均方差，即正态分布完全由它的期望与方差决定.

例 7　在一小块试验地里种了 10 粒种子，种子发芽的概率为 0.9，用 X 表示发芽种子的粒数，求 EX^2.

解　显然 $X\sim B(10,0.9)$. 如果用随机变量的函数的期望计算公式来直接求 EX^2，就会很烦琐. 但由于二项分布的 EX,DX 均已求出，且 $DX=EX^2-(EX)^2$，因此

$$EX^2=DX+(EX)^2=10\times 0.9\times 0.1+(10\times 0.9)^2=81.9$$

4.2.2　方差的性质

在下列性质中，假设随机变量的方差总存在.

性质 1　设 C 为常数，则 $D(C)=0$.

性质 2　设 C 为常数，则 $D(CX)=C^2DX$.

证明　$D(CX)=E\{CX-[E(CX)]\}^2=E[CX-(CEX)]^2=E[C^2(X-EX)^2]$

$=C^2E(X-EX)^2=C^2DX$

性质 3　设 X,Y 相互独立，则 $D(X+Y)=DX+DY$.

证明略.

由性质 2 和性质 3 可知，若 $X_1,X_2,\cdots,X_n$ 相互独立，$a_i(i=1,2,\cdots,n)$为常数，则

$$D\left(\sum_{i=1}^{n}a_iX_i\right)=\sum_{i=1}^{n}a_i^2\,DX_i$$

最后说明，若 EX,DX 存在，且 $DX>0$，令 $Y=\frac{X-EX}{\sqrt{DX}}$，则由期望和方差的性质可知 $EY=0,DY=1$. 这样得到的 Y 称为 X 的标准化随机变量.

4.3　矩、协方差和相关系数

4.3.1　矩

矩也是随机变量的重要数字特征，在数理统计中将要用到这个概念.

定义 1　设 X 为一随机变量，若 $EX^k(k=1,2,\cdots)$存在，称它为 X 的 k **阶原点矩**，记

为 α_k，即 $\alpha_k=EX^k(k=1,2,\cdots)$；若 $E(X-EX)^k(k=1,2,\cdots)$存在，称它为 X 的 k **阶中心矩**，记为 μ_k，即 $\mu_k=E(X-EX)^k(k=1,2,\cdots)$.

从此定义可知，数学期望即是1阶原点矩，方差即是2阶中心矩；若 $EX=0$，则 $\alpha_k=\mu_k(k=1,2,\cdots)$. k 阶原点矩和 k 阶中心矩的计算可用4.1节定理1来求. 还可证明，若 $X\sim N(\mu,\sigma^2)$，则此时 $\mu_{2k+1}=0$，即正态分布的一切奇数阶中心矩都等于0.

4.3.2 协方差和相关系数

在本节中，将讨论二维随机向量(X,Y)中 X 和 Y 的相互关系等数字特征.

从数学期望的性质可知，若两个随机变量 X,Y 相互独立，则一定有

$$E[(X-EX)(Y-EY)]=0.$$

反之，若 $E[(X-EX)(Y-EY)]\neq 0$，则 X,Y 不相互独立，这意味着 X,Y 之间存在着某种关系.

定义2 设(X,Y)为二维随机向量，若 $E[(X-EX)(Y-EY)]$存在，称它为 X,Y 的**协方差**，记为 $\mathrm{Cov}(X,Y)$，即

$$\mathrm{Cov}(X,Y)=E[(X-EX)(Y-EY)]$$

称 $\rho_{XY}=\dfrac{\mathrm{Cov}(X,Y)}{\sqrt{DX}\sqrt{DY}}$ 为随机变量 X,Y 的**相关系数**.

协方差有如下性质：(证明略)

性质1 $\mathrm{Cov}(X,Y)=\mathrm{Cov}(Y,X)$.

性质2 $\mathrm{Cov}(aX,bY)=ab\mathrm{Cov}(X,Y)$，$a,b$ 为常数.

性质3 $\mathrm{Cov}(X_1+X_2,Y)=\mathrm{Cov}(X_1,Y)+\mathrm{Cov}(X_2,Y)$.

性质4 $D(X+Y)=DX+DY+2\mathrm{Cov}(X,Y)$.

性质5 $\mathrm{Cov}(X,Y)=E(XY)-EX\cdot EY$.

相关系数有如下性质：

性质1 $|\rho_{XY}|\leqslant 1$.

性质2 若 X,Y 相互独立，则 $\rho_{XY}=0$.

性质3 $|\rho_{XY}|=1$ 的充要条件是 X 与 Y 依概率1线性相关，即存在两个常数 a,b 且 $a\neq 0$，使得 $P\{Y=aX+b\}=1$.

证 (1) 性质1. 引入随机变量

$$Z=\frac{X-EX}{\sqrt{DX}}\pm\frac{Y-EY}{\sqrt{DY}}$$

由协方差的性质4得

$$\begin{aligned}DZ&=D\left(\frac{X-EX}{\sqrt{DX}}\pm\frac{Y-EY}{\sqrt{DY}}\right)\\&=D\left(\frac{X-EX}{\sqrt{DX}}\right)+D\left(\frac{Y-EY}{\sqrt{DY}}\right)\pm 2\mathrm{Cov}\left(\frac{X-EX}{\sqrt{DX}},\frac{Y-EY}{\sqrt{DY}}\right)\end{aligned}$$

$$=1+1\pm 2\frac{\mathrm{Cov}(X,Y)}{\sqrt{DX}\sqrt{DY}}=2(1\pm\rho_{XY})$$

由于方差非负，从而有 $1\pm\rho_{XY}\geqslant 0$，即 $|\rho_{XY}|\leqslant 1$.

(2) 性质 2. 若 X,Y 相互独立，则 $\mathrm{Cov}(X,Y)=0$，于是 $\rho_{XY}=0$.

(3) 性质 3 的证明略.

要注意的是，$|\rho_{XY}|=1$ 时，说明 X,Y 之间具有概率 1 的线性相关性；$\rho_{XY}=0$ 时，称 X,Y 不相关. 这里的不相关是指不线性相关，但不一定 X,Y 相互独立，因为 X,Y 无线性相关性，还可能有其他的关系. 当 X,Y 相互独立时，显然 X,Y 不相关，一定有 $\rho_{XY}=0$. 由此可见，相关系数反映的是随机变量间的线性相关程度，不反映两个随机变量间的独立程度.

例 1　设 (X,Y) 服从区域 $D=\{(x,y)|0\leqslant x\leqslant 1,0\leqslant y\leqslant x\}$ 上的均匀分布，求 $\mathrm{Cov}(X,Y)$ 及 ρ_{XY}.

解　(X,Y) 的联合密度函数为

$$f(x,y)=\begin{cases}2, & (x,y)\in D\\ 0, & (x,y)\notin D\end{cases}$$

于是

$$EX=\int_0^1 dx\int_0^x x\cdot 2dy=\frac{2}{3}$$

$$EY=\int_0^1 dx\int_0^x y\cdot 2dy=\frac{1}{3}$$

$$E(XY)=\int_0^1 dx\int_0^x xy\cdot 2dy=\frac{1}{4}$$

再由协方差的性质 5，有

$$\mathrm{Cov}(X,Y)=E(XY)-EX\cdot EY=\frac{1}{4}-\frac{2}{3}\cdot\frac{1}{3}=\frac{1}{36}$$

又 $DX=EX^2-(EX)^2$，而 $EX^2=\int_0^1 dx\int_0^x x^2\cdot 2dy=\frac{1}{2}$，故

$$DX=\frac{1}{2}-\left(\frac{2}{3}\right)^2=\frac{1}{18}$$

同理

$$DY=\frac{1}{18}$$

所以

$$\rho_{XY}=\frac{\mathrm{Cov}(X,Y)}{\sqrt{DX}\sqrt{DY}}=\frac{\frac{1}{36}}{\frac{1}{18}}=\frac{1}{2}$$

例 2　设 (X,Y) 的联合密度为

$$f(x,y)=\begin{cases}\frac{1}{\pi}, & x^2+y^2\leqslant 1\\ 0, & x^2+y^2>1\end{cases}$$

问：(1) X,Y 是否相关？(2) X,Y 是否独立？

解 (1) 判断 X,Y 是否相关要看 ρ_{XY} 是否为 0. 因为

$$EX=\int_{-\infty}^{+\infty}\int_{-\infty}^{+\infty}xf(x,y)\mathrm{d}x\mathrm{d}y=\int_{-1}^{1}\mathrm{d}x\int_{-\sqrt{1-x^2}}^{\sqrt{1-x^2}}\frac{x}{\pi}\mathrm{d}y=0$$

同理
$$EY=0,E(XY)=0$$

所以
$$\mathrm{Cov}(X,Y)=E(XY)-EX\cdot EY=0$$

由此得 $\rho_{XY}=0$，从而 X,Y 不相关.

(2) 判断 X,Y 是否独立，可看 (X,Y) 的联合密度 $f(x,y)$ 是否等于 X 的密度 $f_X(x)$ 与 Y 的密度 $f_Y(y)$ 的乘积. 因为

$$f_X(x)=\int_{-\sqrt{1-x^2}}^{\sqrt{1-x^2}}\frac{1}{\pi}\mathrm{d}y=\frac{2}{\pi}\sqrt{1-x^2},\ |x|\leqslant 1,$$

同理
$$f_Y(y)=\frac{2}{\pi}\sqrt{1-y^2},\ |y|\leqslant 1$$

可见

$$f(x,y)\neq f_X(x)f_Y(y)$$

于是 X,Y 不独立.

这个例子说明 X,Y 不相关时，X,Y 也不一定是独立的.

但若 (X,Y) 服从二维正态分布 $N(\mu_1,\sigma_1^2;\mu_2,\sigma_2^2;\rho)$，可以证明参数 ρ 就是 X 与 Y 的相关系数，而 X 与 Y 独立的充要条件是 $\rho=0$. 因此对于服从二维正态分布的 (X,Y)，不相关与相互独立这两个概念是等价的，即 X 与 Y 独立的充要条件是 X 与 Y 不相关.

例 3 二维离散型随机变量 X,Y 的联合分布列为

X \ Y	-1	0	1
1	$\frac{1}{6}$	0	$\frac{1}{3}$
0	$\frac{1}{6}$	$\frac{1}{4}$	$\frac{1}{12}$

问 X,Y 是否独立，并求 $\mathrm{Cov}(X,Y)$.

解 X,Y 的边缘分布列为

X	-1	0	1
$p_{i\cdot}$	$\frac{1}{3}$	$\frac{1}{4}$	$\frac{5}{12}$

Y	1	0
$p_{\cdot j}$	$\frac{1}{2}$	$\frac{1}{2}$

于是 $EX=\frac{1}{12}$，$EY=\frac{1}{2}$.

XY 的分布列为

XY	-1	0	1
P	$\frac{1}{6}$	$\frac{1}{2}$	$\frac{1}{3}$

由此得 $E(XY)=\frac{1}{6}$.

可见 $E(XY)\neq EX\cdot EY$,从而 X,Y 不独立. 且

$$\mathrm{Cov}(X,Y)=E(XY)-EX\cdot EY=\frac{1}{8}.$$

在例 3 中,X,Y 是否独立也可由 p_{ij} 是否等于 $p_{i\cdot}\cdot p_{\cdot j}(i=1,2,3,\ j=1,2)$ 来判别.

本章小结

1. 理解和熟记离散型随机变量数学期望的定义，掌握离散型随机变量数学期望的计算，熟记 0－1 分布、二项分布、泊松分布的数学期望.

2. 理解和熟记连续型随机变量数学期望的定义,掌握连续型随机变量数学期望的计算,熟记均匀分布、指数分布、正态分布的数学期望.

3. 熟记随机变量函数的数学期望的计算公式，并会计算较简单的随机变量函数的期望;掌握数学期望的性质.

4. 理解方差、标准差的定义,熟练掌握方差的计算公式: $DX=EX^2-(EX)^2$.

5. 熟记 0－1 分布、二项分布、泊松分布、均匀分布、指数分布、正态分布的方差;掌握方差的性质.

6. 对于二维随机变量,理解和熟记协方差与相关系数的定义,掌握协方差与相关系数的计算公式;掌握协方差与相关系数的性质.

7. 掌握随机变量相互独立与不相关的联系与区别;知道当(X,Y)服从二维正态分布时两个分量 X 与 Y 独立的充要条件是 X 与 Y 不相关.

习 题 四

一、解答题

1. 设 X 的分布列为

X	-1	0	0.5	1	2
P	$\frac{1}{3}$	$\frac{1}{6}$	$\frac{1}{6}$	$\frac{1}{12}$	$\frac{1}{4}$

求 $EX, E(-X+1), E(X^2)$.

2. 设 X 的密度函数为 $f(x)=\frac{1}{2}\mathrm{e}^{-|x|}$，求 EX, EX^2.

3. 设 X 的密度函数为 $f(x)=\begin{cases}kx^a, & 0<x<1(k,a>0)\\ 0, & \text{其他}\end{cases}$，又已知 $EX=0.75$，求 k 和 a 的值.

4. 设 (X,Y) 服从区域 D 上的均匀分布，D 由 x 轴、y 轴及直线 $x+y+1=0$ 围成，求 $EX, E(-3X+2Y), E(XY)$.

5. 设 X 表示10次重复独立射击中击中目标的次数，每次命中目标的概率为0.4，求 EX^2.

6. 求第1题到第3题的随机变量 X 的方差 DX.

7. 设 $X\sim B(n,p)$，且 $EX=1.6$，$DX=1.28$，求 n 和 p.

8. 设 (X,Y) 的联合密度函数为

$$f(x,y)=\begin{cases}k, & 0<x<1,\ 0<y<x\\ 0, & \text{其他}\end{cases}$$

试确定常数 k，并求 $E(XY)$.

9. 设 (X,Y) 的联合密度函数为

$$f(x,y)=\begin{cases}4xy\mathrm{e}^{-(x^2+y^2)}, & x>0,\ y>0\\ 0, & \text{其他}\end{cases}$$

求 $Z=\sqrt{X^2+Y^2}$ 的均值.

10. 设 X,Y 相互独立，密度函数分别为

$$f_X(x)=\begin{cases}2x, & 0\leqslant x\leqslant 1\\ 0, & \text{其他}\end{cases},\quad f_Y(y)=\begin{cases}\mathrm{e}^{-(y-5)}, & y>5\\ 0, & \text{其他}\end{cases}$$

求 $E(XY)$.

11. 若随机变量 X,Y 不相关，证明 $D(X+Y)=DX+DY$.

12. 设 X,Y 相互独立，且 $EX=EY=0$，$DX=DY=1$，求 $E[(X+Y)^2]$.

13. 给出两个随机变量 X 和 Y，且 $DX=25$，$DY=36$，$\rho_{XY}=0.4$，求 $D(X+Y)$，$D(X-Y)$.

14. 设 (X,Y) 的联合密度函数为

$$f(x,y)=\begin{cases}\frac{1}{8}(x+y), & 0\leqslant x\leqslant 2, 0\leqslant y\leqslant 2\\ 0, & \text{其他}\end{cases}$$

求 $EX, EY, DX, DY, \mathrm{Cov}(X,Y)$ 及 ρ_{XY}.

15. 设 (X,Y) 的联合分布列为

X \ Y	-1	0	1
-1	$\frac{1}{8}$	$\frac{1}{8}$	$\frac{1}{8}$
0	$\frac{1}{8}$	0	$\frac{1}{8}$
1	$\frac{1}{8}$	$\frac{1}{8}$	$\frac{1}{8}$

问 X,Y 是否相关？是否独立？

二、选择题

16. 设随机变量 X 服从参数为 0.5 的指数分布，则下列各项正确的是（　　）.

A. $E(X)=0.5, D(X)=0.25$　　B. $E(X)=2, D(X)=4$

C. $E(X)=0.5, D(X)=4$　　D. $E(X)=2, D(X)=0.25$

17. 设随机变量 X 服从参数为 2 的泊松分布，则下列各项正确的是（　　）.

A. $E(X)=0.5,\ D(X)=0.5$　　B. $E(X)=0.5, D(X)=0.25$

C. $E(X)=2, D(X)=4$　　D. $E(X)=2, D(X)=2$

18. 设随机变量 X,Y 相互独立，且 $X\sim B(16,0.5)$，Y 服从参数为 9 的泊松分布，则 $D(X-2Y+1)=$（　　）.

A. -14　　B. 13　　C. 40　　D. 41

19. 设 $D(X)=255, D(Y)=1, \rho_{XY}=0.4$，则 $D(X-Y)=$（　　）.

A. 6　　B. 22　　C. 30　　D. 46

20. 设 (X,Y) 为二维连续型随机向量，则 X 与 Y 不相关的充分必要条件为（　　）.

A. X,Y 相互独立　　B. $E(X+Y)=E(X)+E(Y)$

C. $E(XY)=E(X)E(Y)$　　D. $(X,Y)\sim N(\mu_1,\sigma_1^2;\mu_2,\sigma_2^2;0)$

21. 设二维连续型随机向量 $(X,Y)\sim N\left(1,4;1,9;\frac{1}{2}\right)$，则 $\mathrm{Cov}(X,Y)=$（　　）.

A. $\frac{1}{2}$　　B. 3　　C. 18　　D. 36

22. 设二维连续型随机向量 $(X,Y)\sim N(0,1;0,1;0)$，$\Phi(x)$ 为标准正态分布函数，则下列各项错误的是（　　）.

A. X,Y 相互独立　　B. X,Y 都服从标准正态分布

C. $\mathrm{Cov}(X,Y)=1$　　D. (X,Y) 的分布函数是 $\Phi(x),\Phi(y)$

23. 设随机变量 X,Y 相互独立，且 $X\sim N(1,4)$，$Y\sim N(0,1)$，令 $Z=X-Y$，则 $E(Z^2)=$（　　）.

A. 3　　B. 4　　C. 5　　D. 6

24. 设随机变量 $X\sim N(1,4)$,$Y\sim N(0,1)$,且相关系数 $\rho_{XY}=1$,则(　　).

A. $P\{X=-2Y-1\}=1$　　B. $P\{X=2Y-1\}=1$

C. $P\{X=-2Y+1\}=1$　　D. $P\{X=2Y+1\}=1$

25. 将一枚硬币重复抛掷 n 次,以 X 和 Y 分别表示正面向上和反面向上的次数,则 X 和 Y 的相关系数等于(　　).

A. -1　　B. 0　　C. 0.5　　D. 1

26. 设随机变量 X,Y 都服从正态分布,且它们不相关,则(　　).

A. X 与 Y 相互独立　　B. (X,Y)服从二维正态分布

C. X 与 Y 未必独立　　D. $X+Y$ 服从一维正态分布

三、填空题

27. 设二维连续型随机向量$(X,Y)\sim N(\mu_1,\sigma_1^2;\mu_2,\sigma_2^2;\rho)$,且 X,Y 相互独立,则 $\rho=$__________.

28. 已知随机变量 X 服从泊松分布,且 $D(X)=1$,则 $P\{X=1\}=$__________.

29. 设随机变量 X,Y 相互独立,且 $D(X)=D(Y)=1$,则 $D(X-Y+1)=$__________.

30. 设随机变量 $X\sim B(16,0.5)$,则 $EX^2=$__________.

31. 已知随机变量 X 的分布函数为

$$F(x)=\begin{cases}0, & x<0\\ \dfrac{x}{4}, & 0\leqslant x<4\\ 1, & x\geqslant 4\end{cases}$$

则 $EX=$________.

32. 已知随机变量 X 的密度函数为

$$f(x)=\begin{cases}\dfrac{3}{2}x^2, & -1\leqslant x\leqslant 1\\ 0, & \text{其他}\end{cases}$$

则 $P\{|X-EX|<2D(X)\}=$__________.

33. 已知随机变量 X 和 Y 的相关系数等于 0.5,且 $EX=EY=0$,$EX^2=EY^2=2$,则 $E(X+Y)^2=$__________.

第 5 章　大数定律与中心极限定理

教学目标

(1) 知道切比雪夫不等式及其应用；

(2) 了解切比雪夫大数定理、贝努利大数定理和辛钦大数定理；

(3) 理解独立同分布序列的列维-林德伯格中心极限定理；

(4) 理解棣莫弗-拉普拉斯中心极限定理(二项分布以正态分布为极限分布)；

(5) 会用列维-林德伯格中心极限定理和棣莫弗-拉普拉斯中心极限定理计算简单的应用题.

教学要求

知识要点	能力要求	相关知识
基本概念	(1) 理解独立同分布随机变量序列的概念； (2) 了解依概率收敛的概念	(1) 独立同分布随机变量序列的定义； (2) 依概率收敛的定义
基本定理	(1) 了解切比雪夫大数定理、贝努利大数定理和辛钦大数定理； (2) 理解列维-林德伯格中心极限定理和棣莫弗-拉普拉斯中心极限定理	(1) 切比雪夫大数定理、贝努利大数定理和辛钦大数定理； (2) 列维-林德伯格中心极限定理和棣莫弗-拉普拉斯中心极限定理
基本计算	(1) 会利用切比雪夫不等式做近似计算； (2) 会利用独立同分布序列的列维-林德伯格中心极限定理做近似计算； (3) 会利用棣莫弗-拉普拉斯中心极限定理做近似计算	(1) 切比雪夫不等式； (2) 列维-林德伯格中心极限定理及其应用； (3) 棣莫弗-拉普拉斯中心极限定理及其应用

引例

问题 1 在测量一些物理量时,为什么要用多次测量值的平均值作为真值的近似?

问题 2 一自动生产线生产的产品成箱包装,每箱质量是随机的.假设每箱平均重 50 kg,标准差 5 kg.若用最大载重量为 5 t 的汽车承运,那么每辆车最多可以装多少箱,才能保证不超载的概率大于 0.977?

在问题 1 中,每次的测量值是随机变量,多次测量的平均值就是多个随机变量的算术平均值.那么多个随机变量的平均值随着随机变量个数的增加是如何变化的?这就是大数定律要解决的问题.

在问题 2 中,每箱产品的质量是随机变量,一辆最大载重量为 5 t 的汽车可以装多箱该类产品,这样就得到了汽车的载重量也是一个随机变量,且为多个随机变量的和,因此必须确定多个随机变量的和以及这样的随机变量的概率分布问题.中心极限定理就是处理多个随机变量的和以及这样的随机变量当随机变量的个数趋于无穷时的概率分布问题.解决了这个问题,当随机变量的个数较多时,就可以用极限分布做近似计算.

本章引言

在生产和生活中,经常会遇到这样的随机变量 X,其可以表示为多个随机变量 X_1,X_2,…,X_n 的和或多个随机变量 X_1,X_2,…,X_n 的算术平均值,即

$$X = X_1 + X_2 + \cdots + X_n = \sum_{k=1}^{n} X_k \text{ 或 } X = \frac{1}{n}(X_1 + X_2 + \cdots + X_n)$$

比如引例中多次测量的平均值、汽车的载重量等.因此,在随机变量 X_1,X_2,…,X_n 满足一定条件下(例如独立同分布的)去确定 $n \to +\infty$ 时 X 的分布(称为极限分布)就有其意义.确定了 X 的极限分布,在 n 较大时就可以用极限分布来近似计算与随机变量 X 有关的一些概率问题.

5.1 大数定律

由第 1 章的介绍可知,当随机试验的次数 n 充分大时,随机事件 A 发生的频率总在一个常数 $p(0 \leqslant p \leqslant 1)$ 附近波动.在做测量试验时,也往往进行多次测量,用多次测量的平均值来近似代替真值.本节将用大数定律来揭示这些事情发生的理论背景.

5.1.1 切比雪夫不等式

设随机变量 X 的数学期望为 EX,方差为 DX,则对于给定的 $\varepsilon > 0$,有

$$P\{|X - EX| \geqslant \varepsilon\} \leqslant \frac{DX}{\varepsilon^2}$$

这个不等式称为**切比雪夫不等式**. 以下就连续型随机变量来证明这个不等式.

证　设 X 的密度函数为 $f(x)$,则有

$$
\begin{aligned}
DX &= \int_{-\infty}^{+\infty}(x-EX)^2 f(x)\mathrm{d}x \geqslant \int_{|x-EX|\geqslant\varepsilon}(x-EX)^2 f(x)\mathrm{d}x \\
&\geqslant \int_{|x-EX|\geqslant\varepsilon}\varepsilon^2 f(x)\mathrm{d}x = \varepsilon^2\int_{|x-EX|\geqslant\varepsilon} f(x)\mathrm{d}x \\
&= \varepsilon^2 P\{|X-EX|\geqslant\varepsilon\}
\end{aligned}
$$

于是

$$P\{|X-EX|\geqslant\varepsilon\}\leqslant\frac{DX}{\varepsilon^2}$$

切比雪夫不等式说明,DX 越小,则 X 的取值越集中在 EX 附近. 这进一步说明了方差是反映随机变量取值的离散程度的.

例 1　设 $X\sim N(0,1)$,试用切比雪夫不等式估计 $P\{|X|<2\}$.

解　因为 $EX=0,DX=1,\varepsilon=2$,所以

$$P\{|X|<2\}=1-P\{|X|\geqslant 2\}\geqslant 1-\frac{DX}{\varepsilon^2}=1-\frac{1}{4}=\frac{3}{4}$$

5.1.2　大数定律

定义 1　若对任意的 $n>1$ 都有 $X_1,X_2,\cdots,X_n$ 是相互独立的,则称随机变量序列 $X_1,X_2,\cdots,X_n,\cdots$ 是相互独立的;若 $X_i(i=1,2,\cdots)$ 有相同的分布函数,则称 $X_1,X_2,\cdots,X_n,\cdots$ 为同分布的随机变量序列;若随机变量序列 $X_1,X_2,\cdots,X_n,\cdots$ 为相互独立且同分布的随机变量序列,则称这个随机变量序列为独立同分布的.

定理 1(切比雪夫大数定律)　设随机变量序列 $X_1,X_2,\cdots,X_n,\cdots$ 相互独立,每个变量分别存在数学期望 $EX_1,EX_2,\cdots,EX_n,\cdots$ 及方差 $DX_1,DX_2,\cdots,DX_n,\cdots$,并且这些方差是有界的,即存在某常数 $M>0$,使得 $D(X_i)<M(i=1,2,\cdots)$,则对任一正数 ε,有

$$\lim_{n\to+\infty}P\left\{\left|\frac{1}{n}\sum_{i=1}^{n}X_i-\frac{1}{n}\sum_{i=1}^{n}E(X_i)\right|<\varepsilon\right\}=1$$

或

$$\lim_{n\to+\infty}P\left\{\left|\frac{1}{n}\sum_{i=1}^{n}X_i-\frac{1}{n}\sum_{i=1}^{n}E(X_i)\right|\geqslant\varepsilon\right\}=0$$

证明略.

切比雪夫大数定律表明,在一定条件下,当 n 充分大时,n 个随机变量的算术平均值 $\frac{1}{n}\sum_{i=1}^{n}X_i$ 偏离其数学期望的可能性很小. 这也正是用一系列测量值的平均值来近似代替真值的做法的原因.

推论 1　设 $X_1,X_2,\cdots,X_n,\cdots$ 是相互独立的,且具有相同的期望和方差,即 $EX_i=\mu$,$DX_i=\sigma^2(i=1,2,\cdots)$,则对任意的 $\varepsilon>0$ 有

$$\lim_{n\to+\infty}P\left\{\left|\frac{1}{n}\sum_{i=1}^{n}X_i-\mu\right|<\varepsilon\right\}=1$$

推论 2(贝努利大数定律) 设在 n 次重复独立试验中事件 A 发生 X_n 次，每次试验事件 A 发生的概率为 p，则对任意的正数 ε，总有 $\lim\limits_{n\to+\infty} P\left\{\left|\frac{X_n}{n}-p\right|<\varepsilon\right\}=1$.

证 令 $Y_k=\begin{cases}0, & \text{第 } k \text{ 次试验 } A \text{ 不发生}\\ 1, & \text{第 } k \text{ 次试验 } A \text{ 发生}\end{cases}, k=1,2,\cdots$.

显然 $X_n=Y_1+Y_2+\cdots+Y_n$，由于各次试验是独立的，从而 $Y_1,Y_2,\cdots,Y_n,\cdots$ 相互独立. 又 Y_k 服从参数为 p 的两点分布，所以 $E(Y_k)=p, D(Y_k)=p(1-p)(k=1,2,\cdots)$. 由定理 1 有

$$\lim_{n\to+\infty} P\left\{\left|\frac{X_n}{n}-p\right|<\varepsilon\right\}=1$$

贝努利大数定律以严格的数学形式说明了频率的稳定性. 从而在实际应用中，当试验次数很大时，可以用事件发生的频率来代替事件的概率.

在定理 1 中，要求随机变量的方差有界，下面的定理去掉了这个条件.

定理 2(辛钦大数定律) 设随机变量序列 $X_1,X_2,\cdots,X_n,\cdots$ 独立同分布，且具有数学期望 $EX_i=\mu(i=1,2,\cdots)$，则对于任意的正数 ε，有

$$\lim_{n\to+\infty} P\left\{\left|\frac{1}{n}\sum_{i=1}^{n}X_i-\mu\right|<\varepsilon\right\}=1$$

证明略.

辛钦大数定律是贝努利大数定律的推广.

定义 2 设 $X_1,X_2,\cdots,X_n,\cdots$ 为一随机变量序列，若 a 为一个常数且对任给的正数 ε，有 $\lim\limits_{n\to+\infty} P\{|X_n-a|<\varepsilon\}=1$，则称随机变量序列 $X_1,X_2,\cdots,X_n,\cdots$ 依概率收敛于 a，记为 $X_n\xrightarrow{P}a$.

在定义 2 下，推论 1 可表示为若随机变量序列 $X_1,X_2,\cdots,X_n,\cdots$ 相互独立且具有相同的期望 μ 与方差 σ^2，则随机变量序列 $Y_n=\frac{1}{n}\sum\limits_{k=1}^{n}X_k\xrightarrow{P}\mu$. 贝努利大数定律即是说事件 A 发生的频率依概率收敛到事件 A 发生的概率.

例 2 设 $X_1,X_2,\cdots,X_n,\cdots$ 相互独立且都服从参数为 2 的指数分布，证明：当 $n\to+\infty$ 时，随机变量 $Y_n=\frac{1}{n}\sum\limits_{k=1}^{n}X_k^2$ 依概率收敛到 $\frac{1}{2}$.

证 根据切比雪夫大数定律，Y_n 依概率收敛到 EY_n. 由于 X_k 服从参数为 2 的指数分布，所以 $EX_k=\frac{1}{2}, DX_k=\frac{1}{4}$，从而

$$\begin{aligned}EY_n&=E\left(\frac{1}{n}\sum_{k=1}^{n}X_k^2\right)=\frac{1}{n}\sum_{k=1}^{n}EX_k^2=\frac{1}{n}\sum_{k=1}^{n}[(EX_k)^2+DX_k]\\&=\frac{1}{n}\sum_{k=1}^{n}\left[\left(\frac{1}{2}\right)^2+\frac{1}{4}\right]=\frac{1}{n}\cdot\frac{n}{2}=\frac{1}{2}\end{aligned}$$

即当 $n\to+\infty$ 时，随机变量 $Y_n=\frac{1}{n}\sum_{k=1}^{n}X_k^2$ 依概率收敛到 $\frac{1}{2}$.

5.2　中心极限定理

在上一节，通过大数定律知道了均值 $\frac{1}{n}\sum_{k=1}^{n}X_k$ 依概率收敛的情况. 但有时还需知道 $\frac{1}{n}\sum_{k=1}^{n}X_k$ 的分布函数当 $n\to+\infty$ 时的极限. 这一节将通过两个重要的中心极限定理，说明这个极限在很多情况下为正态分布的分布函数. 在处理这类问题时，一般是将随机变量标准化(见第 4 章 4.2 节).

定理 1(列维-林德伯格中心极限定理)　设随机变量序列 $X_1,X_2,\cdots,X_n,\cdots$ 独立同分布，$EX_i=\mu,DX_i=\sigma^2\neq0(i=1,2,\cdots)$，则 $Y_n=\dfrac{\sum_{k=1}^{n}X_k-E\left(\sum_{k=1}^{n}X_k\right)}{\sqrt{D\left(\sum_{k=1}^{n}X_k\right)}}=\dfrac{\sum_{k=1}^{n}X_k-n\mu}{\sqrt{n}\sigma}$ 的分布函数 $F_n(x)$ 对于任意的 x 满足

$$\lim_{n\to+\infty}F_n(x)=\lim_{n\to+\infty}P\left\{\frac{\sum_{k=1}^{n}X_k-n\mu}{\sqrt{n}\sigma}\leqslant x\right\}=\int_{-\infty}^{x}\frac{1}{\sqrt{2\pi}}\mathrm{e}^{-\frac{t^2}{2}}\mathrm{d}t$$

证明略.

从定理 1 可知，只要期望和方差存在，不论 X_i 服从什么分布，$\frac{1}{n}\sum_{i=1}^{n}X_i\left(\text{或}\sum_{i=1}^{n}X_i\right)$ 的极限分布为正态分布. 因此，在实际应用中，当 n 很大时可用正态分布来近似.

例 1　一生产线生产的产品成箱包装，每箱质量是随机的. 假设每箱平均重 50 kg，标准差 5 kg. 若用最大载重量为 5 t 的汽车承运，试利用中心极限定理说明每辆车最多可以装多少箱，才能保证不超载的概率大于 0.977？

解　设 n 为所求箱数，$X_i(i=1,2,\cdots,n)$ 为装运的第 i 箱的质量(单位：kg). 由于是同一生产线生产的，可以认为 $X_i(i=1,2,\cdots,n)$ 是独立同分布随机变量，n 箱的总质量 $Y=X_1+X_2+\cdots+X_n$. 由题设 $EX_i=50$，$\sqrt{DX_i}=5$，$EY=50n$，$\sqrt{DY}=5\sqrt{n}$. 由列维-林德伯格中心极限定理，有

$$\begin{aligned}P\{Y\leqslant5\,000\}&=P\left\{\frac{Y-50n}{5\sqrt{n}}\leqslant\frac{5\,000-50n}{5\sqrt{n}}\right\}\\&\approx\Phi\left(\frac{1\,000-10n}{\sqrt{n}}\right)>0.977\end{aligned}$$

查表知 $\frac{1\,000-10n}{\sqrt{n}}>2$,从而 $n<98.019\,9$,故一辆车最多可装 98 箱.

例 2 欲测量两地之间的距离,限于测量工具,将其分成 1 200 段进行测量.设每段测量误差(单位:km)相互独立,且均服从[-0.5, 0.5]上的均匀分布,试求总距离测量误差的绝对值不超过 20 km 的概率.

解 设 $X_i(i=1,2,\cdots,1\,200)$表示第 i 段上的测量误差,则 $EX_i=0$, $DX_i=\frac{1}{12}$.

由列维-林德伯格中心极限定理知 $\frac{\sum\limits_{i=1}^{1\,200}X_i}{\sqrt{1\,200}\sqrt{\frac{1}{12}}}=\frac{\sum\limits_{i=1}^{1\,200}X_i}{10}$ 近似服从标准正态分布,

$$P\left\{\left|\sum_{i=1}^{1\,200}X_i\right|\leqslant 20\right\}=P\left\{\frac{-20}{10}\leqslant\frac{\sum\limits_{i=1}^{1\,200}X_i}{10}\leqslant\frac{20}{10}\right\}$$

$$\approx\Phi(2)-\Phi(-2)=2\Phi(2)-1=0.954\,4$$

定理 2(德莫弗-拉普拉斯中心极限定理) 设 $X\sim B(n,p)$,则

$$\lim_{n\to+\infty}P\left\{\frac{X-np}{\sqrt{npq}}\leqslant x\right\}=\int_{-\infty}^{x}\frac{1}{\sqrt{2\pi}}\mathrm{e}^{-\frac{t^2}{2}}\mathrm{d}t$$

这里 $q=1-p$.

证 X 可看作 n 个相互独立且服从两点分布的随机变量 $X_1,X_2,\cdots,X_n$ 的和,即 $X=\sum\limits_{i=1}^{n}X_i$,且 $EX_i=p,DX_i=p(1-p)(i=1,2,\cdots,n)$,代入定理 1 即得.

例 3 某保险公司多年的统计资料表明,在索赔户中被盗索赔户占 20%.现随意抽查 100 个索赔户,试用中心极限定理估计其中被盗索赔户不少于 14 户且不多于 30 户的概率.

解 设 100 个索赔户中有 X 个被盗索赔户,则

$$X\sim B(100,0.2)$$

$$np=100\times0.2=20$$

$$\sqrt{npq}=\sqrt{100\times0.2\times0.8}=4$$

由德莫弗-拉普拉斯中心极限定理知

$$P\{14\leqslant X\leqslant 30\}=P\left\{-1.5\leqslant\frac{X-20}{4}\leqslant 2.5\right\}$$

$$\approx\Phi(2.5)-\Phi(-1.5)=\Phi(2.5)+\Phi(1.5)-1=0.927.$$

例 4 有一批同一型号的电子元件,次品率为 $\frac{1}{6}$,试以 99%的把握确定:从这批元件中任取 6 000 只,其次品所占比例与 $\frac{1}{6}$ 的差的绝对值不超过多少?此时 6 000 只元件中,

次品数在什么范围内?

解　若记6 000只电子元件中次品数为X, $X\sim B(n,p)$, $n=6\,000$, $p=\frac{1}{6}$, 6 000只元件中次品所占的比例为$\frac{X}{6\,000}$. 依题意,要求出ε的值使得$P\left\{\left|\frac{X}{n}-p\right|<\varepsilon\right\}=99\%$. 由定理2,有

$$P\left\{\left|\frac{X}{n}-p\right|<\varepsilon\right\}=P\left\{\left|\frac{X-np}{\sqrt{np(1-p)}}\right|<\varepsilon\sqrt{\frac{n}{p(1-p)}}\right\}$$
$$\approx\Phi\left(\varepsilon\sqrt{\frac{n}{p(1-p)}}\right)-\Phi\left(-\varepsilon\sqrt{\frac{n}{p(1-P)}}\right)$$
$$=2\Phi\left(\varepsilon\sqrt{\frac{n}{p(1-p)}}\right)-1=99\%,$$

即有$\Phi\left(\varepsilon\sqrt{\frac{n}{p(1-p)}}\right)=0.995$,查表得$\varepsilon\sqrt{\frac{n}{p(1-p)}}=2.58$,求出$\varepsilon=0.012\,4$.

从而有99%的把握断言$\left|\frac{X}{6\,000}-\frac{1}{6}\right|<0.012\,4$. 再解此不等式有$926<X<1\,074$,即次品数范围在926~1 074只.

本章小结

1. 知道切比雪夫不等式及其作用.

2. 了解切比雪夫大数定理、贝努利大数定理和辛钦大数定理.

3. 理解独立同分布序列的列维-林德伯格中心极限定理和德莫弗-拉普拉斯中心极限定理,并会用它们计算简单的应用问题.

习 题 五

一、解答题

1. 设随机变量X服从参数为$\frac{1}{2}$的指数分布,试用切比雪夫不等式估计$P\{|X-2|>3\}$的值.

2. 设随机变量X服从二项分布$B(200,0.01)$,试用切比雪夫不等式估计$P\{|X-2|<2\}$的值.

3. 在每次试验中,事件A以概率$\frac{1}{2}$发生,是否能以大于0.97的概率保证1 000次重复独立试验中事件A发生的次数在400~600的范围内?

4. 某厂有400台同型号的机器,每台机器发生故障的概率为0.02. 假设每台机器独立工作,试求机器出故障的台数不少于2台的概率.

5. 某产品的不合格率为 0.005，任取 10 000 件，问不合格品不多于 70 件的概率是多少？

6. 一复杂系统由 100 个相互独立的部件组成，在运行期间每个部件损坏的概率为 0.10，为使系统能起作用，需要至少 85 个部件正常工作即可，求整个系统起作用的概率.

7. 现有 2 500 名同一阶层的同龄人参加人寿保险. 根据以往的资料，这一类人在一年中的死亡率为 0.002. 参加保险的人当年向保险公司支付 12 元保险费，若投保者死亡，其家属可获得 2 000 元补偿. 若不考虑这笔保险费的利息收入及保险业务各项开支情况，求保险公司在一年中获利不少于 10 000 元的概率.

二、选择题

8. 设随机变量 $X_1,X_2,\cdots,X_n,\cdots$ 相互独立，$Y_n=X_1+X_2+\cdots+X_n$，如果 $X_1,X_2,\cdots,X_n,\cdots$（　　），则根据列维-林德伯格中心极限定理，当 n 充分大时，Y_n 近似服从正态分布.

A. 有相同的数学期望　　　　B. 有相同的方差

C. 服从同一指数分布　　　　D. 服从同一离散型分布

9. 设 $X_1,X_2,\cdots,X_n,\cdots$ 为独立同分布的随机变量序列，且都服从参数为 $\lambda(\lambda>1)$ 的指数分布，记 $\Phi(x)$ 为标准正态分布的分布函数，则（　　）.

A. $\lim\limits_{n\to+\infty}P\left\{\dfrac{\sum\limits_{i=1}^{n}X_i-n\lambda}{\lambda\sqrt{n}}\leqslant x\right\}=\Phi(x)$　　B. $\lim\limits_{n\to+\infty}P\left\{\dfrac{\sum\limits_{i=1}^{n}X_i-n\lambda}{\sqrt{n\lambda}}\leqslant x\right\}=\Phi(x)$

C. $\lim\limits_{n\to+\infty}P\left\{\dfrac{\lambda\sum\limits_{i=1}^{n}X_i-n}{\sqrt{n}}\leqslant x\right\}=\Phi(x)$　　D. $\lim\limits_{n\to+\infty}P\left\{\dfrac{\sum\limits_{i=1}^{n}X_i-\lambda}{\sqrt{n\lambda}}\leqslant x\right\}=\Phi(x)$

10. 设 $X_1,X_2,\cdots,X_n,\cdots$ 为相互独立的随机变量序列，且服从相同的概率分布. 设 $EX_i=\mu,DX_i=\sigma^2(\sigma>0,\ i=1,2,\cdots)$，记 $Z_n=\sum\limits_{k=1}^{n}X_k$，则当 n 充分大时，（　　）.

A. Z_n 的分布近似于正态分布 $N(n\mu,n\sigma^2)$

B. Z_n 的分布近似于标准正态分布 $N(0,1)$

C. Z_n 的分布近似于正态分布 $N(\mu,\sigma^2)$

D. Z_n 的分布近似于正态分布 $N(n\mu,\sqrt{n\sigma^2})$

三、填空题

11. 设随机变量 X 的方差为 2，则根据切比雪夫不等式有 $P\{|X-EX|\geqslant2\}\leqslant$________.

12. 设 $EX=\mu,DX=\sigma^2$，则根据切比雪夫不等式有 $P\{|X-\mu|\geqslant2\sigma\}\leqslant$________.

13. 设随机变量 X 和 Y 的数学期望分别为 -2 和 2，方差分别为 1 和 4，相关系数为 -0.5，则根据切比雪夫不等式有 $P\{|X+Y|\geqslant6\}\leqslant$________.

14. 设 $X_1,X_2,\cdots,X_n,\cdots$ 为相互独立的随机变量序列，且 $X_i(i=1,2,\cdots)$ 均服从参数为 λ 的泊松分布，则 $\lim\limits_{n\to+\infty}P\left\{\dfrac{\sum\limits_{i=1}^{n}X_i-n\lambda}{\sqrt{n\lambda}}>x\right\}=$ ____________，当 $n=100$，$\lambda=2$ 时，$P\left\{\sum\limits_{i=1}^{n}X_i>200\right\}\approx$ ________.

15. 设 $X_1,X_2,\cdots,X_n,\cdots$ 为独立同分布的随机变量序列，其概率密度为

$$f(x)=\begin{cases}xe^{-x}, & x\geqslant 0\\ 0, & x<0\end{cases}$$

则根据切比雪夫不等式有 $P\left\{0<\sum\limits_{k=1}^{n}X_k<4n\right\}\geqslant$ ________.

第二部分　数理统计

通常人们常将统计这一概念误解为大量数据资料的收集，以及对这些数据做一些简单的运算（如求和、求平均数、求百分比等），或用图表、表格等形式把它们表示出来。例如，工厂的统计员把某月的日产量画成图表，求平均日产量、各日产量占全月的百分比等。其实这些工作仅是统计学的非主要部分。统计学还包括怎样设计试验、采集数据，以及怎样对获得的数据进行分析、推断等工作，它是一门关于数据资料的收集、整理、分析和推断的科学。

随着概率论的发展，运用概率论的结果更深入地分析研究统计资料，通过对某些现象的频率的观察来发现该现象的内在规律性，并做出一定精确程度的判断和预测，再将这些研究的某些结果加以归纳整理，逐渐形成一定的数学模型，这些就构成了数理统计的内容。

概率论与数理统计都是从数量上研究随机现象的规律性的数学学科。但数理统计以概率论为基础，更着重于根据试验得到的数据来对研究对象的客观规律做出种种合理的估计和判断。例如，工厂对一大批电子元件进行质量检查，若对每一个电子元件都进行测试和检验，既费工费时，又极不合算。为了节省时间和费用，可采用抽样检查的方法，从一批产品中随意抽取一部分产品进行检验，然后根据这一部分产品的质量情况来分析、推断整批产品的质量。此外，对于那些具有破坏性的检查方法，如灯泡寿命、炮弹射程实验等，则必须采用抽样方法。

然而，如果只是对一小部分产品进行检验，所得数据不可能包含整批产品的全部信息。抽样获得的结论必然包括不定性（随机性）。概率则是这种不定性（随机性）的度量。

造成不定性的原因可分为两类：一是抽样数据的随机性；二是对系统真实状态的“无知”。

数理统计的工作就是要分辨这两种不定性，相应地解决如下问题：

(1) 怎样合理地收集数据——抽样方法、试验设计；

(2) 怎样由收集到的局部数据比较正确地分析、推断整体情况——统计推断。

可以说，数理统计是一门应用性很强的学科，如今已被广泛和深入地应用到很多领域，如物理学、化学、生物、机械加工、冶金、地质、气象、农业、医学、经济管理等方面，其应用和发展前景非常广阔。

第 6 章 抽样和抽样分布

教学目标

(1) 理解总体、个体、样本、样本容量、样本观察值的概念；

(2) 了解统计量、抽样分布的概念；

(3) 掌握样本均值、样本方差、样本标准差、样本的 k 阶原点矩和中心矩的概念；

(4) 会求样本均值、样本方差、样本标准差、样本的 k 阶原点矩和中心矩的观察值；

(5) 了解 χ^2 分布、t 分布、F 分布的定义和简单性质；

(6) 会查表计算标准正态分布、χ^2 分布、t 分布、F 分布的上侧 α 分位数；

(7) 掌握正态总体的抽样分布，特别是可化为 $N(0,1)$，$\chi^2(n)$，$t(n)$，$F(m,n)$ 诸分布的常见统计量.

教学要求

知识要点	能力要求	相关知识
基本概念与性质	(1) 理解总体、个体、样本、样本容量、样本观察值的概念与性质； (2) 了解统计量、抽样分布的概念； (3) 掌握样本均值、样本方差、样本标准差、样本的 k 阶原点矩和中心矩的概念； (4) 了解 χ^2 分布、t 分布、F 分布的定义	(1) 总体、个体、样本、样本容量、样本观察值的概念； (2) 样本中的个体相互独立，与总体同分布； (3) 统计量、抽样分布的概念； (4) 样本均值、样本方差、样本标准差、样本的 k 阶原点矩和中心矩； (5) χ^2 分布、t 分布、F 分布的定义
常见统计量	(1) 掌握样本均值、样本方差、样本标准差、样本的 k 阶原点矩和中心矩； (2) 掌握正态总体的抽样分布，特别是可化为 $N(0,1)$，$\chi^2(n)$，$t(n)$，$F(m,n)$诸分布的常见统计量	(1) 样本均值、样本方差、样本标准差、样本的 k 阶原点矩和中心矩的概念； (2) 来自正态总体的样本均值等统计量的分布

续表

知识要点	能力要求	相关知识
基本计算	(1) 会求样本均值、样本方差、样本标准差、样本的 k 阶原点矩和中心矩的观察值； (2) 会查表计算标准正态分布、χ^2 分布、t 分布、F 分布的上侧 α 分位数； (3) 会用常见统计量的分布计算概率	(1) 有关样本均值、样本方差、样本标准差、样本的 k 阶原点矩和中心矩的观察值的计算； (2) 有关上侧 α 分位数的计算； (3) 有关常见统计量的概率分布的计算

引例

某保温瓶厂要检验生产的保温瓶性能，检验的方法是在瓶中灌满开水，24 小时后再测定水的温度. 如果测得的温度不低于 60 ℃，那么这个保温瓶为合格品. 现在要对一大批保温瓶的性能进行检验，就不可能把每个保温瓶都测定一遍. 可以采取的方法是从这批保温瓶中抽取若干个来检验，根据这若干个保温瓶 24 小时后测得的温度来推断这批保温瓶的合格率.

这样的方法在其他的产品质量检验中也是常见的，其实质是从抽取的部分对象来推断、分析所有对象的某些性质特征.

本章引言

由于所有的研究对象可能有很多个甚至无限多个，或者由于研究对象的特性，不可能对其中的每一个对象都进行分析研究，所以从这些对象中抽取适当数量的对象进行研究分析，而后推断所有对象的一些性质特征是必要的. 但是这里就有许多的问题要解决：如何抽取对象能使得最后的推断更可靠？抽取多少个对象合适？所抽取的对象与所有的对象之间有什么关系？如何用抽取的对象测得的数据构造出一些统计量来反映所有对象的性质特征？如果要科学、定量地解决这些问题，就必须学习本章的随机抽样、统计量及统计量的分布(抽样分布)等知识.

6.1 总体与样本

在数理统计学中，把研究对象的全体所构成的集合称为**总体**或**母体**，而把组成总体的每一个元素称为**个体**.

在实际中，所研究的往往是总体中个体的某些数量指标. 从总体中随机选取一部分元素,对这部分元素的数量指标进行测量,根据测量获得的数据来推断集合中全部元素的这些数量指标的分布情况.

例 1　灯泡厂研究某批灯泡的寿命,则全体灯泡的寿命构成总体,其中每一个灯泡的寿命就是一个个体.

在例 1 中,灯泡的寿命指标 X 是一个随机变量. 假设 X 的分布函数是 $F(x)$,如果关心的只是数量指标 X,为了方便起见,可以把这些数量指标 X 的可能取值的全体看作总体,且这一总体为具有分布函数 $F(x)$ 的随机变量,这样就把总体和随机变量联系起来了.

在数理统计学中,总是通过观测或试验以取得信息. 可以从客观存在的总体中按机会均等的原则随机地抽取一些个体,然后对这些个体进行观测或测试某一指标 X 的数值. 这样按机会均等的原则选取一些个体进行观测或测试的过程称为**随机抽样**.

现在准备抽取 n 个个体,事先假设这 n 个个体的某一指标为 $X_1, X_2, \cdots, X_n$,称这 n 个个体的指标为一个**样本或子样**,n 称作这个**样本的容量**. 由于是事先假设,有理由把它们看成是随机变量,又因为它们是来自同一总体的随机抽样,所以样本 $X_1, X_2, \cdots, X_n$ 相互独立且与总体分布相同. 在一次抽样以后,得到 $X_1, X_2, \cdots, X_n$ 的一组确定的观察值 $x_1, x_2, \cdots, x_n$,称 $x_1, x_2, \cdots, x_n$ 为样本 $X_1, X_2, \cdots, X_n$ 的**观察值**,$(X_1, X_2, \cdots, X_n)$ 所有可能取值的全体称为**样本空间**. 一个样本观察值 $(x_1, x_2, \cdots, x_n)$ 就是这个样本空间中的一个点,简称为**样本值**.

6.2　统计量

样本是进行统计推断的依据,但在应用中往往不是直接利用样本本身,而是针对样本进行"加工"和"提炼",把样本中值得关心的有关信息集中起来构成关于样本的适当函数,利用这些样本的函数进行统计推断. 这种样本函数称为统计量,其严格定义如下.

定义 1　设 $X_1, X_2, \cdots, X_n$ 是来自总体 X 的一个样本,$g(X_1, X_2, \cdots, X_n)$ 是关于 $X_1, X_2, \cdots, X_n$ 的函数,若 g 是连续函数且 g 中不含任何未知参数,则称 $g(X_1, X_2, \cdots, X_n)$ 是一个统计量. 若 $x_1, x_2, \cdots, x_n$ 为样本 $X_1, X_2, \cdots, X_n$ 的观察值,则称 $g(x_1, x_2, \cdots, x_n)$ 是 $g(X_1, X_2, \cdots, X_n)$ 的观察值.

例 1　若 X_1, X_2 是从正态总体 $N(\mu, \sigma^2)$ 中抽取的样本,其中 μ, σ^2 是未知参数,由统计量的定义知,$\frac{1}{4}(X_1+X_2)-\mu$ 和 $\frac{X_1}{\sigma}$ 都不是统计量,因为它们含有未知参数,而 $3X_1$, X_1-8, $X_1^2+X_2^2$ 都是统计量.

下面介绍几种常用的统计量.

设 $X_1, X_2, \cdots, X_n$ 是来自总体 X 的一个样本,$x_1, x_2, \cdots, x_n$ 为样本 $X_1, X_2, \cdots, X_n$ 的观察值,则可以定义以下统计量.

(1) 样本均值：$\overline{X}=\frac{1}{n}\sum_{i=1}^{n}X_i$；

(2) 样本方差：$S^2=\frac{1}{n-1}\sum_{i=1}^{n}(X_i-\overline{X})^2=\frac{1}{n-1}\left[\sum_{i=1}^{n}X_i^2-n(\overline{X})^2\right]$；

(3) 样本标准差：$S=\sqrt{S^2}=\sqrt{\frac{1}{n-1}\sum_{i=1}^{n}(X_i-\overline{X})^2}$；

(4) 样本 k 阶原点矩：$A_k=\frac{1}{n}\sum_{i=1}^{n}X_i^k, k=1,2,\cdots$；

(5) 样本 k 阶中心矩：$B_k=\frac{1}{n}\sum_{i=1}^{n}(X_i-\overline{X})^k, k=1,2,\cdots$.

它们的观察值分别为

$$\bar{x}=\frac{1}{n}\sum_{i=1}^{n}x_i$$

$$s^2=\frac{1}{n-1}\sum_{i=1}^{n}(x_i-\bar{x})^2$$

$$s=\sqrt{\frac{1}{n-1}\sum_{i=1}^{n}(x_i-\bar{x})^2}$$

$$a_k=\frac{1}{n}\sum_{i=1}^{n}x_i^k, k=1,2,\cdots$$

$$b_k=\frac{1}{n}\sum_{i=1}^{n}(x_i-\bar{x})^k, k=1,2,\cdots$$

若总体 X 的 k 阶原点矩 $E(X^k)=\alpha_k$ 存在，则当 $n\to+\infty$ 时，$A_k\xrightarrow{P}\alpha_k$. 这是因为 $X_1, X_2,\cdots,X_n$ 独立且与 X 同分布，故有 $X_1^k,X_2^k,\cdots,X_n^k$ 独立且与 X^k 同分布，从而有

$$E(X_1^k)=E(X_2^k)=\cdots=E(X_n^k)=\alpha_k$$

由辛钦大数定律得

$$A_k=\frac{1}{n}\sum_{i=1}^{n}X_i^k\xrightarrow{P}\alpha_k(n\to+\infty),\ k=1,2,\cdots$$

特别地，当 $k=1$ 时，有 $\overline{X}\xrightarrow{P}\alpha_1(n\to+\infty)$（$\alpha_1$ 即总体均值 EX）.

此结果表明，n 很大时，可用一次抽样后所得的样本 k 阶原点矩的观察值 a_k 近似于总体 k 阶原点矩 α_k. $k=1$ 时，样本均值观察值 $\bar{x}$ 近似于总体均值 EX.

例 2 将一枚纽扣抛 10 000 次，其中正面向上出现 4 500 次，试估计出现正面的概率 p 的值.

解 设随机变量 X 满足：$P(X=1)=p$，$P(X=0)=1-p$.

设 $X_1,X_2,\cdots,X_{10^4}$ 为来自总体 X 的样本，$x_1,x_2,\cdots,x_{10^4}$ 为其样本观察值. 于是总体均值 $EX=p$，样本均值 $\bar{x}=\frac{1}{10^4}\sum_{i=1}^{10^4}x_i=0.45$，从而有 $p\approx0.45$.

由上面的讨论可知，统计量是对总体的分布或数字特征进行推断的基础，因此求统计量的分布是数理统计的基本问题之一. 统计量的分布称为**抽样分布**.

6.3　抽样分布

定义 1　设随机变量 $X_1, X_2, \cdots, X_n \sim N(0,1)$，且相互独立，记 $\chi^2 = X_1^2 + X_2^2 + \cdots + X_n^2$，则称随机变量 χ^2 服从的分布是**自由度为 n 的 χ^2 分布**，记为 $\chi^2 \sim \chi^2(n)$，其概率密度为

$$f(x)=\begin{cases}\dfrac{1}{2^{\frac{n}{2}}\Gamma\left(\dfrac{n}{2}\right)}x^{\frac{n}{2}-1}e^{-\frac{x}{2}}, & x>0\\ 0, & x\leqslant 0\end{cases}$$

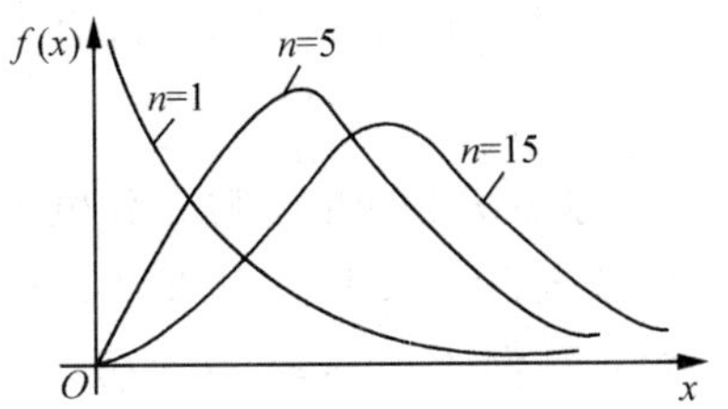

图 6.1

χ^2 分布的概率密度函数 $f(x)$ 的图像如图 6.1 所示. $f(x)$ 随 n 取不同值而不同.

χ^2 分布具有下列性质：

(1) 若 $\chi^2 \sim \chi^2(n)$，则 $E(\chi^2)=n, D(\chi^2)=2n$；

(2) χ^2 分布的可加性：若 $\chi_1^2 \sim \chi^2(n_1)$，$\chi_2^2 \sim \chi^2(n_2)$，且 χ_1^2 与 χ_2^2 相互独立，则 $\chi_1^2+\chi_2^2 \sim \chi^2(n_1+n_2)$；

(3) $\chi^2(n)$ 分布的上侧 α 分位点：若对于给定数 $\alpha(0<\alpha<1)$，存在数 $\chi_\alpha^2(n)$ 使

$$P\{\chi^2 \geqslant \chi_\alpha^2(n)\} = \int_{\chi_\alpha^2(n)}^{+\infty} f(x)\mathrm{d}x = \alpha$$

则称 $\chi_\alpha^2(n)$ 为 **$\chi^2(n)$ 分布的上侧 α 分位点**（或**上侧 α 分位数**），如图 6.2 所示.

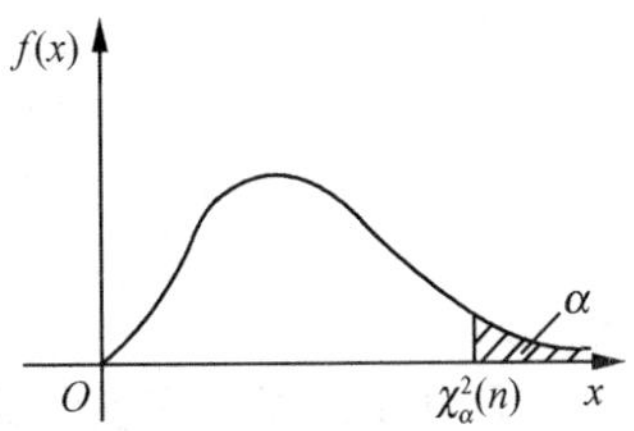

图 6.2

求 $\chi^2(n)$ 分布的上侧分位点时，对于不同的 n 及 α 可查 χ^2 分布表（见附录 5）. 例如，设随机变量 $X \sim \chi^2(25)$，$\alpha=0.1, n=25$，查得 $\chi_{0.1}^2(25)=34.382$，即

$$P\{X>34.382\}=0.1$$

定义 2　设随机变量 $X \sim N(0,1)$，随机变量 $Y \sim \chi^2(n)$，且 X 与 Y 相互独立，称随机变量 $T=\dfrac{X}{\sqrt{\dfrac{Y}{n}}}$ 所服从的分布是**自由度为 n 的 t 分布**（学生分布），记为 $T \sim t(n)$，其概率密度为

$$f(x)=\frac{\Gamma\left(\dfrac{n+1}{2}\right)}{\sqrt{n\pi}\,\Gamma\left(\dfrac{n}{2}\right)}\left(1+\frac{x^2}{n}\right)^{-\frac{n+1}{2}},\quad -\infty<x<+\infty$$

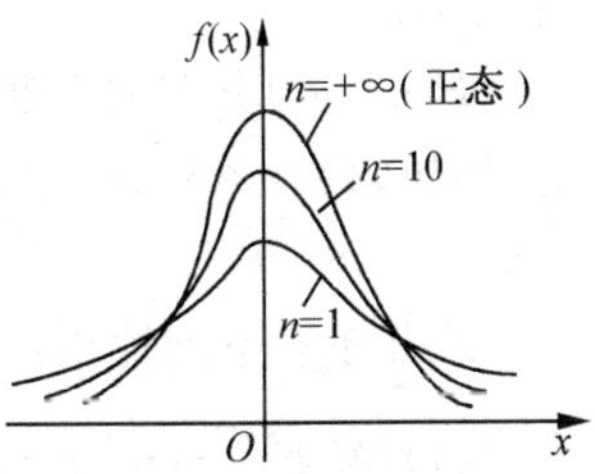

图 6.3

t 分布的概率密度函数的图像如图 6.3 所示.

显然，$f(x)$ 随 n 的不同而不同，且 $f(x)$ 为偶函数. 当

$n \to +\infty$时，有

$$\lim_{n \to +\infty} f(x) = \frac{1}{\sqrt{2\pi}} e^{-\frac{x^2}{2}}$$

即当$n \to +\infty$时，t分布密度趋于标准正态分布密度.

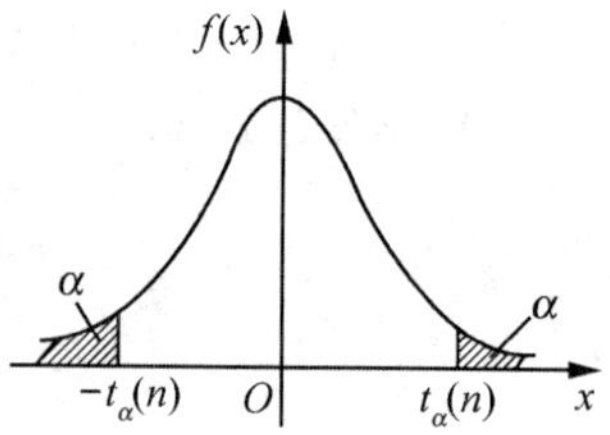

图 6.4

对于给定的数$\alpha(0<\alpha<1)$，满足条件

$$P\{T > t_\alpha(n)\} = \int_{t_\alpha(n)}^{+\infty} f(x)\mathrm{d}x = \alpha$$

的数$t_\alpha(n)$称为**$t(n)$分布的上侧α分位点**（或**上侧α分位数**），如图 6.4 所示.

因为$f(-x)=f(x)$，故有$\int_{-t_\alpha(n)}^{+\infty} f(x)\mathrm{d}x = 1-\alpha$，所以有

$$t_{1-\alpha}(n) = -t_\alpha(n)$$

求$t(n)$分布的上侧α分位点时，对于不同的n及α可查附录 6. 例如，$\alpha=0.05$，$n=10$，查表得$t_{0.05}(10)=1.812\,5$. 利用$t_{1-\alpha}(n)=-t_\alpha(n)$可求出$t$分布表中未列出的上侧$\alpha$分位点，例如$t_{0.95}(10)=-t_{0.05}(10)=-1.812\,5$.

定义 3 设随机变量U,V相互独立，且$U\sim\chi^2(n_1)$，$V\sim\chi^2(n_2)$. 则称随机变量$F=\dfrac{\frac{U}{n_1}}{\frac{V}{n_2}}$服从的分布是**自由度为$(n_1,n_2)$的$F$分布**，记为$F\sim F(n_1,n_2)$.

$F(n_1,n_2)$分布的概率密度为

$$f(x)=\begin{cases} \dfrac{\Gamma\left(\frac{n_1+n_2}{2}\right)}{\Gamma\left(\frac{n_1}{2}\right)\Gamma\left(\frac{n_2}{2}\right)}\left(\dfrac{n_1}{n_2}\right)\left(\dfrac{n_1}{n_2}x\right)^{\frac{n_1}{2}-1}\left(1+\dfrac{n_1}{n_2}x\right)^{-\frac{n_1+n_2}{2}}, & x>0 \\ 0, & x\leqslant 0 \end{cases}$$

F分布的概率密度函数的图像随n_1,n_2取值不同而不同（见图 6.5）.

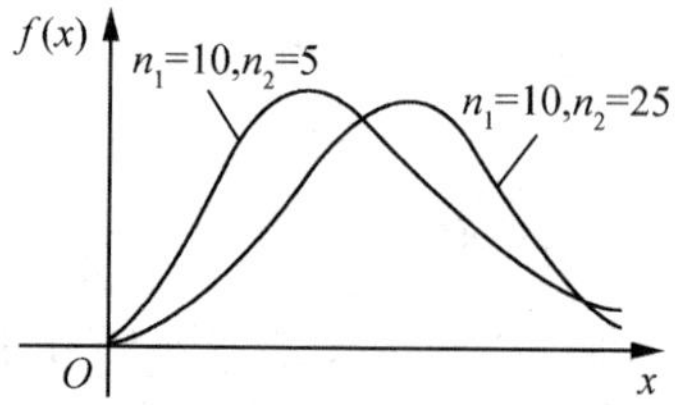

图 6.5

对于给定的数$\alpha(0<\alpha<1)$，把满足条件

$$P\{F > F_\alpha(n_1,n_2)\} = \int_{F_\alpha(n_1,n_2)}^{+\infty} f(x)\mathrm{d}x = \alpha$$

的数$F_\alpha(n_1,n_2)$称为**$F(n_1,n_2)$分布的上侧α分位数**（见图 6.6）.

$F(n_1,n_2)$分布的上侧α分位数可通过查附录 7 确定. 例如，$\alpha=0.05$，$n_1=9$，$n_2=12$，查得$F_{0.05}(9,12)=2.80$.

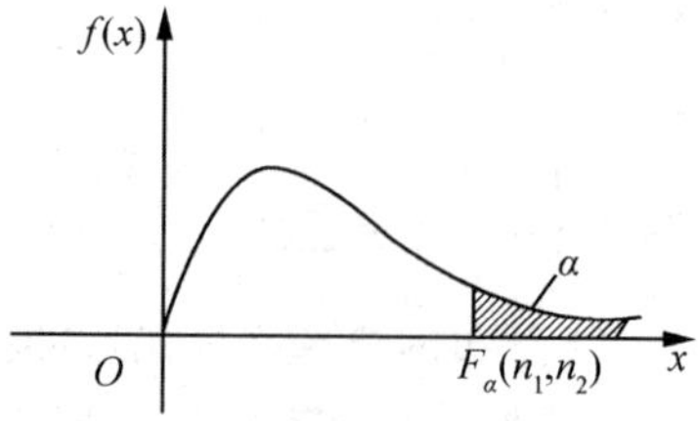

图 6.6

F分布有下列性质：

(1) 若$F\sim F(n_1,n_2)$，则$\dfrac{1}{F}\sim F(n_2,n_1)$；

(2) $F_{1-\alpha}(n_1,n_2)=\dfrac{1}{F_{\alpha}(n_2,n_1)}$.

利用 F 分布的性质(2)可求某些 F 分布表中未列出的上侧分位数. 例如，

$$F_{0.95}(12,\ 9)=\frac{1}{F_{0.05}(9,\ 12)}=\frac{1}{2.80}=0.357$$

下面给出标准正态分布的上侧 α 分位数的定义：设随机变量 $u\sim N(0,1)$，对于给定的数 $\alpha(0<\alpha<1)$，把满足条件

$$P\{u>u_{\alpha}\}=\alpha$$

的数 u_{α} 称为**标准正态分布的上侧 α 分位数**(**或上侧 α 分位点**).

显然 $P\{u\leqslant u_{\alpha}\}=1-\alpha$，即 $\Phi(u_{\alpha})=1-\alpha$，这里函数 $\Phi(x)$ 是标准正态分布的分布函数. 因此对于给定的 α，查附录 3 中的标准正态分布表即可确定分位数 u_{α}. 例如 $\alpha=0.025$，则 $\Phi(1.96)=1-0.025=0.975$，所以 $u_{0.025}=1.96$.

定理 1　设 $X_1,X_2,\cdots,X_n$ 是来自正态总体 $N(\mu,\sigma^2)$ 的一个样本，则有

(1) 样本均值 $\overline{X}=\dfrac{1}{n}\sum\limits_{i=1}^{n}X_i$ 服从正态分布 $N\left(\mu,\dfrac{\sigma^2}{n}\right)$，即 $\overline{X}\sim N\left(\mu,\dfrac{\sigma^2}{n}\right)$；

(2) $\dfrac{\overline{X}-\mu}{\dfrac{\sigma}{\sqrt{n}}}\sim N(0,1)$.

证　由于独立正态变量的线性组合 $\dfrac{1}{n}\sum\limits_{i=1}^{n}X_i$ 仍为正态变量，且

$$E\overline{X}=E\left(\frac{1}{n}\sum_{i=1}^{n}X_i\right)=\frac{1}{n}\sum_{i=1}^{n}EX_i=\mu$$

$$D\overline{X}=D\left(\frac{1}{n}\sum_{i=1}^{n}X_i\right)=\frac{1}{n^2}\sum_{i=1}^{n}DX_i=\frac{\sigma^2}{n}$$

所以

$$\overline{X}\sim N\left(\mu,\frac{\sigma^2}{n}\right)$$

进而

$$\frac{\overline{X}-\mu}{\dfrac{\sigma}{\sqrt{n}}}\sim N(0,1)$$

例 1　某厂检验保温瓶性能，在瓶中灌满开水，24 h 后测定其温度 T. 若已知 $T\sim N(62,\ 5^2)$，试问：从中随机抽取 20 只进行测定，其样本均值 $\overline{T}$ 低于 60 ℃的概率有多大？

解　根据样本均值低于 60 ℃的情况，推断整批产品的质量. 由于 $T\sim N(62,5^2)$，所以 $\overline{T}\sim N\left(62,\dfrac{5^2}{20}\right)$，从而

$$P\{\overline{T}<60\}=P\left\{\frac{\overline{T}-62}{\dfrac{5}{\sqrt{20}}}<\frac{60-62}{\dfrac{5}{\sqrt{20}}}\right\}$$

$$=\Phi(-1.789)=1-0.963\ 3=0.036\ 7$$

可见任取一容量为 20 的样本,其平均保温温度低于 60 ℃的概率为 0.036 7,由此推断整批产品(即总体)平均温度低于 60 ℃的有 3.67%.

定理 2 设 $X_1,X_2,\cdots,X_n$ 是来自正态总体 $N(\mu,\sigma^2)$ 的一个样本,$\overline{X},S^2$ 分别是样本均值和样本方差,则有

(1) $\dfrac{(n-1)S^2}{\sigma^2}\sim\chi^2(n-1)$;

(2) $\overline{X}$ 与 S^2 独立.

此定理的证明超出本书范围,在此略去.

由定理 2 容易得到下面两个定理.

定理 3 设 $X_1,X_2,\cdots,X_n$ 是来自正态总体 $N(\mu,\sigma^2)$ 的一个样本,$\overline{X},S^2$ 分别是样本均值和样本方差,则有

$$\frac{(\overline{X}-\mu)\sqrt{n}}{S}\sim t(n-1)$$

证 因为 $\overline{X}\sim N\left(\mu,\dfrac{\sigma^2}{n}\right)$,所以 $U=\dfrac{\overline{X}-\mu}{\dfrac{\sigma}{\sqrt{n}}}\sim N(0,1)$,由本节定理 2 知,$\dfrac{(n-1)S^2}{\sigma^2}\sim\chi^2(n-1)$,且 $\overline{X}$ 与 S^2 相互独立,由 t 分布的定义得

$$\frac{U}{\sqrt{\dfrac{(n-1)S^2}{\sigma^2}\dfrac{1}{n-1}}}=\frac{(\overline{X}-\mu)\sqrt{n}}{S}\sim t(n-1)$$

定理 4 设 $X_1,X_2,\cdots,X_{n_1}$ 与 $Y_1,Y_2,\cdots,Y_{n_2}$ 分别是来自正态总体 $N(\mu_1,\sigma^2)$ 和 $N(\mu_2,\sigma^2)$ 的样本,且这两个样本相互独立,则

$$\frac{(\overline{X}-\overline{Y})-(\mu_1-\mu_2)}{S_w\sqrt{\dfrac{1}{n_1}+\dfrac{1}{n_2}}}\sim t(n_1+n_2-2)$$

其中,$S_w^2=\dfrac{(n_1-1)S_1^2+(n_2-1)S_2^2}{n_1+n_2-2}$;$\overline{X},\overline{Y}$ 分别是两样本的均值;S_1^2,S_2^2 分别是两样本的方差.该定理的证明略.

本章小结

1. 了解总体、样本的概念,理解简单随机样本的概念:$X_1,X_2,\cdots,X_n$ 为简单随机样本,则 $X_1,X_2,\cdots,X_n$ 相互独立,且每个 X_i 与总体 X 同分布,从而在具体场合能准确写出相应的表达式.比如,若总体 X 具有分布函数 $F(x)$ 和密度函数 $f(x)$,均值 μ 和方差 σ^2,则样本的联合密度为 $f(x_1,x_2,\cdots,x_n)=\prod\limits_{i=1}^{n}f(x_i)$,$E\overline{X}=\mu$,$D\overline{X}=\dfrac{\sigma^2}{n}$,$ES^2=\sigma^2$ 等.

2. 了解统计量的概念，掌握样本的数字特征，包括样本均值、样本方差与样本标准差的概念与计算及这些样本数字特征与总体数字特征的关系.

3. 熟练掌握正态总体的抽样分布，特别是可化为 $N(0,1)$，$\chi^2(n)$，$t(n)$，$F(m,n)$诸分布的常见统计量的生成结构，比如 6.3 节定理 1～定理 4 的结论.

4. 了解 χ^2 分布、t 分布、F 分布的定义和简单性质，并会查表确定这些分布及标准正态分布的上侧 α 分位数.

习 题 六

一、解答题

1. 在总体 $N(52, 6.3^2)$中随机地抽取一容量为 36 的样本，求样本均值$\overline{X}$落在50.8～53.8 的概率.

2. 在总体 $N(12, 4)$中随机地抽一容量为 5 的样本 $X_1,X_2,\cdots,X_5$. 求：

(1) 样本均值与总体均值之差的绝对值大于 1 的概率；

(2) 概率 $P\{\max(X_1,X_2,\cdots,X_5)>15\}$；

(3) 概率 $P\{\min(X_1,X_2,\cdots,X_5)<10\}$.

3. 设 $X_1,X_2,\cdots,X_{10}$为 $N(0, 0.3^2)$的样本，求 $P\left\{\sum\limits_{i=1}^{10} X_i^2 > 1.44\right\}$.

4. 设 $X_1,X_2,\cdots,X_n$ 是区间$[-1,1]$上的均匀分布的总体的一个样本，试求样本的均值与方差.

5. 求总体 $N(20,3)$的容量分别为 10,15 的两独立样本均值差的绝对值大于 0.3 的概率.

6. 设 $X_1,X_2,\cdots,X_n$ 是来自正态总体$N(0,\sigma^2)$的一个样本，试求 $Y=\left(\sum\limits_{i=1}^{n} X_i\right)^2$ 的分布密度函数.

7. 已知 $X\sim t(n)$，求证 $X^2\sim F(1,n)$.

8. 设 $X_1,X_2,\cdots,X_n$ 是来自泊松分布 $P(\lambda)$的一个样本，$\overline{X}$，S^2 分别是样本均值与样本方差. 求 $E\overline{X}$，$D\overline{X}$，ES^2.

9. 在总体 $N(\mu,\sigma^2)$中随机地抽一容量为 16 的样本，这里 μ，σ^2 均为未知.

(1) 求 $P\left\{\dfrac{S^2}{\sigma^2}\leqslant 2.041\right\}$，其中 S^2 为样本方差；

(2) 求 $D(S^2)$.

二、选择题

10. 设 $X_1,X_2,\cdots,X_n(n\geqslant 2)$为来自总体 $X\sim N(0,1)$的样本，$\overline{X}$为样本均值，S^2 为样

本方差，则(　　).

A. $n\overline{X}\sim N(0,1)$　　B. $nS^2\sim\chi^2(n)$

C. $\dfrac{(n-1)\overline{X}}{S}\sim t(n-1)$　　D. $\dfrac{(n-1)X_1^2}{\sum\limits_{k=2}^{n}X_k^2}\sim F(1,n-1)$

11. 设 $X_1,X_2,\cdots,X_n$ 为来自总体 $X\sim N(\mu,\sigma^2)$ 的样本，$\overline{X}$为样本均值，记

$$S_1^2=\frac{1}{n-1}\sum_{k=1}^{n}(X_k-\overline{X})^2,\ S_2^2=\frac{1}{n}\sum_{k=1}^{n}(X_k-\overline{X})^2$$

$$S_3^2=\frac{1}{n-1}\sum_{k=1}^{n}(X_k-\mu)^2,\ S_4^2=\frac{1}{n}\sum_{k=1}^{n}(X_k-\mu)^2$$

则服从自由度为 $n-1$ 的 t 分布的随机变量是(　　).

A. $t=\dfrac{\overline{X}-\mu}{\dfrac{S_1}{\sqrt{n-1}}}$　　B. $t=\dfrac{\overline{X}-\mu}{\dfrac{S_2}{\sqrt{n-1}}}$

C. $t=\dfrac{\overline{X}-\mu}{\dfrac{S_3}{\sqrt{n}}}$　　D. $t=\dfrac{\overline{X}-\mu}{\dfrac{S_4}{\sqrt{n}}}$

12. 设随机变量 X 和 Y 都服从标准正态分布，则(　　).

A. $X+Y$ 服从正态分布　　B. X^2+Y^2 服从 χ^2 分布

C. X^2 和 Y^2 都服从 χ^2 分布　　D. $\dfrac{X^2}{Y^2}$服从 F 分布

三、填空题

13. 设随机变量 X 和 Y 相互独立，都服从正态分布 $N(0,3^2)$. 设 $X_1,X_2,\cdots,X_9$ 和 $Y_1,Y_2,\cdots,Y_9$ 分别是来自总体 X 和 Y 的样本，则统计量 $Z=\dfrac{X_1+X_2+\cdots+X_9}{\sqrt{Y_1^2+Y_2^2+\cdots+Y_9^2}}$服从________，参数为________.

14. 设总体 $X\sim N(0,2^2)$，$X_1,X_2,\cdots,X_{15}$ 是来自总体 X 的样本，则随机变量 $Y=\dfrac{X_1^2+X_2^2+\cdots+X_{10}^2}{2(X_{11}^2+X_{12}^2+\cdots+X_{15}^2)}$服从________，参数为________.

15. 设 X_1,X_2,X_3,X_4 是来自总体 $X\sim N(0,2^2)$的样本，记

$$X=a(X_1-2X_2)^2+b(3X_3-4X_4)^2$$

则当 $a=$________，$b=$________时，统计量 X 服从 χ^2 分布，自由度为________.

16. 设总体 X 服从参数为 2 的泊松分布，$X_1,X_2,\cdots,X_n$ 为来自总体 X 的样本，则当 $n\to+\infty$时，$Y_n=e^{\frac{1}{n}\sum\limits_{k=1}^{n}X_k^2}$ 依概率收敛于________.

第 7 章　参数估计

教学目标

(1) 理解并掌握矩估计法(一阶、二阶);

(2) 理解并掌握极大似然估计法,特别是掌握似然函数的构造,极大似然估计值就是似然函数的最大值点;

(3) 了解估计量的无偏性、有效性、相合性的概念,会验证简单的估计量的无偏性和有效性;

(4) 掌握并熟记单个正态总体在方差已知与未知时的均值的置信区间及单个正态总体均值未知时方差的置信区间;

(5) 掌握两个正态总体均值未知时方差比的置信区间,了解两个正态总体均值差的置信区间.

教学要求

知识要点	能力要求	相关知识
基本概念	(1) 理解矩估计量与矩估计值的概念; (2) 理解极大似然估计量与极大似然估计值的概念; (3) 了解估计量的无偏性、有效性、相合性的概念; (4) 理解置信度、置信区间的概念	(1) 矩估计的概念; (2) 极大似然估计的概念; (3) 估计量的无偏性、有效性、相合性的概念; (4) 区间估计的概念
常见参数估计方法	(1) 掌握矩估计法; (2) 掌握极大似然估计法; (3) 掌握区间估计法	(1) 矩估计法; (2) 极大似然估计法; (3) 区间估计法

续表

知识要点	能力要求	相关知识
基本计算	(1) 会求总体有 1～2 个未知参数时，参数的矩估计值与矩估计量； (2) 会求总体有 1～2 个未知参数时，参数的极大似然估计值与极大似然估计量； (3) 会验证简单估计量的无偏性，判断估计量的有效性； (4) 会求单个正态总体在方差已知与未知时的均值的置信区间及单个正态总体均值未知时方差的置信区间； (5) 两个正态总体均值未知时方差比的置信区间； (6) 了解两个正态总体的均值差的置信区间	(1) 矩估计法； (2) 极大似然估计法； (3) 评价估计量的标准； (4) 置信区间的有关概念及区间估计法

引 例

工厂生产的电子元器件的使用寿命是产品的重要技术指标. 现在某厂家生产了一批灯管，要对这批灯管的平均使用寿命进行检测. 由于检测是破坏性的，不可能将每根灯管点亮来做检测试验，因此只能从总体抽取样本，从对样本的检测来估计总体的平均使用寿命. 这种利用样本的观察值构造适当的统计量来反映总体的某些未知参数的做法在生产实践中是非常常见的.

本章引言

有些时候会遇到这样的问题，总体服从的分布已经知道，但是总体中有些重要的参数未知，需要通过样本来对总体的这些未知参数进行估计. 在对参数进行估计时，有时将这些未知参数估计为某个数值，称为**点估计**，比如矩估计法与极大似然估计法；可能由不同的方法得到不同的估计量，因此有必要对这些估计量的优劣进行评价；还有一种估计是给出未知参数所在的区间范围，并说明落在这个区间的概率，称为**区间估计**. 本章主要讨论参数的点估计方法、估计量的评价标准及区间估计法.

7.1　参数的点估计

参数是指总体分布中的未知参数，若总体分布形式已知，但它的一个或多个参数为未知时，需借助总体 X 的样本来估计未知参数. 例如，在正态总体 $N(\mu,\sigma^2)$ 中，μ,σ^2 未知，μ 与 σ^2 就是参数；在指数分布 $E(\lambda)$ 的总体中，λ 未知，则 λ 是参数. 所谓参数估计，就是由样本值对总体的未知参数做出估计.

例 1　某灯泡厂某天生产了一批灯泡，其寿命 X 是一个随机变量，假设 $X\sim E(\lambda)$，$\lambda>0$，且 λ 是未知参数. 从中任意取出 10 个进行寿命试验，测得数据如下(单位：小时)：

1 050	1 100	1 080	1 120	1 200
1 250	1 040	1 130	1 300	1 200

试估计该天生产的灯泡的平均寿命.

解　由于 $x\sim E(\lambda)$，故有 $EX=\dfrac{1}{\lambda}$，可用样本平均值来估计总体的均值 EX. 由数据计算得到

$$\bar{x}=\frac{1}{10}(1\,050+1\,100+1\,080+1\,120+1\,200+1\,250+1\,040+1\,130+1\,300+1\,200)=1\,147$$

令 $\dfrac{1}{\lambda}=\bar{x}$，解得 $\hat{\lambda}=\dfrac{1}{1\,147}$，即所生产的灯泡平均寿命为 1 147(h).

一般来说，总体 X 的分布函数 $F(x;\theta_1,\cdots,\theta_k)$ 的形式已知，其中 $\theta_1,\cdots,\theta_k$ 为待估计参数. 设 $X_1,\cdots,X_n$ 是总体的一个样本，$x_1,\cdots,x_n$ 是相应的一个样本值，若用 $X_1,\cdots,X_n$ 构造出一个统计量 $\hat{\theta}_i=\hat{\theta}_i(X_1,\cdots,X_n)$，从而估计出 $\theta_i(i=1,\cdots,k)$，就称 $\hat{\theta}_i$ 为 θ_i 的**估计量**.

7.1.1　矩估计法

矩估计法是一种古老的估计方法. 矩是描述随机变量的最简单的数字特征，有些总体分布中的未知参数与它的矩是一致的. 例如泊松分布 $P(\lambda)$ 中的未知参数 λ 就是总体均值，正态总体分布 $N(\mu,\sigma^2)$ 中的未知参数 μ,σ^2 分别是总体均值和方差. 若总体的 k 阶原点矩 α_k 存在，则样本的 k 阶矩 $A_k=\dfrac{1}{n}\sum\limits_{i=1}^{n}X_i^k$ 依概率收敛于总体的 k 阶原点矩 α_k，即

$$A_k=\frac{1}{n}\sum_{i=1}^{n}X_i^k\xrightarrow{P}\alpha_k(n\to+\infty)$$

样本矩的连续函数依概率收敛于总体阶矩的连续函数. 可以看到，样本矩在一定程度上反映了总体矩的特征. 一种自然的做法就是用样本矩来估计总体相应的矩.

设 X 为连续型随机变量，其概率密度为 $f(x;\theta_1,\cdots,\theta_k)$. X 为离散型随机变量，其分布列为

$$P\{X=x\}=p(x;\theta_1,\cdots,\theta_k)$$

其中，$\theta_1,\cdots,\theta_k$ 为待估参数，$X_1,\cdots,X_n$ 是来自总体 X 的样本. 假设总体 X 的 l 阶原点矩存在，即

$$\alpha_l = E(X^l) = \int_{-\infty}^{+\infty} x^l f(x;\theta_1,\cdots,\theta_k)\mathrm{d}x \text{ 存在} \quad (X\text{ 为连续型})$$

或
$$\alpha_l = E(X^l) = \sum_{x\in R_x} x^l p(x;\theta_1,\cdots,\theta_k) \text{ 存在} \quad (X\text{ 为离散型})$$

其中，R_x 是随机变量 X 的可能取值的范围. 对于样本 $X_1,\cdots,X_n$，样本的 l 阶原点矩是

$$A_l = \frac{1}{n}\sum_{i=1}^{n} X_i^l$$

现用样本的 l 阶矩作为总体 l 阶矩的估计，即令

$$\alpha_l=A_l,\ l=1,\cdots,k$$

这是一个包含 k 个未知参数 $\theta_1,\cdots,\theta_k$ 的联立方程组. 一般来说，求解此方程组，可以得到 $\theta_1,\cdots,\theta_k$ 的一组解 $\hat{\theta}_1,\cdots,\hat{\theta}_k$. 将 $\hat{\theta}_1,\cdots,\hat{\theta}_k$ 分别作为 $\theta_1,\cdots,\theta_k$ 的估计，这种估计量称为**矩估计量**，矩估计量的观察值称为**矩估计值**. 这种求估计量的方法称为**矩估计法**.

例 2 设总体 X 在区间 $[a,b]$ 上服从均匀分布，a,b 未知. $X_1,\cdots,X_n$ 是一个样本，试求 a,b 的矩估计量.

解
$$\alpha_1=EX=\frac{a+b}{2}$$

$$\alpha_2=EX^2=DX+(EX)^2=\frac{(a-b)^2}{12}+\left(\frac{a+b}{2}\right)^2$$

令 $\dfrac{a+b}{2}=A_1=\dfrac{1}{n}\sum\limits_{i=1}^{n}X_i,\ \dfrac{(a-b)^2}{12}+\left(\dfrac{a+b}{2}\right)^2=A_2=\dfrac{1}{n}\sum\limits_{i=1}^{n}X_i^2$，则有

$$\begin{cases} a+b=2A_1 \\ b-a=\sqrt{12(A_2-A_1^2)} \end{cases}$$

解上述联立方程组，得 a,b 的矩估计量分别为

$$\hat{a}=A_1-\sqrt{3(A_2-A_1^2)}=\overline{X}-\sqrt{\frac{3}{n}\sum_{i=1}^{n}(X_i-\overline{X})^2}$$

$$\hat{b}=A_1+\sqrt{3(A_2-A_1^2)}=\overline{X}+\sqrt{\frac{3}{n}\sum_{i=1}^{n}(X_i-\overline{X})^2}$$

例 3 设总体 X 的均值 μ 及方差 σ^2 都存在，且 $\sigma^2>0$，但 μ 和 σ^2 均未知，又设 $X_1,\cdots,X_n$ 是来自该总体的一个样本，试求 μ 和 σ^2 的矩估计量.

解
$$\alpha_1=EX=\mu$$

$$\alpha_2=EX^2=DX+(EX)^2=\sigma^2+\mu^2$$

令
$$\begin{cases} \mu=A_1 \\ \sigma^2+\mu^2=A_2 \end{cases}$$

解上述联立方程组，得 μ 和 σ^2 的矩估计量分别为

$$\hat{\mu}=A_1=\overline{X}$$

$$\hat{\sigma}^2=A_2-(A_1)^2=\frac{1}{n}\sum_{i=1}^{n}X_i^2-(\overline{X})^2=\frac{1}{n}\sum_{i=1}^{n}(X_i-\overline{X})^2$$

所得结果表明，对于任意的分布，只要总体均值及方差存在，其均值与方差的矩估计量表达式都是一样的.

例如，若 $X\sim N(\mu,\sigma^2)$，μ 和 σ^2 未知，即得 μ 和 σ^2 的矩估计量分别为

$$\hat{\mu}=\overline{X},\quad \hat{\sigma}^2=\frac{1}{n}\sum_{i=1}^{n}(X_i-\overline{X})^2$$

7.1.2　极大似然估计法

从一个例子出发来说明极大似然估计的基本思想.

例 4　设袋中有黑白两种球，已知它们的数目之比是 $\frac{1}{2}$，但不知是白球多还是黑球多. 从袋中有放回地随机抽取 10 次，每次抽取一个；结果发现 10 次中有 3 次取到黑球，其余 7 次全是白球. 问能否据此判断黑球数占总球数的 $\frac{1}{3}$？

在一次随机观察中，概率大的事件要比概率小的事件容易发生. 在上述例子中，由于两种球的数目比是已知的，因此只需判断在每次抽取中，抽到黑球的概率是 $\frac{1}{3}$ 还是 $\frac{2}{3}$. 假设每次抽到黑球的概率是 $\frac{1}{3}$，在 10 次抽样中出现 3 次黑球的概率为

$$p_1=C_{10}^3\left(\frac{1}{3}\right)^3\left(\frac{2}{3}\right)^7=0.26$$

而当每次抽到黑球的概率是 $\frac{2}{3}$ 时，在 10 次抽样中出现 3 次黑球的概率为

$$p_2=C_{10}^3\left(\frac{2}{3}\right)^3\left(\frac{1}{3}\right)^7=0.016$$

由此可以看出，$p_1>p_2$，故据此判断黑球数占总球数的 $\frac{1}{3}$.

这种以最大概率对参数做出估计的方法称为**极大似然估计法**.

1. 离散型总体情形

设总体 X 的分布列为

$$P\{X=x\}=p(x;\theta),\ \theta\in\Theta$$

概率函数 $p(x;\theta)$ 的形式为已知，其中 θ 为待估参数，Θ 是 θ 的可能取值范围. 设 $X_1,\cdots,X_n$ 是总体 X 的样本，则 $X_1,\cdots,X_n$ 的联合分布列为

$$\prod_{i=1}^{n}p(t_i;\theta)$$

又设 $x_1,\cdots,x_n$ 是对应于样本 $X_1,\cdots,X_n$ 的一个样本值，事件$\{X_1=x_1,\cdots,X_n=x_n\}$发生的概率为

$$L(\theta)=L(x_1,\cdots,x_n;\theta)=\prod_{i=1}^{n}p(x_i;\theta),\theta\in\Theta$$

这一概率随 θ 的取值而变化，它是 θ 的函数. $L(\theta)$称为样本的**似然函数**. 在 θ 取值的可能范围 Θ 内挑选使概率 $L(x_1,\cdots,x_n;\theta)$达到最大的参数值$\hat{\theta}$，作为参数 θ 的估计值，即取$\hat{\theta}$，使

$$L(x_1,\cdots,x_n;\hat{\theta})=\max_{\theta\in\Theta}L(x_1,\cdots,x_n;\theta)$$

这样得到的$\hat{\theta}$与样本值 $x_1,\cdots,x_n$ 有关，常记为$\hat{\theta}(x_1,\cdots,x_n)$，并称为参数 θ 的**极大似然估计值**，而相应的统计量$\hat{\theta}(X_1,\cdots,X_n)$称为参数 θ 的**极大似然估计量**.

如果 L 对 θ 的导数存在，则可以采用高等数学中求极值的方法计算估计值，只要令

$$\frac{\mathrm{d}L}{\mathrm{d}\theta}=0$$

解出 θ，即有$\hat{\theta}=\theta$.

例 5 设总体 X 具有泊松分布 $P(\lambda)$，其分布列为

$$P(X=k)=\frac{\lambda^k}{k!}\mathrm{e}^{-\lambda},k=0,1,2,\cdots$$

其中，$\lambda>0$. 试用极大似然估计法估计未知参数 λ.

解 设 $x_1,\cdots,x_n$ 是对应于样本 $X_1,\cdots,X_n$ 的一个样本值，故似然函数为

$$L(\lambda)=L(x_1,\cdots,x_n;\lambda)=\prod_{i=1}^{n}\left(\frac{\lambda^{x_i}}{x_i!}\mathrm{e}^{-\lambda}\right)=\frac{\lambda^{\sum\limits_{i=1}^{n}x_i}}{x_1!x_2!\cdots x_n!}\mathrm{e}^{-n\lambda}$$

取对数得

$$\ln L=\sum_{i=1}^{n}x_i\ln\lambda-n\lambda-\ln(x_1!x_2!\cdots x_n!)$$

由方程 $\dfrac{\mathrm{d}(\ln L)}{\mathrm{d}\lambda}=\dfrac{1}{\lambda}\sum\limits_{i=1}^{n}x_i-n=0$ 解得

$$\lambda=\frac{1}{n}\sum_{i=1}^{n}x_i=\bar{x}$$

故 λ 的极大似然估计值 $\hat{\lambda}=\bar{x}$，λ 的极大似然估计量 $\hat{\lambda}=\bar{X}$.

这里求得的 λ 的估计量与用矩法求得的值相同.

2. 连续型总体情形

设总体 X 的概率密度是 $f(x;\theta)$，$\theta\in\Theta$，其中 $f(x;\theta)$的形式为已知，θ 为待估参数，Θ 是θ 的可能取值范围. 设 $X_1,\cdots,X_n$ 是总体 X 的一个样本，则 $X_1,\cdots,X_n$ 的联合概率密

度为 $\prod_{i=1}^{n} f(t_i;\theta)$.

又设 $x_1,\cdots,x_n$ 是对应于样本 $X_1,\cdots,X_n$ 的一个样本值，则随机点 $(X_1,\cdots,X_n)$ 落在点 $(x_1,\cdots,x_n)$ 的邻域（边长分别为 $dx_1,\cdots,dx_n$ 的 n 维立方体）内的概率近似地为 $\prod_{i=1}^{n} f(x_i;\theta)dx_i$，其值随 θ 的取值而变化. 与离散型情形一样，选取 θ 使此概率最大. 由于因子 $\prod_{i=1}^{n} dx_i$ 不随 θ 变化，故只考虑似然函数

$$L(x_1,\cdots,x_n;\theta)=\prod_{i=1}^{n} f(x_i;\theta)$$

的最大值. 若 $L(x_1,\cdots,x_n;\hat{\theta})=\max\limits_{\theta\in\Theta} L(x_1,\cdots,x_n;\theta)$，则称 $\hat{\theta}(x_1,\cdots,x_n)$ 为参数 θ 的极大似然估计值，$\hat{\theta}(X_1,\cdots,X_n)$ 称为参数 θ 的**极大似然估计量**.

如果 L 对 θ 的导数存在，那么 $\hat{\theta}$ 可从方程

$$\frac{dL(\theta)}{d\theta}=0$$

解得. 又因 $L(\theta)$ 与 $\ln L(\theta)$ 可在同一 θ 处取到极值，因此，θ 的极大似然估计 $\hat{\theta}$ 也可以从方程

$$\frac{d\ln L(\theta)}{d\theta}=0$$

求得，而且通常从此式求解比较方便.

极大似然估计法也适用于分布中含多个未知参数 $\theta_1,\cdots,\theta_k$ 的情况. 此时似然函数为

$$L(x_1,\cdots,x_n;\theta_1,\cdots,\theta_k)=\prod_{i=1}^{n} f(x_i;\theta_1,\cdots,\theta_k)$$

分别令

$$\frac{\partial \ln L}{\partial \theta_i}=0,i=1,\cdots,k$$

解上述方程组，可得各未知参数 $\theta_i(i=1,\cdots,k)$ 的极大似然估计值 $\hat{\theta}_i$.

例 6　设总体服从指数分布 $E(\lambda)$，其密度函数为

$$f(\lambda)=\begin{cases}\lambda e^{-\lambda x}, & x>0\\ 0, & x\leqslant 0\end{cases}$$

其中，未知参数 $\lambda>0$，试求 λ 的极大似然估计量.

解　由总体分布可知，$x<0$ 时，$f(x)=0$，因为样本值 $x_1,\cdots,x_n$ 中每个 $x_i>0$，故可取似然函数

$$L(\lambda)=\prod_{i=1}^{n}(\lambda e^{-\lambda x_i})=\lambda^n e^{-\lambda\sum\limits_{i=1}^{n}x_i}$$

取对数
$$\ln L = n\ln\lambda - \lambda\sum_{i=1}^{n}x_i$$

解方程
$$\frac{\mathrm{d}\ln L}{\mathrm{d}\lambda} = \frac{n}{\lambda} - \sum_{i=1}^{n}x_i = 0$$

得
$$\lambda=\frac{1}{\overline{x}}$$

即 λ 的极大似然估计值为
$$\hat{\lambda}=\frac{1}{\overline{x}}$$

λ 的极大似然估计量为
$$\hat{\lambda}=\frac{1}{\overline{X}}$$

例 7 设 $X\sim N(\mu,\sigma^2)$，μ 和 σ^2 为未知参数，设 $x_1,\cdots,x_n$ 是来自总体的样本值，求 μ 和 σ^2 的极大似然估计值.

解 X 的密度函数为
$$f(x;\mu,\sigma^2)=\frac{1}{\sqrt{2\pi\sigma^2}}\exp\left[-\frac{1}{2\sigma^2}(x-\mu)^2\right]$$

似然函数
$$L(\mu,\sigma^2) = \prod_{i=1}^{n}f(x_i;\mu,\sigma^2) = \left(\frac{1}{\sqrt{2\pi\sigma^2}}\right)^n\exp\left[-\frac{1}{2\sigma^2}\sum_{i=1}^{n}(x_i-\mu)^2\right]$$

对上式两边取对数得
$$\ln L = -\frac{n}{2}\ln(2\pi) - \frac{n}{2}\ln\sigma^2 - \frac{1}{2\sigma^2}\sum_{i=1}^{n}(x_i-\mu)^2$$

令
$$\begin{cases}\dfrac{\partial}{\partial\mu}(\ln L) = \dfrac{1}{\sigma^2}\left[\sum\limits_{i=1}^{n}(x_i-\mu)\right] = 0\\ \dfrac{\partial}{\partial\sigma^2}(\ln L) = -\dfrac{n}{2\sigma^2} + \dfrac{1}{2(\sigma^2)^2}\sum\limits_{i=1}^{n}(x_i-\mu)^2 = 0\end{cases}$$

解此方程组得 μ 和 σ^2 的极大似然估计量分别为
$$\hat{\mu} = \overline{X},\ \hat{\sigma}^2 = \frac{1}{n}\sum_{i=1}^{n}(X_i-\overline{X})^2$$

μ 和 σ^2 的极大似然估计值分别为
$$\hat{\mu} = \overline{x},\ \hat{\sigma}^2 = \frac{1}{n}\sum_{i=1}^{n}(x_i-\overline{x})^2$$

此结果与矩估计法获得的矩估计值相同.

例 8 设总体 X 服从区间 $[0,b]$ 上的均匀分布，b 未知，设 $x_1,\cdots,x_n$ 是来自总体的样本值，试求 b 的极大似然估计值.

解　X 的密度函数为

$$f(x;b)=\begin{cases}\dfrac{1}{b}, & 0\leqslant x\leqslant b\\ 0, & \text{其他}\end{cases}$$

样本 $x_1,\cdots,x_n$ 的似然函数为

$$L(b)=\prod_{i=1}^{n}f(x_i;b)=\begin{cases}\dfrac{1}{b^n}, & 0\leqslant x_1,\cdots,x_n\leqslant b\\ 0, & \text{其他}\end{cases}$$

对于满足 $b\geqslant\max\limits_{1\leqslant i\leqslant n}x_i$ 的任意 b，有

$$L(b)=\frac{1}{b^n}\leqslant\frac{1}{\left(\max\limits_{1\leqslant i\leqslant n}x_i\right)^n}$$

即 $b=\max\limits_{1\leqslant i\leqslant n}x_i$ 时，$L(b)$取最大值，故 b 的极大似然估计值为

$$\hat{b}=\max_{1\leqslant i\leqslant n}x_i$$

b 的极大似然估计量为

$$\hat{b}=\max_{1\leqslant i\leqslant n}X_i$$

7.2　估计量的评价标准

由 7.1 节的介绍可见，对于总体的同一未知参数，运用不同的估计方法求出的估计量不一定相同，如例 2 和例 8. 采用哪一种估计量为好？怎样衡量和比较估计量的好坏？这就牵涉到估计量的评价标准问题. 下面介绍 3 种常用的标准.

7.2.1　无偏性

估计量是随机变量，估计值随样本值不同而不同，一般希望估计值在未知参数真值附近徘徊. 从直观上说，若对一个总体抽取的很多样本得到很多估计值，那么这些值的理论平均应等于未知参数真值，从而导致无偏性的标准.

设 $X_1,\cdots,X_n$ 是总体 X 的一个样本，X 的分布函数为 $F(x;\theta)$，其中 θ 为未知参数.

定义 1　若参数 θ 的估计量$\hat{\theta}=\hat{\theta}(X_1,\cdots,X_n)$的数学期望 $E(\hat{\theta})$存在且满足

$$E(\hat{\theta})=\theta$$

则称$\hat{\theta}$是 θ 的**无偏估计量**.

若 $E(\hat{\theta})\neq\theta$，在工程技术中，$E(\hat{\theta})-\theta$ 称为以$\hat{\theta}$作为 θ 的估计的系统误差. 无偏估计的意义为无系统误差.

若 $\lim\limits_{n\to+\infty} E(\hat{\theta})=\theta$,则称 $\hat{\theta}$ 是 θ 的**渐进无偏估计量**.

例 1 设总体 X 的 k 阶原点矩存在,$X_1,\cdots,X_n$ 是来自总体 X 的一个样本,则无论总体服从什么分布,样本的 k 阶原点矩 $A_k=\frac{1}{n}\sum_{i=1}^{n}X_i^k$ 是总体的 k 阶原点矩 α_k 的无偏估计量.

证 因为 $X_1,\cdots,X_n$ 与 X 同分布且相互独立,所以有

$$E(X_i^k)=E(X^k)=\alpha_k,\quad i=1,2,\cdots,n$$

故

$$E(A_k)=E\left(\frac{1}{n}\sum_{i=1}^{n}X_i^k\right)=\frac{1}{n}\sum_{i=1}^{n}E(X_i^k)=\alpha_k$$

因此无论总体服从什么分布,只要它的数学期望 μ 存在,必有 $E(\overline{X})=\mu$,即 $\overline{X}$ 是 μ 的无偏估计量.

例 2 设总体 X 的均值 μ 和方差 $\sigma^2>0$ 都存在,μ 和 σ^2 为未知参数,则 σ^2 的估计量 $\hat{\sigma}^2=\frac{1}{n}\sum_{i=1}^{n}(X_i-\overline{X})^2$ 不是无偏估计量.

证

$$\hat{\sigma}^2=\frac{1}{n}\sum_{i=1}^{n}(X_i-\overline{X})^2=\frac{1}{n}\sum_{i=1}^{n}X_i^2-(\overline{X})^2$$

又

$$EX_i^2=DX_i+(EX_i)^2=\sigma^2+\mu^2$$

$$E\overline{X}^2=D\overline{X}+(E\overline{X})^2=\frac{\sigma^2}{n}+\mu^2$$

于是有

$$E\hat{\sigma}^2=\sigma^2+\mu^2-\left(\frac{\sigma^2}{n}+\mu^2\right)=\frac{n-1}{n}\sigma^2\neq\sigma^2$$

所以 $\hat{\sigma}^2$ 是有偏的,但它是 σ^2 的渐进无偏估计量.

若用样本方差 $S^2=\frac{1}{n-1}\sum_{i=1}^{n}(X_i-\overline{X})^2$ 来估计 σ^2,由例 2 可知 $ES^2=\sigma^2$,即 S^2 是 σ^2 的无偏估计量,故一般采用 S^2 作为方差 σ^2 的估计量.

7.2.2 有效性

参数的一个无偏估计就是数学期望等于未知参数的一个随机变量.显然,只要一个估计量的方差越小,这个估计量取到接近它的数学期望的值就越频繁,因而未知参数的估计值在它的真值附近的概率越大.比较参数 θ 的两个无偏估计量 $\hat{\theta}_1$ 和 $\hat{\theta}_2$,如果在样本容量 n 相同的情况下,$\hat{\theta}_1$ 的观察值比 $\hat{\theta}_2$ 更密集在真值 θ 的附近,则认为 $\hat{\theta}_1$ 比 $\hat{\theta}_2$ 理想.由于方差反映了随机变量取值与数学期望的偏离程度,因此总希望估计量的方差,即

$$D\hat{\theta}=E(\hat{\theta}-\theta)^2$$

尽可能小.这就引出了有效估计的概念.

定义 2　设$\hat{\theta}_1=\hat{\theta}_1(X_1,\cdots,X_n)$与$\hat{\theta}_2=\hat{\theta}_2(X_1,\cdots,X_n)$都是 θ 的无偏估计,即 $E(\hat{\theta}_1)=E(\hat{\theta}_2)=\theta$,若有

$$D\hat{\theta}_1<D\hat{\theta}_2$$

则称$\hat{\theta}_1$ 比$\hat{\theta}_2$ **有效**.

考查 θ 的所有无偏估计量(要求二阶矩存在,即有限),如果其中一个估计量$\hat{\theta}_0$ 的方差达到最小,这样的估计量应当最好,称这样的估计量$\hat{\theta}_0$ 是 θ 的**最优无偏估计**.

例 3　设总体 X 的 2 阶矩存在,$X_1,\cdots,X_n$ 是来自总体 X 的一个样本,试证:$\overline{X}$与$\hat{W}=\sum\limits_{i=1}^{n}a_iX_i\left(a_i\geqslant 0\text{ 为不全相等的常数,且}\sum\limits_{i=1}^{n}a_i=1\right)$都是 $\mu=EX$ 的无偏估计量,且$\overline{X}$比$\hat{W}$有效.

证　设 X 的均值和方差分别为 μ 和 σ^2,很容易得到

$$E\overline{X}=E\hat{W}=\mu$$

所以$\overline{X}$和$\hat{W}$都是 μ 的无偏估计.

又因为

$$D\overline{X}=\frac{\sigma^2}{n},D\hat{W}=\sigma^2\sum_{i=1}^{n}a_i^2$$

由多元函数微分学知识可知:在 $a_i\geqslant 0$ 且 $\sum\limits_{i=1}^{n}a_i=1$ 的条件下,当 a_i 都取$\dfrac{1}{n}$时 $\sum\limits_{i=1}^{n}a_i^2$ 最小,即 $D\overline{X}\leqslant D\hat{W}$,所以在 $a_i\geqslant 0$ 为不全相等的常数时,$D\overline{X}<D\hat{W}$,故无偏估计$\overline{X}$比$\hat{W}$有效.

7.2.3　一致性

估计量$\hat{\theta}$的无偏性和有效性都是在样本容量 n 固定的前提下考虑的.然而,由于估计量$\hat{\theta}(X_1,\cdots,X_n)$依赖于样本容量,故根据样本求得的未知参数的估计值,常与这个参数的真值不同.我们自然希望:当样本容量无限大时,估计值在真参数的附近的概率趋近于 1.

定义 3　设$\hat{\theta}(X_1,\cdots,X_n)$为参数 θ 的估计量,当 $n\to+\infty$时,$\hat{\theta}(X_1,\cdots,X_n)$依概率收敛于 θ,即对任意的 $\varepsilon>0$,有

$$\lim_{n\to+\infty}P\{|\hat{\theta}-\theta|<\varepsilon\}=1$$

则称$\hat{\theta}$为 θ 的**一致估计量**.

例 4 设总体 $X\sim N(\mu,1)$，μ 未知，则容量为 n 的样本均值 $\overline{X}$ 是参数 μ 的一致估计量.

证 因为 $E\overline{X}=\mu,D\overline{X}=\frac{1}{n}$，由切比雪夫不等式得

$$P\{|\overline{X}-\mu|<\varepsilon\}\geqslant 1-\frac{1}{n\varepsilon^2}$$

所以

$$\lim_{n\to+\infty}P\{|\overline{X}-\mu|<\varepsilon\}=1$$

还可以证明，样本 $k(k\geqslant 1)$ 阶原点矩是总体 k 阶原点矩 EX^k 的一致估计量.

7.3 区间估计

什么叫参数的区间估计呢？由 7.2 节知，参数的点估计是由样本求出未知参数的一个估计值，但人们在测量和计算时，常不满足于只得到近似值，还需估计误差，即要求确切地知道近似值的精确度，即求真值所在的范围. 这样的范围通常以区间形式给出，从而区间估计要由样本给出参数真值的一个范围.

由于数理统计中未知参数所在的范围是根据样本得出的，而抽样带有随机性，所以没有百分之百的把握说这个范围包含参数 θ，只能对一定的可靠度(概率)而言. 下面通过一个具体的实例来说明如何进行参数的区间估计.

例 1 从一批钉子中抽取 16 枚，测得其长度为(单位：cm)：

2.14　2.10　2.13　2.15　2.13　2.12　2.13　2.10
2.15　2.12　2.14　2.10　2.13　2.11　2.14　2.11

设钉长分布为正态分布，$\sigma=0.01$ cm. 试求总体期望值 μ 的 90% 置信区间.

解 首先建立数学模型. 设总体 $X\sim N(\mu,\sigma^2)$，已知 $\sigma=0.01$，从总体中随机抽取样本 $X_1,\cdots,X_n$. 要求以概率 $1-\alpha(0<\alpha<1)$ 对总体期望 μ 做区间估计. 由于

$$\frac{\overline{X}-\mu}{\frac{\sigma}{\sqrt{n}}}\sim N(0,1)$$

按标准正态分布的上侧 α 分位数的定义，给定概率 $1-\alpha$ $(0<\alpha<1)$，存在分位数 $u_{\frac{\alpha}{2}}$ 使

$$P\left\{\left|\frac{\overline{X}-\mu}{\frac{\sigma}{\sqrt{n}}}\right|<u_{\frac{\alpha}{2}}\right\}=1-\alpha$$

如图 7.1 所示，分位数 $u_{\frac{\alpha}{2}}$ 可从附录 3 中查得.

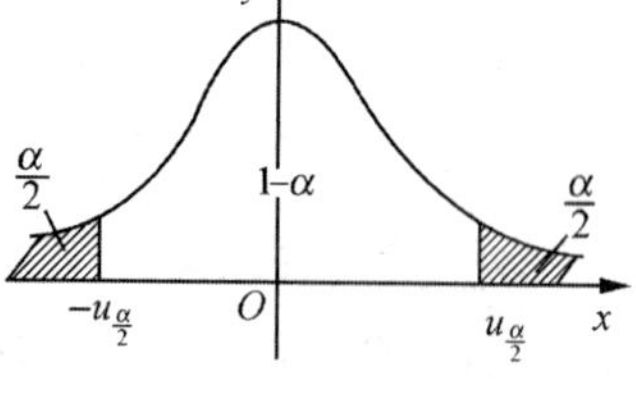

图 7.1

改写上式为

$$P\left\{\overline{X}-\frac{\sigma}{\sqrt{n}}u_{\frac{\alpha}{2}}<\mu<\overline{X}+\frac{\sigma}{\sqrt{n}}u_{\frac{\alpha}{2}}\right\}=1-\alpha$$

从而得到 μ 的一个置信度为 $1-\alpha$ 的置信区间：$\left(\overline{X}-\frac{\sigma}{\sqrt{n}}u_{\frac{\alpha}{2}},\overline{X}+\frac{\sigma}{\sqrt{n}}u_{\frac{\alpha}{2}}\right)$.

$\overline{X}-\frac{\sigma}{\sqrt{n}}u_{\frac{\alpha}{2}}$ 和 $\overline{X}+\frac{\sigma}{\sqrt{n}}u_{\frac{\alpha}{2}}$ 分别称为 μ 的置信度为 $1-\alpha$ 的置信下限和置信上限.

在例1中，$\sigma=0.01$，$n=16$，$\overline{x}=2.125$，$\alpha=0.1$，查附录3得 $u_{\frac{\alpha}{2}}=1.645$，所以 μ 的置信度为0.9的置信区间为(2.120 9，2.129 1).

由此可引出置信区间的定义.

定义1　设总体 X 的分布函数 $F(x;\theta)$ 含有一个未知参数 θ，对于给定值 $\alpha(0<\alpha<1)$，若有关于样本 $X_1,\cdots,X_n$ 的两个统计量 $\underline{\theta}=\underline{\theta}(X_1,\cdots,X_n)$ 和 $\overline{\theta}=\overline{\theta}(X_1,\cdots,X_n)$ 满足

$$P\{\underline{\theta}(X_1,\cdots,X_n)<\theta<\overline{\theta}(X_1,\cdots,X_n)\}=1-\alpha$$

则称随机区间 $(\underline{\theta},\overline{\theta})$ 是 θ 的置信度为 $1-\alpha$ 的**置信区间**，$\underline{\theta}$ 和 $\overline{\theta}$ 分别称为 θ 的置信度为 $1-\alpha$ 的双侧置信区间的**置信下限**和**置信上限**，$1-\alpha$ 为**置信度**.

1. 单个正态总体均值 μ 和方差 σ^2 的区间估计

设给定置信度为 $1-\alpha$，并设 $X_1,\cdots,X_n$ 是总体 $N(\mu,\sigma^2)$ 的样本，$\overline{X}$ 和 S^2 分别是样本均值和样本方差.

(1) 均值 μ 的置信区间(方差 σ^2 已知)

由本节例1的讨论得 μ 的置信度为 $1-\alpha$ 的置信区间为

$$\left(\overline{X}-\frac{\sigma}{\sqrt{n}}u_{\frac{\alpha}{2}},\overline{X}+\frac{\sigma}{\sqrt{n}}u_{\frac{\alpha}{2}}\right)\tag{7.1}$$

(2) 均值 μ 的置信区间(方差 σ^2 未知)

方差 σ^2 未知时，μ 的置信度为 $1-\alpha$ 的置信区间为

$$\left(\overline{X}-\frac{S}{\sqrt{n}}t_{\frac{\alpha}{2}}(n-1),\overline{X}+\frac{S}{\sqrt{n}}t_{\frac{\alpha}{2}}(n-1)\right)\tag{7.2}$$

事实上，σ^2 未知时，不能使用式(7.1)的置信区间，因为其中含有未知参数 σ. 由于 S^2 是 σ^2 的无偏估计，且

$$U=\frac{\overline{X}-\mu}{\frac{\sigma}{\sqrt{n}}}\sim N(0,1)$$

$$V=\frac{(n-1)S^2}{\sigma^2}\sim\chi^2(n-1)$$

故有

$$\frac{U}{\sqrt{\frac{V}{n-1}}}=\frac{(\overline{X}-\mu)\sqrt{n}}{S}\sim t(n-1)$$

由于上式中不含任何未知参数，所以可利用它导出对正态总体均值 μ 的区间估计.

对于给定的 $1-\alpha(0<\alpha<1)$，存在 $t_{\frac{\alpha}{2}}(n-1)$，使

$$P\left\{-t_{\frac{\alpha}{2}}(n-1)<\frac{(\overline{X}-\mu)\sqrt{n}}{S}<t_{\frac{\alpha}{2}}(n-1)\right\}=1-\alpha$$

或 $$P\left\{\overline{X}-\frac{S}{\sqrt{n}}t_{\frac{\alpha}{2}}(n-1)<\mu<\overline{X}+\frac{S}{\sqrt{n}}t_{\frac{\alpha}{2}}(n-1)\right\}=1-\alpha$$

从而得到式(7.2)的结果(见图 7.2).

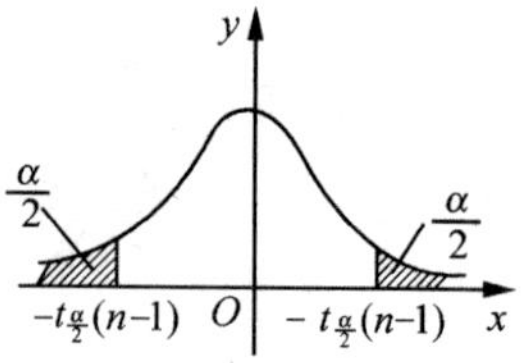

图 7.2

例 2 假定初生男婴儿的体重服从正态分布，随机抽取 12 名初生男婴儿，测得其体重的均值为 $\bar{x}=3\ 057$ g，均方差为 $s=375.3$ g. 求初生男婴儿平均体重的置信度为 95%的置信区间.

解 这里 $\alpha=0.05, n=12, \bar{x}=3\ 057, s=375.3$. 查表得 $t_{\frac{\alpha}{2}}(n-1)=t_{0.025}(11)=2.201$. 故由式(7.2)得初生男婴儿平均体重的置信度为 95%的置信区间为(2 819,3 295).

(3) 方差 σ^2 的置信区间

这里只介绍 μ 未知的情况. 考虑到 S^2 是 σ^2 的无偏估计，由第 6 章 6.3 节定理 2 知

$$\frac{(n-1)S^2}{\sigma^2}\sim\chi^2(n-1)$$

且 $\chi^2(n-1)$分布与 σ^2 无关. 给定置信度 $1-\alpha$，在 $\chi^2(n-1)$的分布密度曲线中，存在分位数 $\chi^2_{\frac{\alpha}{2}}(n-1)$，$\chi^2_{1-\frac{\alpha}{2}}(n-1)$，使左右两侧面积都等于 $\frac{\alpha}{2}$(见图 7.3)，即

$$P\{\chi^2>\chi^2_{\frac{\alpha}{2}}(n-1)\}=\frac{\alpha}{2}$$

$$P\{\chi^2<\chi^2_{1-\frac{\alpha}{2}}(n-1)\}=\frac{\alpha}{2}$$

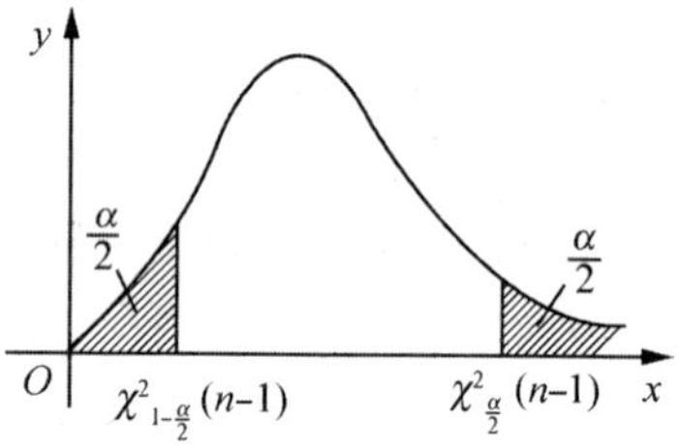

图 7.3

故有

$$P\left\{\chi^2_{1-\frac{\alpha}{2}}(n-1)<\frac{(n-1)S^2}{\sigma^2}<\chi^2_{\frac{\alpha}{2}}(n-1)\right\}=1-\alpha$$

或 $$P\left\{\frac{(n-1)S^2}{\chi^2_{\frac{\alpha}{2}}(n-1)}<\sigma^2<\frac{(n-1)S^2}{\chi^2_{1-\frac{\alpha}{2}}(n-1)}\right\}=1-\alpha$$

由此得到 σ^2 的置信度为 $1-\alpha$ 的置信区间为

$$\left(\frac{(n-1)S^2}{\chi^2_{\frac{\alpha}{2}}(n-1)},\ \frac{(n-1)S^2}{\chi^2_{1-\frac{\alpha}{2}}(n-1)}\right)$$

进一步得标准差 σ 的置信度为 $1-\alpha$ 的置信区间为

$$\left(\frac{\sqrt{n-1}S}{\sqrt{\chi^2_{\frac{\alpha}{2}}(n-1)}},\ \frac{\sqrt{n-1}S}{\sqrt{\chi^2_{1-\frac{\alpha}{2}}(n-1)}}\right)$$

例 3 设炮弹速度服从正态分布，取 9 发炮弹做试验，得样本方差 $S^2=11(\text{m/s})^2$. 求炮弹速度方差 σ^2 的置信度为 0.9 的置信区间.

解　由题设，$n=9$，$\frac{\alpha}{2}=0.05$，查附录 5 的 χ^2 分布表得

$$\chi^2_{0.05}(8)=15.507,\quad \chi^2_{0.95}(8)=2.733$$

从而得 σ^2 的置信下限和置信上限为

$$\underline{\theta}=\frac{(n-1)S^2}{\chi^2_{\frac{\alpha}{2}}(n-1)}=\frac{8\times 11}{15.507}=5.675$$

$$\bar{\theta}=\frac{(n-1)S^2}{\chi^2_{1-\frac{\alpha}{2}}(n-1)}=\frac{8\times 11}{2.733}=32.199$$

故炮弹速度方差 σ^2 的置信度为 0.9 的置信区间为(5.675,32.199)，标准差 σ 的置信区间为(2.38,5.67).

2. 两个正态总体均值差的区间估计

在实际中，常遇到这样的问题，已知产品的某一质量指标服从正态分布，但由于工艺改变、原料不同、设备条件不同或操作人员不同等因素，引起总体均值、总体方差有所改变. 要想知道这些改变有多大，需考虑两个正态总体均值差或两个正态总体方差比的估计问题.

设有两个正态总体的分布分别是 $N(\mu_1,\sigma_1^2)$ 和 $N(\mu_2,\sigma_2^2)$，$X_1,\cdots,X_{n_1}$ 和 $Y_1,\cdots,Y_{n_2}$ 分别是从 $N(\mu_1,\sigma_1^2)$ 和 $N(\mu_2,\sigma_2^2)$ 中抽得的样本且两样本相互独立，$\overline{X}$，S_1^2 及 $\overline{Y}$，S_2^2 分别是两样本的样本均值、样本方差，则

(1) 当 σ_1^2 和 σ_2^2 已知时，$\mu_1-\mu_2$ 的置信度为 $1-\alpha$ 的置信区间为

$$\left(\overline{X}-\overline{Y}-u_{\frac{\alpha}{2}}\sqrt{\frac{\sigma_1^2}{n_1}+\frac{\sigma_2^2}{n_2}},\overline{X}-\overline{Y}+u_{\frac{\alpha}{2}}\sqrt{\frac{\sigma_1^2}{n_1}+\frac{\sigma_2^2}{n_2}}\right)$$

(2) 当 $\sigma_1^2=\sigma_2^2=\sigma^2$，但 σ^2 未知时，$\mu_1-\mu_2$ 的置信度为 $1-\alpha$ 的置信区间为

$$\left(\overline{X}-\overline{Y}-t_{\frac{\alpha}{2}}(n_1+n_2-2)S_w\sqrt{\frac{1}{n_1}+\frac{1}{n_2}},\overline{X}-\overline{Y}+t_{\frac{\alpha}{2}}(n_1+n_2-2)S_w\sqrt{\frac{1}{n_1}+\frac{1}{n_2}}\right)$$

其中，$S_w=\sqrt{\frac{(n_1-1)S_1^2+(n_2-1)S_2^2}{n_1+n_2-2}}$.

例 4　为了估计磷肥对某种农作物增产的作用，现选 20 块条件大致相同的土地，10 块不施磷肥，另外 10 块施磷肥，得亩产量(单位:斤)如下表:(1 亩≈666.7 m^2，1 斤=500 g)

不施磷肥亩产	560	590	560	580	570	600	550	570	550	570
施磷肥亩产	620	570	650	600	630	580	570	600	600	580

设不施磷肥亩产量和施磷肥亩产量都服从正态分布，且方差相同. 取置信度为 0.95，试对不施磷肥和施磷肥两种情况下的平均亩产之差做区间估计.

解　把不施磷肥亩产看成第一总体，施磷肥亩产看成第二总体，则 $n_1=n_2=10$，计算得

$$\bar{x}=570,\quad (n_1-1)S_1^2=\sum_{i=1}^{n_1}(x_i-\bar{x})^2=2\,400$$

$$\bar{y}=600,\quad (n_2-1)S_2^2=\sum_{i=1}^{n_2}(y_i-\bar{y})^2=6\,400$$

$$S_w=\sqrt{\frac{(n_1-1)S_1^2+(n_2-1)S_2^2}{n_1+n_2-2}}=\sqrt{\frac{2\,400+6\,400}{10+10-2}}=22$$

由 $1-\alpha=0.95$ 得

$$t_{\frac{\alpha}{2}}(n_1+n_2-2)=t_{0.025}(18)=2.100\,9$$

于是 $\mu_2-\mu_1$ 的置信下限为

$$\bar{y}-\bar{x}-t_{\frac{\alpha}{2}}(n_1+n_2-2)S_w\sqrt{\frac{1}{n_1}+\frac{1}{n_2}}=9$$

$\mu_2-\mu_1$ 的置信上限为

$$\bar{y}-\bar{x}+t_{\frac{\alpha}{2}}(n_1+n_2-2)S_w\sqrt{\frac{1}{n_1}+\frac{1}{n_2}}=51$$

故不施磷肥和施磷肥平均亩产之差置信区间是(9,51). 由于置信下限大于 0,所以可以认为 $\mu_2>\mu_1$,且施磷肥和不施磷肥平均亩产最少相差 9 斤,最多相差 51 斤.

3. 两个正态总体方差比的置信区间

设有两个正态总体 $N(\mu_1,\sigma_1^2)$,$N(\mu_2,\sigma_2^2)$,其中的参数都未知,现从这两个总体中分别抽取容量为 n_1,n_2 的两个独立样本,得样本方差分别为 S_1^2 和 S_2^2,下面对方差之比 $\frac{\sigma_1^2}{\sigma_2^2}$ 做区间估计.

我们仅讨论两总体均值 μ_1,μ_2 为未知的情况. 由于

$$\frac{(n_1-1)S_1^2}{\sigma_1^2}\sim\chi^2(n_1-1),\ \frac{(n_2-1)S_2^2}{\sigma_2^2}\sim\chi^2(n_2-1)$$

且两样本相互独立,由 F 分布定义知

$$\frac{\dfrac{(n_1-1)S_1^2}{\sigma_1^2(n_1-1)}}{\dfrac{(n_2-1)S_2^2}{\sigma_2^2(n_2-1)}}=\frac{\dfrac{S_1^2}{\sigma_1^2}}{\dfrac{S_2^2}{\sigma_2^2}}\sim F(n_1-1,\ n_2-1),$$

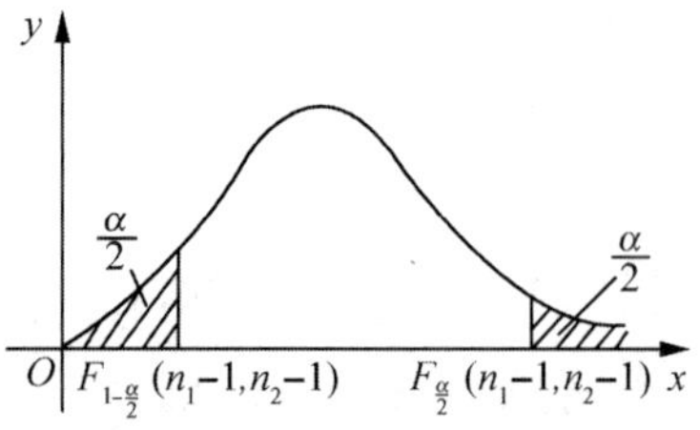

图 7.4

给定置信度 $1-\alpha$,查附录 7 得分位数 $F_{1-\frac{\alpha}{2}}(n_1-1,n_2-1)$ 和 $F_{\frac{\alpha}{2}}(n_1-1,n_2-1)$(见图 7.4),使

$$P\left\{F_{1-\frac{\alpha}{2}}(n_1-1,n_2-1)<\frac{\dfrac{S_1^2}{\sigma_1^2}}{\dfrac{S_2^2}{\sigma_2^2}}<F_{\frac{\alpha}{2}}(n_1-1,n_2-1)\right\}=1-\alpha$$

因此,方差比 $\frac{\sigma_1^2}{\sigma_2^2}$ 的置信度 $1-\alpha$ 的置信区间为

$$\left(\frac{S_1^2}{S_2^2}\cdot\frac{1}{F_{\frac{\alpha}{2}}(n_1-1,n_2-1)},\ \frac{S_1^2}{S_2^2}\cdot\frac{1}{F_{1-\frac{\alpha}{2}}(n_1-1,n_2-1)}\right)$$

方差比的置信区间的含义是：若$\frac{\sigma_1^2}{\sigma_2^2}$的置信上限小于 1，则说明总体 $N(\mu_1,\sigma_1^2)$的波动性较小；若$\frac{\sigma_1^2}{\sigma_2^2}$的置信下限大于 1，则说明总体 $N(\mu_1,\sigma_1^2)$的波动性较大；若置信区间包含 1，则难以从这次试验中比较判定两个总体波动性的大小.

例 5　有两位化验员 A，B，他们独立地对某种聚合物的含氧量用相同的方法分别做了 9 次和 10 次测定，其测定值的样本方差依次为 $S_1^2=0.541\,9$ 和 $S_2^2=0.606\,5$. 设 σ_1^2,σ_2^2 分别为 A，B 所测定值的总体的方差，又设总体均为正态的，求方差比$\frac{\sigma_1^2}{\sigma_2^2}$置信度为 0.95 的置信区间.

解　由题设知 $n_1=9,n_2=10,S_1^2=0.541\,9,S_2^2=0.606\,5,1-\alpha=0.95$.

查附录 7 得

$$F_{\frac{\alpha}{2}}(n_1-1,n_2-1)=F_{0.025}(8,9)=4.10$$

$$F_{1-\frac{\alpha}{2}}(n_1-1,n_2-1)=F_{0.975}(8,9)=\frac{1}{F_{0.025}(9,8)}=\frac{1}{4.36}$$

故方差比$\frac{\sigma_1^2}{\sigma_2^2}$的置信度为 0.95 的置信区间为

$$\left(\frac{1}{4.10}\times\frac{0.541\,9}{0.606\,5},\ 4.36\times\frac{0.541\,9}{0.606\,5}\right)=(0.217\,9,\ 3.895\,6)$$

可见置信区间包含 1，即 A，B 所测定值的总体方差没有显著差异，难以从这次试验中比较判断两人所测定值的波动性的大小.

本章小结

1. 理解并掌握矩估计法(一阶、二阶).

2. 理解并掌握极大似然估计法，特别是掌握似然函数的构造，从而极大似然估计值就是似然函数的最大值点.

3. 了解估计量的无偏性、有效性、相合性的概念，会验证简单的估计量的无偏性和有效性. 理解估计量和估计值的区别和联系.

4. 参数的区间估计主要是紧密结合第 6 章与正态分布相关的诸统计量在某区域上取值的概率为置信度，从而该统计量中的参数也就确定了其取值的“范围”，这个“范围”就是它的区间估计.

5. 要求重点掌握并熟记单个正态总体在方差已知与未知时的均值的置信区间及单个正态总体均值未知时方差的置信区间；掌握两个正态总体均值未知时方差比的置信区间；了解两个正态总体的均值差的置信区间.

习题七

一、解答题

1. 设 $X_1,\cdots,X_n$ 为总体的一个样本,总体分布的概率密度为

$$f(x)=\begin{cases}\theta c^{\theta}x^{-(\theta+1)}, & x>c\\ 0, & x\leqslant c\end{cases}$$

其中 $c>0$,且为已知参数,$\theta>1$,θ 为未知参数.

(1) 求未知参数 θ 的矩估计量;

(2) 求未知参数 θ 的极大似然估计量.

2. 设总体 X 具有几何分布,它的分布列为

$$P\{X=k\}=(1-p)^{k-1}p,\ k=1,2,\cdots$$

(1) 求未知参数 p 的矩估计量;

(2) 求未知参数 p 的极大似然估计量.

3. 设总体分布的概率密度函数为

$$f(x)=\begin{cases}\dfrac{x}{\theta^2}\mathrm{e}^{-\frac{x^2}{(2\theta^2)}}, & x>0\\ 0, & x\leqslant 0\end{cases}$$

其中 $\theta>0$,且为未知参数,求未知参数 θ 的极大似然估计量.

4. 设总体分布的概率密度函数为

$$f(x)=\begin{cases}\dfrac{1}{\theta}\mathrm{e}^{-\frac{(x-\mu)}{\theta}}, & x>\mu\\ 0, & x\leqslant \mu\end{cases}$$

其中 $\theta>0$,θ,μ 均为未知参数.试求:

(1) θ 和 μ 的矩估计量;

(2) θ 和 μ 的极大似然计量.

5. 一地质学家为研究某湖滩地区岩石成分,自该地区随机地取 100 个样品进行观察,假设这 100 次观察相互独立.每个样品有 10 块石子,记录每个样品中属石灰石的石子数,并且由过去的经验知,它们都服从二项分布 $B(10,p)$,p 是该地区一块石子是石灰石的概率.求 p 的极大似然估计值.

该地质学家所得的数据如下表:

样品中属石灰石的石子数	0	1	2	3	4	5	6	7	8	9	10
观察到石灰石的样品个数	0	1	6	7	23	26	21	12	3	1	0

6. 设总体 X 服从正态分布 $N(\mu,1)$. X_1,X_2 是从此总体中抽取的一个样本,试验证下面三个估计量:

(1) $\hat{\mu}_1=\frac{2}{3}X_1+\frac{1}{3}X_2$;

(2) $\hat{\mu}_2=\frac{3}{4}X_1+\frac{1}{4}X_2$;

(3) $\hat{\mu}_3=\frac{1}{2}X_1+\frac{1}{2}X_2$

都是 μ 的无偏估计量，并求出每个估计量的方差，试确定哪一个方差最小.

7. 设总体 $X\sim N(\mu,\sigma^2)$，$X_1,\cdots,X_n$ 是来自总体 X 的一个样本. 试确定常数 c，使 $c\sum_{i=1}^{n-1}(X_{i+1}-X_i)^2$ 为 σ^2 的无偏估计.

8. 设 $\hat{\theta}$ 是参数 θ 的无偏估计量，且有 $D\hat{\theta}>0$. 试证 $(\hat{\theta})^2$ 不是 θ^2 的无偏估计量.

9. 试证均匀分布

$$f(x)=\begin{cases}\frac{1}{\theta}, & 0\leqslant x\leqslant\theta\\ 0, & \text{其他}\end{cases}$$

中未知参数 θ 的极大似然值估计量不是无偏的.

10. 从均值为 μ、方差为 $\sigma^2>0$ 的总体中，分别抽取容量为 n_1,n_2 的两个独立样本. $\overline{X}_1$ 和 $\overline{X}_2$ 分别是两样本的均值. 试证对于任意常数 $a,b(a+b=1)$，$Y=a\overline{X}_1+b\overline{X}_2$ 都是 μ 的无偏估计，并确定常数 a,b，使 DY 达到最小.

11. 从一批电子管中抽取 100 只，若抽取的电子管的平均寿命为 1 000 h，标准差为 40 h，试求整批电子管的平均寿命的置信区间(给定置信度为 0.95).

12. 设某种清漆的 9 个样品的干燥时间(单位:h)分别为 6.0，5.7，5.8，6.5，7.0，6.3，5.6，6.1，5.0. 设干燥时间总体服从正态分布 $N(\mu,\sigma^2)$，试就下述两种情况求 μ 的置信度为 0.95 的置信区间：

(1) 若由以往的经验知 $\sigma=0.6$；

(2) 若 σ 为未知.

13. 对方差 σ^2 为已知的正态分布总体来说，问抽取容量 n 为多大的样本，才能使总体期望值 μ 的置信度为 $1-\alpha$ 的置信区间的长度不大于 L.

14. 有一大批糖果，现从中随机地抽取 14 袋，称得其质量(单位:g)如下：

508	499	503	504	510	497	512
505	493	496	506	502	509	496

设袋装糖果质量近似服从正态分布，试求总体标准差 σ 的置信度为 0.95 的置信区间.

15. 随机地从 A 批导线中抽取 4 根，又从 B 批导线中抽取 5 根，测得的电阻(单位：Ω)如下表：

A批导线	0.143	0.142	0.143	0.137	
B批导线	0.140	0.142	0.136	0.138	0.140

设测定数据分别来自总体 $N(\mu_1,\sigma^2)$ 和 $N(\mu_2,\sigma^2)$，且两样本独立，又 μ_1,μ_2,σ^2 均未知，求 $\mu_1-\mu_2$ 的置信度为 0.95 的置信区间.

16. 研究机器 A 和机器 B 生产的钢管内径. 随机抽取机器 A 生产的钢管 18 只，测得样本方差 $S_1^2=0.34\ \text{mm}^2$；抽取机器 B 生产的钢管 13 只，测得样本方差 $S_2^2=0.29\ \text{mm}^2$. 设两样本独立，且机器 A 和机器 B 生产的钢管内径分别服从正态分布 $N(\mu_1,\sigma_1^2)$，$N(\mu_2,\sigma_2^2)$，这里 $\mu_i,\sigma_i^2(i=1,2)$ 均未知，试求方差比 $\dfrac{\sigma_1^2}{\sigma_2^2}$ 的置信度为 0.90 的置信区间.

二、选择题

17. 设一批零件的长度服从正态分布 $N(\mu,\sigma^2)$，其中 μ,σ^2 均未知. 现在从中抽取 16 个零件，测得样本均值 $\bar{x}=20$ cm，样本标准差 $S=1$ cm，则 μ 的置信度为 0.90 的置信区间为(　　).

A. $\left(20-\dfrac{1}{4}t_{0.05}(16),\ 20+\dfrac{1}{4}t_{0.05}(16)\right)$

B. $\left(20-\dfrac{1}{4}t_{0.1}(16),\ 20+\dfrac{1}{4}t_{0.1}(16)\right)$

C. $\left(20-\dfrac{1}{4}t_{0.05}(15),\ 20+\dfrac{1}{4}t_{0.05}(15)\right)$

D. $\left(20-\dfrac{1}{4}t_{0.1}(15),\ 20+\dfrac{1}{4}t_{0.1}(15)\right)$

18. 设 $X_1,X_2,\cdots,X_n$ 为总体 X 的一个样本，$DX_1=\sigma^2$，$\overline{X}=\dfrac{1}{n}\sum\limits_{k=1}^{n}X_k$，$S^2=\dfrac{1}{n-1}\sum\limits_{k=1}^{n}(X_k-\overline{X})^2$，则(　　).

A. S 是 σ 的无偏估计量　　B. S 是 σ 的极大似然估计量

C. S 是 σ 的一致估计量　　D. S 与 $\overline{X}$ 相互独立

三、填空题

19. 设总体 X 的概率分布为

X	0	1	2	3
P	θ^2	$2\theta(1-\theta)$	θ^2	$1-2\theta$

其中 θ $\left(0<\theta<\dfrac{1}{2}\right)$ 是未知参数，假设总体 X 有如下的样本值：3,1,3,0,3,1,2,3. 则 θ 的

矩估计值为________,极大似然估计值为________.

20. 设总体 X 的概率密度为

$$f(x;\theta)=\begin{cases} e^{-(x-\theta)}, & x\geqslant\theta \\ 0, & x<\theta \end{cases}$$

若 $X_1,X_2,\cdots,X_n$ 为总体的一个样本,则未知参数 θ 的矩估计量为________.

21. 设随机变量 X 的分布函数为

$$F(x,\alpha,\beta)=\begin{cases} 1-\left(\dfrac{\alpha}{x}\right)^{\beta}, & x>\alpha \\ 0, & x\leqslant\alpha \end{cases}$$

其中参数 $\alpha>0,\beta>1$. 若 $X_1,X_2,\cdots,X_n$ 为总体的一个样本,则当 $\alpha=1$ 时,参数 β 的矩估计量为________;当 $\alpha=1$ 时,参数 β 的极大似然估计量为________;当参数 $\beta=2$ 时,参数 α 的极大似然估计量为________.

22. 从正态总体 $X\sim N(\mu,0.9^2)$ 中抽取一容量为 9 的样本,测得样本均值 $\bar{x}=5$,则未知参数 μ 的置信度为 0.98 的置信区间为________________.

23. 已知一批零件的长度 X(单位:cm)服从正态分布 $N(\mu,1)$. 现在从中随机抽取 16 个零件,得到长度的平均值为 40 cm,则 μ 的置信度为 0.95 的置信区间是________________.

24. 假设 0.50,1.25,0.80,2.00 是来自总体 X 的样本值. 已知 $Y=\ln X$ 服从正态分布 $N(\mu,1)$,则 $EX=$________(用 μ 表示),μ 的置信度为 0.95 的置信区间为____________,EX 的置信度为 0.95 的置信区间为____________.

25. 设总体 X 的概率密度为 $f(x)=\dfrac{1}{2}e^{-|x|}(-\infty<x<+\infty)$,$X_1,X_2,\cdots,X_n$ 为总体的一个样本,记 S^2 为样本方差,则 $ES^2=$________.

26. 设总体 X 服从正态分布 $N(\mu_1,\sigma^2)$,总体 Y 服从正态分布 $N(\mu_2,\sigma^2)$,$X_1,X_2,\cdots,X_{n_1}$ 和 $Y_1,Y_2,\cdots,Y_{n_2}$ 分别是来自总体 X 和 Y 的样本,则

$$E\left(\frac{\sum_{k=1}^{n_1}(X_k-\overline{X})^2+\sum_{k=1}^{n_2}(Y_k-\overline{Y})^2}{n_1+n_2-2}\right)=\_\_\_\_\_\_\_\_.$$

第8章 假设检验

教学目标

(1) 理解假设检验的相关概念,如显著性水平、原假设、备择假设、拒绝域、接受域;
(2) 掌握假设检验的基本步骤,理解弃真错误和取伪错误;
(3) 掌握单个正态总体方差已知与方差未知时均值的假设检验及计算;
(4) 掌握单个正态总体均值未知时总体方差的假设检验及计算;
(5) 掌握两个正态总体的均值相等和方差相等的假设检验及计算.

教学要求

知识要点	能力要求	相关知识
基本概念	理解假设检验的相关概念	显著性水平、原假设、备择假设、检验统计量、接受域、拒绝域、两类错误的概念
常见假设检验与计算	(1) 掌握单个正态总体方差已知与方差未知时均值的假设检验及计算; (2) 掌握单个正态总体均值未知时总体方差的假设检验及计算; (3) 掌握两个正态总体的均值相等和方差相等的假设检验及计算	(1) 单个正态总体方差已知与方差未知时均值的假设检验及计算; (2) 单个正态总体均值未知时总体方差的假设检验及计算; (3) 两个正态总体的均值相等和方差相等的假设检验及计算

引例

问题1 某种电子元件的寿命X(单位:h)服从正态分布$N(\mu,\sigma^2)$,μ,σ^2均未知.现测得16只元件的寿命如下:

159 280 101 212 224 379 179 264
362 168 250 149 260 485 170 222

问是否有理由认为元件的平均寿命等于 225(h)?

问题 2 为研究正常成年人男女血液中红细胞的平均数之差，检查某地正常成年男子 156 名，正常成年女子 74 名，计算得男性红细胞的平均数为 465.13 万/mm^3，样本标准差为 54.80 万/mm^3；女性红细胞的平均数为 422.16 万/mm^3，样本标准差为 49.20 万/mm^3. 由经验知道正常成年人男女血液中红细胞数均服从正态分布，且方差相同. 那么，该地正常成年人红细胞的平均数是否与性别有关?

本章引言

假设检验是指在总体上做某项假设，用从总体中随机抽取的一个样本来检验此项假设是否成立. 假设检验可分为两类：一类是总体形式未知，对总体分布做某种假设. 例如，假设总体服从泊松分布，用样本来检验假设是否成立，此类检验为**分布假设检验**. 另一类是总体分布形式已知，为了推断总体的某些性质，对其参数做某种假设，一般对数字特征做假设，用样本来检验此项假设是否成立，称此类检验为**参数假设检验**. 上述引例中的两个问题就是从正态总体中抽取样本，测得样本的相关数据，然后对总体的参数进行检验的问题. 参数假设检验的基本思想是对参数做出一个假设，然后构造统计量并根据假设进行计算，如果该假设没有导致小概率事件的发生，就接受这个假设；如果该假设导致了小概率事件的发生，就拒绝这个假设. 在这里，认为小概率事件在一次试验中不会发生. 在本章的学习中，要注意针对不同的问题选取统计量，小概率事件是如何利用统计量的上侧 α 分位数构造的. 本章只讨论参数假设检验问题.

8.1 假设检验的基本概念

8.1.1 假设检验的概念

例 1 某茶叶厂用自动包装机将茶叶装袋，每袋的标准质量规定为 100 g. 每天开工时，需要检验一下包装机工作是否正常. 根据以往的经验知道，用自动包装机装袋质量服从正态分布，装袋质量的标准差 $\sigma=1.15$ g. 某日开工后，抽测了 9 袋，其质量(单位：g)如下：

99.3 98.7 100.5 101.2 98.3 99.7 99.5 102.1 100.5

试问此包装机工作是否正常?

解 设茶叶装袋质量为 X(单位：g)，$X\sim N(\mu,1.15^2)$. 现在的问题是茶叶袋的平均质量是否为 100 g，即假设 $\mu=100$，记作 $H_0:\mu=100$，记备择假设 $H_1:\mu\neq100$.

如果这个假设 H_0 成立，则 $X\sim N(100,1.15^2)$，取统计量

$$U=\frac{\overline{X}-100}{\frac{1.15}{\sqrt{9}}}$$

已知 $U=\frac{\overline{X}-100}{\frac{1.15}{\sqrt{9}}}\sim N(0,1)$，于是

$$P\{|U|\geqslant u_{\frac{\alpha}{2}}\}=\alpha$$

其中 $0<\alpha<1$. 当 α 很小时，比如 $\alpha=0.05$，事件

$$\left\{\left|\frac{\overline{X}-100}{\frac{1.15}{\sqrt{9}}}\right|\geqslant u_{0.025}\right\}$$

是一个小概率事件. 由附录 3 查得 $u_{0.025}=1.96$，又由 $\bar{x}=99.98$，得统计量 U 的观察值

$$u=\frac{\bar{x}-100}{\frac{1.15}{\sqrt{9}}}=-0.052$$

由于 $|u|=0.052<1.96$，所以小概率事件 $\left\{\left|\frac{\overline{X}-100}{\frac{1.15}{\sqrt{9}}}\right|\geqslant u_{0.025}\right\}$ 没有发生，因而可认为原来的假设成立，即 $\mu=100$.

如果抽测 9 袋茶叶的平均质量为 $\bar{x}=101$ g，此时得统计量 U 的观察值

$$u=\frac{\bar{x}-100}{\frac{1.15}{\sqrt{9}}}=2.61>1.96=u_{0.025}$$

于是小概率事件 $\left\{\left|\frac{\overline{X}-100}{\frac{1.15}{\sqrt{9}}}\right|\geqslant u_{0.025}\right\}$ 发生了. 那么就应该认为原来的假设不成立，即 $\mu\neq100$.

上述分析方法中，先假设 H_0 成立，然后在这个结论成立的条件下进行推断. 如果矛盾，则推翻原来的假设 H_0. 这里运用一条原则(统计推断原理)：小概率事件在一次试验中不大可能发生；若小概率事件在一次试验中发生了，则认为原来的假设 H_0 不成立.

一般称 H_0 为**原假设**. 给定的数 $\alpha(0<\alpha<1)$ 称为**显著性水平**，通常取 $\alpha=0.01, 0.05, 0.10$ 等.

把拒绝原假设 H_0 的区域称为**拒绝域**. 本节例 1 中拒绝域为 $|U|\geqslant1.96$. 把接受原假设 H_0 的区域称为**接受域**(即拒绝域以外的区域). 本节例 1 中接受域为 $|U|<1.96$.

如果根据样本值计算出统计量的观察值落入拒绝域，则认为原来的假设 H_0 不成立，称为在显著性水平 α 下拒绝 H_0；否则认为 H_0 成立，称为在显著性水平 α 下接受 H_0.

根据上述讨论，将假设检验的一般步骤归纳如下：

(1) 建立原假设 H_0(备择假设 H_1)；

(2) 根据检验对象，构造适当的统计量 $g(X_1,\cdots,X_n)$；

(3) 在 H_0 成立的条件下，确定统计量 $g(X_1,\cdots,X_n)$的分布；

(4) 由显著性水平 α 确定临界值，从而得到拒绝域或接受域；

(5) 根据样本值计算统计量的观察值，由此做出接受原假设或拒绝原假设的结论.

8.1.2　两类错误

假设检验是依据局部样本对总体进行推断，由于样本的随机性和局部性，这种推断难免会做出错误的判断. 通常可能犯如下两类错误：一种是当假设 H_0 为真时，依据样本的一次观察做出拒绝 H_0 的结论；另一种是当 H_0 实际不真时，却做出了接受 H_0 的结论. 前者称为第一类错误，又叫弃真错误；而后者称为第二类错误，又叫取伪错误. 显然，由前面的讨论可知，犯第一类错误的概率即为给定的显著性水平 α.

如果用 β 表示犯第二类错误的概率，则在实际应用中，往往希望 α,β 越小越好.

但事实上当样本容量给定后，犯两类错误的概率不可能同时减小，减小其中一个，往往会增加犯另一类错误的概率. 要使它们同时减小，只有不断增大样本容量，而这在实际中往往是不易甚至根本不可能做到的. 因此，在实际应用中，往往根据实际需要适当地选取 α 和 β.

8.2　正态总体均值的假设检验

8.2.1　单个总体 $N(\mu,\sigma^2)$的均值 μ 的检验

1. σ^2 已知，关于 μ 的 u 检验

设总体 $X\sim N(\mu,\sigma^2)$，σ^2 已知，$X_1,\cdots,X_n$ 为来自该总体的样本，在原假设 $H_0:\mu=\mu_0$ 下，给定显著性水平 $\alpha(0<\alpha<1)$，统计量 $U=\dfrac{\overline{X}-\mu}{\dfrac{\sigma}{\sqrt{n}}}=\dfrac{\overline{X}-\mu_0}{\dfrac{\sigma}{\sqrt{n}}}\sim N(0,1)$，于是有分位数 $u_{\frac{\alpha}{2}}$，使

$$P\{|U|\geqslant u_{\frac{\alpha}{2}}\}=\alpha$$

当统计量 U 的观察值 $u=\dfrac{\bar{x}-\mu_0}{\dfrac{\sigma}{\sqrt{n}}}$满足不等式

$$|u|=\left|\frac{\bar{x}-\mu_0}{\dfrac{\sigma}{\sqrt{n}}}\right|\geqslant u_{\frac{\alpha}{2}}$$

时，就拒绝 $H_0:\mu=\mu_0$.

这种利用服从标准正态分布的统计量的检验法叫作 **u 检验法.**

2. σ^2 未知,关于 μ 的 t 检验

设总体 $X\sim N(\mu,\sigma^2)$,σ^2 未知,$X_1,\cdots,X_n$ 为来自该总体的样本,在原假设 $H_0:\mu=\mu_0$ 下,给定显著性水平 $\alpha(0<\alpha<1)$,统计量 $T=\dfrac{\overline{X}-\mu}{\frac{S}{\sqrt{n}}}=\dfrac{\overline{X}-\mu_0}{\frac{S}{\sqrt{n}}}\sim t(n-1)$,于是有分位数 $t_{\frac{\alpha}{2}}(n-1)$,使

$$P\{|T|\geqslant t_{\frac{\alpha}{2}}(n-1)\}=\alpha$$

当统计量 T 的观察值 $t=\dfrac{\overline{x}-\mu_0}{\frac{s}{\sqrt{n}}}$满足不等式

$$|t|=\left|\frac{\overline{x}-\mu_0}{\frac{s}{\sqrt{n}}}\right|\geqslant t_{\frac{\alpha}{2}}(n-1)$$

时,就拒绝假设 $H_0:\mu=\mu_0$.

这种利用服从 t 分布的统计量的检验法叫作 **t 检验法.**

例 1 某种电子元件的寿命 X(单位:h)服从正态分布 $N(\mu,\sigma^2)$,μ,σ^2 均未知.现测得 16 只元件的寿命如下:

159	280	101	212	224	379	179	264
362	168	250	149	260	485	170	222

问是否有理由认为元件的平均寿命等于 225(h)($\alpha=0.05$).

解 提出假设 $H_0:\mu=\mu_0=225$.取 $\alpha=0.05$,查 t 分布表得

$$t_{\frac{\alpha}{2}}(n-1)=t_{0.025}(15)=2.131\,5$$

使

$$P\left\{\left|\frac{\overline{X}-\mu_0}{\frac{S}{\sqrt{n}}}\right|\geqslant t_{\frac{\alpha}{2}}(n-1)\right\}=\alpha$$

由于 $\overline{x}=241.5$,$S=98.725\,9$,$n=16$,所以统计量 $T=\dfrac{\overline{X}-\mu_0}{\frac{S}{\sqrt{n}}}$的观察值满足不等式

$$|t|=\left|\frac{\overline{x}-\mu_0}{\frac{s}{\sqrt{n}}}\right|=0.668\,5<2.131\,5=t_{0.025}(15)$$

故接受 $H_0:\mu=\mu_0=225$,认为元件的平均寿命与 225(h)无明显差异.

8.2.2 两个正态总体均值差的检验

设 $X_1,\cdots,X_{n_1}$ 是 $N(\mu_1,\sigma^2)$的样本,$Y_1,\cdots,Y_{n_2}$ 是 $N(\mu_2,\sigma^2)$的样本,且两个样本相互

独立.它们的样本均值及样本方差分别记为$\overline{X}$,$\overline{Y}$及S_1^2,S_2^2,又设μ_1,μ_2,σ^2均未知(注:这里假定两个总体的方差是相等的,即$\sigma^2=\sigma_1^2=\sigma_2^2$).

假设$H_0:\mu_1=\mu_2$.

取统计量

$$T=\frac{(\overline{X}-\overline{Y})-0}{S_w\sqrt{\frac{1}{n_1}+\frac{1}{n_2}}}$$

其中

$$S_w^2=\frac{(n_1-1)S_1^2+(n_2-1)S_2^2}{n_1+n_2-2}$$

当H_0为真时,$T\sim t(n_1+n_2-2)$.

对给定的显著性水平α,查t分布表确定$t_{\frac{\alpha}{2}}(n_1+n_2-2)$,使

$$P\left\{\frac{|\overline{X}-\overline{Y}|}{S_w\sqrt{\frac{1}{n_1}+\frac{1}{n_2}}}\geqslant t_{\frac{\alpha}{2}}(n_1+n_2-2)\right\}=\alpha$$

根据抽样值求得$\bar{x}$,$\bar{y}$,S_1^2,S_2^2,进而求得S_w和统计量T的观察值

$$t=\frac{\bar{x}-\bar{y}}{s_w\sqrt{\frac{1}{n_1}+\frac{1}{n_2}}},$$

当$|t|\geqslant t_{\frac{\alpha}{2}}(n_1+n_2-2)$时,拒绝$H_0$;

当$|t|<t_{\frac{\alpha}{2}}(n_1+n_2-2)$时,接受$H_0$.

例 2 为研究正常成年人男女血液中红细胞的平均数之差,检查某地正常成年男子156名,正常成年女子74名,计算得:男性红细胞的平均数为465.13万/mm³,样本标准差为54.80万/mm³;女性红细胞的平均数为422.16万/mm³,样本标准差为49.20万/mm³.由经验知道正常成年人男女血液中红细胞数均服从正态分布,且方差相同.试检验该地正常成年人红细胞的平均数是否与性别有关($\alpha=0.01$).

解 设X表示正常成年男性红细胞数,Y表示正常成年女性红细胞数.

现假设$H_0:\mu_1=\mu_2$,由题设知

$$n_1=156,\bar{x}=465.13,S_1=54.80$$

$$n_2=74,\bar{y}=422.16,S_2=49.20$$

由$\alpha=0.01$,查表得

$$t_{\frac{\alpha}{2}}(n_1+n_2-2)=t_{0.005}(228)=2.60,\ S_w\sqrt{\frac{1}{n_1}+\frac{1}{n_2}}=7.49$$

则

$$\frac{|\bar{x}-\bar{y}|}{s_w\sqrt{\frac{1}{n_1}+\frac{1}{n_2}}}=\frac{42.97}{7.49}=5.74>2.60=t_{0.005}(228)$$

因此拒绝 H_0，即认为正常成年男女红细胞数有显著性差异.

8.3 正态总体的方差的假设检验

8.3.1 单个正态总体方差 σ^2 的检验——χ^2 检验

设总体 $X\sim N(\mu,\sigma^2)$，μ,σ^2 均未知，$X_1,\cdots,X_n$ 为来自该总体的一个样本. 在显著性水平 α 下检验假设

$$H_0:\sigma^2=\sigma_0^2(\sigma_0^2\text{为已知常数})$$

当 H_0 为真时，$\dfrac{(n-1)S^2}{\sigma_0^2}\sim\chi^2(n-1)$.

对给定 α，查附录 5 确定分位数 $\chi^2_{\frac{\alpha}{2}}(n-1)$ 和 $\chi^2_{1-\frac{\alpha}{2}}(n-1)$，则有

$$P\left\{\frac{(n-1)S^2}{\sigma_0^2}\leqslant\chi^2_{1-\frac{\alpha}{2}}(n-1)\right\}=\frac{\alpha}{2}$$

$$P\left\{\frac{(n-1)S^2}{\sigma_0^2}\geqslant\chi^2_{\frac{\alpha}{2}}(n-1)\right\}=\frac{\alpha}{2}$$

若不等式

$$\frac{(n-1)s^2}{\sigma_0^2}\leqslant\chi^2_{1-\frac{\alpha}{2}}(n-1)$$

或

$$\frac{(n-1)s^2}{\sigma_0^2}\geqslant\chi^2_{\frac{\alpha}{2}}(n-1)$$

成立，就拒绝 H_0；否则，就接受 H_0.

这种利用服从 χ^2 分布的统计量的检验法叫作 χ^2 **检验法**.

例 1 一工厂生产某种型号的电池，其寿命长期以来服从方差为 $\sigma^2=5000(\text{h}^2)$ 的正态分布. 现有一批这种电池，从生产情况来看，寿命的波动性有所改变，现随机抽取 26 只电池测得其寿命的样本方差 $S^2=9200(\text{h}^2)$. 问根据这一数据能否推断这批电池的寿命的波动性较以往有显著变化($\alpha=0.02$).

解 依题意，在显著性水平 $\alpha=0.02$ 下检验假设

$$H_0:\sigma^2=5000$$

由 $n=26$，$\alpha=0.02$，查附录 5 得

$$\chi^2_{\frac{\alpha}{2}}(n-1)=\chi^2_{0.01}(25)=44.314$$

$$\chi^2_{1-\frac{\alpha}{2}}(n-1)=\chi^2_{0.99}(25)=11.524$$

将 $\sigma_0^2=5000$ 和抽样所得 $S^2=9200$ 代入 $\dfrac{(n-1)S^2}{\sigma_0^2}$ 计算得

$$\frac{(n-1)S^2}{\sigma_0^2}=46>44.314=\chi^2_{0.01}(25)$$

所以拒绝 H_0，即认为电池的寿命的波动性较以往有显著变化.

8.3.2 两个正态总体方差相等的检验——F 检验

设 $X_1,\cdots,X_{n_1}$ 是总体 $N(\mu_1,\sigma_1^2)$ 的样本，$Y_1,\cdots,Y_{n_2}$ 是总体 $N(\mu_2,\sigma_2^2)$ 的样本，且两样本相互独立. 它们的样本方差分别为 S_1^2,S_2^2.

假设 $H_0:\sigma_1^2=\sigma_2^2$.

由于

$$\frac{(n_1-1)S_1^2}{\sigma_1^2}\sim\chi^2(n_1-1),\ \frac{(n_2-1)S_2^2}{\sigma_2^2}\sim\chi^2(n_2-1)$$

所以

$$\frac{\frac{S_1^2}{\sigma_1^2}}{\frac{S_2^2}{\sigma_2^2}}\sim F(n_1-1,n_2-1)$$

当 H_0 为真，即 $\sigma_1^2=\sigma_2^2$ 时，

$$\frac{S_1^2}{S_2^2}\sim F(n_1-1,n_2-1)$$

对给定的显著性水平 α，查附录 7 确定分位数 $F_{1-\frac{\alpha}{2}}(n_1-1,n_2-1)$ 和 $F_{\frac{\alpha}{2}}(n_1-1,n_2-1)$，则有

$$P\left\{F_{1-\frac{\alpha}{2}}(n_1-1,n_2-1)<\frac{S_1^2}{S_2^2}<F_{\frac{\alpha}{2}}(n_1-1,n_2-1)\right\}=1-\alpha$$

根据所得样本计算样本方差的观察值 s_1^2,s_2^2，若满足不等式

$$F_{1-\frac{\alpha}{2}}(n_1-1,n_2-1)<\frac{s_1^2}{s_2^2}<F_{\frac{\alpha}{2}}(n_1-1,n_2-1)$$

则接受 H_0；否则就拒绝 H_0.

这种利用服从 F 分布的统计量的检验法称为 **F 检验法.**

例 2 在 8.2 节例 2 中假设成年男女红细胞数的分布方差相等，检验假设 H_0：$\sigma_1^2=\sigma_2^2$.

解 由于 $n_1=156,n_2=74,S_1=54.80,S_2=49.20$.

在假设 $H_0:\sigma_1^2=\sigma_2^2$ 下，统计量 $F=\frac{S_1^2}{S_2^2}\sim F(155,73)$.

给定显著性水平 $\alpha=0.01$，查附录 7 得

$$F_{\frac{\alpha}{2}}(n_1-1,n_2-1)=F_{0.005}(155,73)=1.83$$

$$F_{1-\frac{\alpha}{2}}(n_1-1,n_2-1)=\frac{1}{F_{\frac{\alpha}{2}}(n_2-1,n_1-1)}=\frac{1}{F_{0.005}(73,155)}=\frac{1}{1.75}=0.57$$

算得统计量 F 的观察值为

$$\frac{s_1^2}{s_2^2}=\frac{(54.80)^2}{(49.20)^2}=1.24\in(0.57,1.83)$$

所以接受 H_0，即认为正常成年男女红细胞数分布的方差无显著性差异.

本章小结

1. 理解假设检验的基本思想与基本原理，理解假设检验的相关概念，如显著性水平、原假设、备择假设、拒绝域、接受域，掌握假设检验的基本步骤；理解弃真错误和取伪错误.

2. 掌握单个正态总体方差已知与方差未知时均值的假设检验及计算.

3. 掌握单个正态总体均值未知时总体方差的假设检验及计算.

4. 掌握两个正态总体的均值相等和方差相等的假设检验及计算.

习 题 八

一、解答题

1. 设某种产品的指标服从正态分布，它的标准差 $\sigma=150$，今抽取一个容量为 26 的样本，计算得平均值为 1 637. 问在 5% 的显著性水平下，能否认为这批产品的指标的期望值 $\mu=1\,600$.

2. 从正态总体 $N(\mu,1)$ 中抽取 100 个样品，计算得 $\overline{x}=5.32$. 试检验 $H_0:\mu=5$ 是否成立($\alpha=0.05$).

3. 根据资料，用某种旧安眠药时，平均睡眠时间为 20.8 h，标准差为 1.6 h. 有一种新安眠药，据说在一定剂量下，能比旧安眠药平均增加睡眠时间 3 h. 为了检验这个说法是否正确，收集到一组使用新安眠药的睡眠时间(单位：h)为：26.7，22.0，24.1，21.0，27.2，25.0，23.4. 试问：从这组数据能否说明新安眠药已达到新的疗效(假定睡眠时间服从正态分布，$\alpha=0.05$)？

4. 现测定某种溶液中的水分，由其 10 个测定值求得 $\overline{x}=0.452\%$，$S=0.037\%$. 设测定值总体服从正态分布 $N(\mu,\sigma^2)$，试在显著性水平 $\alpha=0.05$ 下，分别检验假设：

(1) $H_0:\mu=0.5\%$；

(2) $H_0:\sigma=0.04\%$.

5. 在 10 块田地上同时试种甲、乙两种品种的农作物，计算得两种品种产量的样本均值和样本标准差分别为 $\overline{x}=30.97$，$\overline{y}=21.79$，$S_x=26.7$，$S_y=21.1$. 试问这两种品种的产量有无显著差异($\alpha=0.05$)？假定两种品种的农作物产量分别服从正态分布，且方差相等.

6. 有甲、乙两台机床加工同样产品，从这两台机床加工的产品中随机抽取若干件，测得产品直径(单位：mm)为

机车甲：20.5　19.8　19.7　20.4　20.1　20.0　19.0　19.9

机车乙：19.7　20.8　20.5　19.8　19.4　20.6　19.2

假定两台机床加工的产品的直径都服从正态分布，且总体方差相等，试比较甲、乙两台机床加工的产品的直径有无显著差异($\alpha=0.05$).

7. 已知维尼纶纤度在正常条件下服从正态分布，且标准差 $\sigma=0.048$. 从某天生产的产品中抽取 5 根纤维，测得其纤度为：1.32，1.55，1.36，1.40，1.44. 问这一天纤度的总体标准差是否正常($\alpha=0.05$)？

8. 某电工器材厂生产一种熔丝，现测量其熔化时间. 依通常情况，方差为 400. 从某天的产品中抽取容量为 25 的样本，测量其熔化时间并计算得 $\bar{x}=62.24$，$S^2=404.77$. 问这天熔丝的熔化时间的方差与通常有无显著差异($\alpha=0.01$)？假定熔化时间服从正态分布.

9. 测得两批电子器件的样品的电阻(单位：Ω)为

A 批：0.140　0.138　0.143　0.142　0.144　0.137

B 批：0.135　0.140　0.142　0.138　0.136　0.140

设这两批器材的电阻值总体分别服从分布 $N(\mu_1,\sigma_1^2)$，$N(\mu_2,\sigma_2^2)$，且两样本独立.

(1) 检验假设 $H_0:\sigma_1^2=\sigma_2^2$(取 $\alpha=0.05$)；

(2) 在(1)的基础上检验假设 $H_0:\mu_1=\mu_2$(取 $\alpha=0.05$).

10. 两位化验员 A 和 B 对一种矿砂的含铁量独立地用同一种方法做分析. A 和 B 分别分析 5 次、7 次，得到样本方差(S^2)分别为 0.432 与 0.500 6. 设两人的测定值的总体都服从正态分布，试在 $\alpha=0.05$ 下检验两位化验员测定值的方差有无显著差异.

二、选择题

11. 设 $X_1,X_2,\cdots,X_n$ 为正态总体 $N(\mu,\sigma^2)$ 的一个样本，$n\geqslant 2$，其中参数 μ 已知，σ^2 未知. 则下列说法正确的是(　　).

A. $\dfrac{\sigma^2}{n}\sum\limits_{k=1}^{n}(X_k-\mu)^2$ 是统计量　　B. $\dfrac{\sigma^2}{n}\sum\limits_{k=1}^{n}X_k^2$ 是统计量

C. $\dfrac{\sigma^2}{n-1}\sum\limits_{k=1}^{n}(X_k-\mu)^2$ 是统计量　　D. $\dfrac{\mu}{n}\sum\limits_{k=1}^{n}X_k^2$ 是统计量

12. 假设总体 $X\sim N(\mu,\sigma^2)$，σ^2 未知. $X_1,X_2,\cdots,X_n$ 为总体的一个样本. 记 $\overline{X}$ 为样本均值，S 为样本标准差，则检验假设 $H_0:\mu_1=\mu_2$；$H_1:\mu_1\neq\mu_2$ 采用的检验统计量为(　　).

A. $\dfrac{\overline{X}-\mu_0}{\sigma}\sqrt{n}\sim N(0,1)$　　B. $\dfrac{\overline{X}-\mu_0}{\sigma}\sqrt{n}\sim t(n-1)$

C. $\dfrac{\overline{X}-\mu_0}{S}\sqrt{n}\sim t(n-1)$　　D. $\dfrac{\overline{X}-\mu_0}{S}\sqrt{n}\sim t(n)$

三、填空题

13. 在 H_0 成立的情况下，样本值落入了拒绝域，因而 H_0 被拒绝，称这种错误为________；在 H_0 不成立的情况下，样本值未落入拒绝域，因而 H_0 被接受，称这种错误为________.

14. 单个正态总体的方差检验：$H_0:\sigma^2=\sigma_0^2$；$H_1:\sigma^2\neq\sigma_0^2$(均值 μ 未知)采用的检验统

计量为____________，在显著性水平α下的拒绝域为____________.

15. 两个正态总体均值的假设检验：$H_0:\mu_1=\mu_2$；$H_1:\mu_1\neq\mu_2$（$\sigma_1^2=\sigma_2^2=\sigma^2$已知）采用的检验统计量为____________，在显著性水平α下的拒绝域为____________. 两个正态总体均值的假设检验：$H_0:\mu_1=\mu_2$；$H_1:\mu_1\neq\mu_2$（$\sigma_1^2=\sigma_2^2$未知）采用的检验统计量为____________，在显著性水平α下的拒绝域为____________.

16. 设$X_1,X_2,\cdots,X_n$为正态总体$N(\mu,\sigma^2)$的一个样本，其中参数μ,σ^2未知. 记$\overline{X}=\frac{1}{n}\sum\limits_{k=1}^{n}X_k,Q^2=\sum\limits_{k=1}^{n}(X_k-\overline{X})^2$，则检验假设$H_0:\mu=0$使用的检验统计量为____________，在$H_0$为真时，该统计量服从________，自由度为________.

第9章　方差分析与回归分析

教学目标

(1) 理解方差分析的概念；

(2) 会用方差分析表进行计算；

(3) 理解线性回归的概念；

(4) 会用最小二乘法求一元线性回归方程，并进行检验和预测.

教学要求

知识要点	能力要求	相关知识
基本概念	(1) 理解方差分析的概念； (2) 理解线性回归的概念	(1) 方差分析的概念； (2) 线性回归的概念
基本计算	(1) 会求具体问题的方差分析表； (2) 会用最小二乘法求一元线性回归方程； (3) 会检验线性假设，利用线性回归方程进行预测	(1) 方差分析表； (2) 一元线性回归； (3) 线性假设的显著性检验和预测

引例

在实际中，往往有多个因素会对同一个事物造成影响，比如供给量、需求量、原材料价格、劳动力成本、居民收入、替代品的价格等都会影响某产品的价格. 在这些因素中，有的影响作用大，有些影响作用有限. 因此，需要分析这些影响因素中哪些是主要的，哪些是次要的. 例如：有三台机器，用来生产规格相同的铝合金薄板. 经取样，测得薄板的厚度(精确至 0.001 cm)如表 9.1 所示(单位：cm).

表 9.1

机器Ⅰ	机器Ⅱ	机器Ⅲ
0.236	0.257	0.258
0.238	0.253	0.264
0.248	0.255	0.259
0.245	0.254	0.267
0.243	0.261	0.262

这里试验的指标是薄板的厚度，机器作为影响因素，不同的三台机器就是这个因素的三个不同的水平. 根据表 9.1 的数据考查机器这一因素对厚度有无显著影响.

本章引言

在科学实验和生产实践中，影响一些事物的因素往往很多. 例如，在药品生产中，有原料成分、原料比例、温度、时间、机器设备、操作人员水平等因素，每一个因素的改变都可能影响产品的质量和数量. 在众多影响因素中，有的影响较大，有的影响较小. 因此，常常需要分析哪几种因素对产品质量和产量有显著影响. 为了解决这类问题，一般需要做两步工作. 第一步是设计一个实验，使得这个实验一方面能很好地反映我们所感兴趣的因素的作用，另一方面实验的次数要尽可能地少，尽可能地节约人力、物力和时间. 其次是如何充分地利用实验结果的信息，对我们所关心的事物(因素的影响)做出合理的推断. 前者通常称为实验设计，后者最常用的统计方法就是方差分析. 方差分析研究考查某个(某些)因素是否会对某个事物有影响及影响的大小；另外，一个因素对事物的影响是不是线性的，如果是线性的，如何描述这个线性关系，如何利用线性关系来对事物的发展做出预测，这是线性回归要研究的内容. 方差分析和回归分析具有广泛应用，本章介绍的是最基本的内容.

9.1 一元方差分析

只有一个因素在改变的试验称为**单因素试验**；多于一个因素在改变的试验称为**多因素试验**.

因素(即影响试验指标的条件)可分为两类：一类是可控因素，如温度、比例、浓度等；一类是不可控因素，如测量误差、气象条件等. 这里所说的因素是可控因素，且称因素所处的不同状态为该因素的不同水平.

例 1 为了比较四种不同肥料对某农作物产量的影响，选用一块肥沃程度和水利灌溉比较均匀的土地，将其分成 16 小块，如表 9.2 所示(按表 9.2 划分土地是为了尽可能减少土地原有肥沃程度及灌溉条件差异的影响，只分析肥料这个因素对产量的影响).

表 9.2

A_1	A_2	A_3	A_4
A_2	A_3	A_4	A_1
A_3	A_4	A_1	A_2
A_4	A_1	A_2	A_3

在表 9.2 中，A_i 表示在一小块土地上施第 i 种肥料. 显然施每种肥料的各有四小块土地，所得产量由表 9.3 给出. 问施肥对该作物的产量有无显著影响，若影响显著，施哪种肥料为好？

表 9.3

肥料种类(A_i)	收获量(x_i)	平均收获量($\bar{x}$)
A_1	98　96　91　96	95.25
A_2	60　69　50　35	53.50
A_3	79　64　81　70	73.50
A_4	90　70　79　88	81.75

例 1 是一个单因素试验，这个因素就是肥料，不同的肥料 A_1, A_2, A_3, A_4 就是这个因素的 4 个水平. 在因素的每一水平下进行独立试验，由表 9.3 中数据可以看出，虽然所施肥料相同，其他生产条件也一样，但相同面积土地的收获量是不相等的. 这说明产量也是一个随机变量. 从表 9.3 中的平均收获量又可以看出，施不同的肥料对收获量是有影响的. 现在判断肥料对作物产量的影响问题，就是要辨别收获量之间的差异主要是由抽样误差造成的还是由肥料的影响造成的.

例 2　设有三台机器，用来生产规格相同的铝合金薄板. 经取样，测得薄板的厚度(精确至 0.001 cm)如表 9.4 所示(单位：cm). 这里试验的指标是薄板的厚度，机器为因素，不同的三台机器就是这个因素的三个不同的水平. 假定除机器这一因素外，材料的规格、操作人员的水平等其他条件都相同. 显然这是单因素试验，试验的目的是为了考查各台机器所生产的厚度有无显著差异，即这一因素对厚度有无显著的影响.

表 9.4

机器Ⅰ	机器Ⅱ	机器Ⅲ
0.236	0.257	0.258
0.238	0.253	0.264
0.248	0.255	0.259
0.245	0.254	0.267
0.243	0.261	0.262

表 9.4 中的数据可看成来自 4 个不同的总体(每一个水平对应一个总体)的容量为 4 的样本值. 假设各总体均为正态变量,即 X_i 分别服从 $N(\mu_i,\sigma^2)(i=1,2,3,4)$. $X_{ij}(i,j=1,2,3,4)$是从总体 X_i 中抽得的简单随机样本.

按题意,即要检验假设 $H_0:\mu_1=\mu_2=\mu_3=\mu_4$. 故这是一个检验方差相等的多个正态总体均值是否相等的问题. 方差分析法就是解决这类问题的一种统计方法.

下面来推导更一般的问题.

设有 r 个正态总体 $X_i\sim N(\mu_i,\sigma^2)(i=1,\cdots,r)$, 这里假定 r 个总体的方差相等,都为 σ^2. 在 r 个总体上假设

$$H_0:\mu_1=\mu_2=\cdots=\mu_r$$

现独立地从各总体上取出一个样本,列成表 9.5, 用 r 个样本检验假设 H_0 是否成立.

表 9.5

水平	总体	样本	样本平均	总体均值
A_1	X_1	$X_{11}, X_{12}, \cdots, X_{1n_1}$	$\overline{X_1}$	μ_1
A_2	X_2	$X_{21}, X_{22}, \cdots, X_{2n_2}$	$\overline{X_2}$	μ_2
$\vdots$	$\vdots$	$\vdots$	$\vdots$	$\vdots$
A_r	X_r	$X_{r1}, X_{r2}, \cdots, X_{rn_r}$	$\overline{X_r}$	μ_r

表 9.5 也可以看成因素 A 有 r 种水平 $A_1,\cdots,A_r$,在各水平 A_i 下进行若干次独立试验,所得样本 $X_{i1},\cdots,X_{in_i}$ 来自正态总体 $N(\mu_i,\sigma^2)(i=1,\cdots,r)$. 问因素 A 的各种水平对试验结果有无显著影响?

采用直观的离差分解的方法来处理上述问题. 将每个样本看成一组,则:

组内平均为

$$\overline{X_i}=\frac{1}{n_i}\sum_{j=1}^{n_i}X_{ij},\ i=1,2,\cdots,r$$

总平均为

$$\overline{X}=\frac{1}{n}\sum_{i=1}^{r}\sum_{j=1}^{n_i}X_{ij}=\frac{1}{n}\sum_{i=1}^{r}n_i\overline{X_i},\ n=\sum_{i=1}^{r}n_i$$

总离差平方和为

$$\begin{aligned}\theta&=\sum_{i=1}^{r}\sum_{j=1}^{n_i}(X_{ij}-\overline{X})^2=\sum_{i=1}^{r}\sum_{j=1}^{n_i}[(X_{ij}-\overline{X_i})+(\overline{X_i}-\overline{X})]^2\\&=\sum_{i=1}^{r}\sum_{j=1}^{n_i}(X_{ij}-\overline{X_i})^2+2\sum_{i=1}^{r}\sum_{j=1}^{n_i}(X_{ij}-\overline{X_i})(\overline{X_i}-\overline{X})+\sum_{i=1}^{r}\sum_{j=1}^{n_i}(\overline{X_i}-\overline{X})^2\\&=\sum_{i=1}^{r}\sum_{j=1}^{n_i}(X_{ij}-\overline{X_i})^2+\sum_{i=1}^{r}n_i(\overline{X_i}-\overline{X})^2\\&=\theta_1+\theta_2\end{aligned}$$

其中，$\theta_1=\sum_{i=1}^{r}\sum_{j=1}^{n_i}(X_{ij}-\overline{X_i})^2$ 是每个观察数据与其组平均值的差异的平方和，称为**组内离差**，反映了各水平下样本值的随机波动大小程度；$\theta_2=\sum_{i=1}^{r}n_i(\overline{X_i}-\overline{X})^2$ 是组内平均与总平均的差的平方和，称为**组间离差**，反映了各水平之间的样本值的差异. 从而 θ 表示所有观察数据 X_{ij} 与总平均数 $\overline{X}$ 的差异的平方和，是反映所得全部数据离散程度的一个指标，它等于组内离差(平方和)加上组间离差(平方和). $\theta=\theta_1+\theta_2$ 称为**离差分解**.

下面通过比较 θ_1 和 θ_2 的数值来检验假设 H_0.

由计算得

$$E(\theta_1)=(n-r)\sigma^2$$

$$E(\theta_2)=(r-1)\sigma^2+\sum_{i=1}^{r}n_i(\mu_i-\mu)^2$$

其中
$$\mu=\frac{1}{n}\sum_{i=1}^{r}n_i\mu_i$$

记
$$S_1^{*2}=\frac{\theta_1}{n-r}$$

$$S_2^{*2}=\frac{\theta_2}{r-1}$$

则
$$ES_1^{*2}=\sigma^2$$

$$ES_2^{*2}=\sigma^2+\frac{1}{r-1}\sum_{i=1}^{r}n_i(\mu_i-\mu)^2$$

由此可见，不管对 μ_i 的假设如何，S_1^{*2} 是 σ^2 的一个无偏估计，而 S_2^{*2} 仅当 $H_0(\mu_1=\mu_2=\cdots=\mu_r)$ 成立时，才是 σ^2 的一个无偏估计；否则，它的期望值要大于 σ^2. 这说明，比值

$$F=\frac{S_2^{*2}}{S_1^{*2}}=\frac{(n-r)\theta_2}{(r-1)\theta_1}$$

在假设 H_0 不成立时，有偏大倾向.

可以证明，在假设 H_0 成立时，$\frac{\theta_1}{\sigma^2}$ 和 $\frac{\theta_2}{\sigma^2}$ 相互独立且服从分布 $\chi^2(n-r)$ 和 $\chi^2(r-1)$.

由 F 分布的定义知

$$F=\frac{\dfrac{\theta_2}{\sigma^2(r-1)}}{\dfrac{\theta_1}{\sigma^2(n-r)}}=\frac{(n-r)\theta_2}{(r-1)\theta_1}\sim F(r-1,n-r)$$

所以
$$F=\frac{S_2^{*2}}{S_1^{*2}}=\frac{(n-r)\theta_2}{(r-1)\theta_1}\sim F(r-1,n-r) \tag{9.1}$$

由前面的讨论知，当 H_0 成立时，

$$ES_1^{*2}=ES_2^{*2}=\sigma^2$$

当 H_0 不成立时，

$$ES_1^{*2} < ES_2^{*2} \tag{9.2}$$

对给定的显著性水平 α，由式(9.1)和(9.2)知，小概率事件取在 F 的值大的一侧较为合理. 故查附录 7 的 F 分布表可得分位数 $F_\alpha(r-1,n-r)$ 的值，使

$$P\{F \geqslant F_\alpha(r-1,n-r)\}=\alpha$$

当 F 的观察值大于或等于 $F_\alpha(r-1,n-r)$ 时，拒绝 H_0，即认为因素对试验结果有显著影响.

为方便计算 F 的数值，常用下面的方差分析表来计算(见表 9.6).

表 9.6

方差来源	平方和	自由度	均 方	F 值
因素的影响(组间)	$\theta_2=\sum_{i=1}^{r} n_i(\overline{X_i}-\overline{X})^2$	$r-1$	$S_2^{*2}=\frac{1}{r-1}\theta_2$	$F=\frac{S_2^{*2}}{S_1^{*2}}$
误差(组内)	$\theta_1=\sum_{i=1}^{r}\sum_{j=1}^{n_i}(X_{ij}-\overline{X_i})^2$	$n-r$	$S_1^{*2}=\frac{1}{n-r}\theta_1$	
总和	$\theta=\sum_{i=1}^{r}\sum_{j=1}^{n_i}(X_{ij}-\overline{X})^2$	$n-1$		

例 3 例 1 中，取 $\alpha=0.01$，检验肥料对农作物的收获量是否有显著影响.

解 即检验 $H_0:\mu_1=\mu_2=\mu_3=\mu_4$.

由例 1 中表 9.3 的数据，可得如下方差分析表(见表 9.7).

表 9.7

方差来源	平方和	自由度	均 方	F 值
A 的影响	3 664.5	3	1 221.5	13.26
误差	1 105.5	12	92.13	
总和	4 770	15		

取 $\alpha=0.01$，查表得

$$F_\alpha(3,12)=F_{0.01}(3,12)=5.95$$

因此

$$F=13.26>5.95=F_{0.01}(3,12)$$

故在水平 $\alpha=0.01$ 下拒绝假设 H_0，即认为肥料对该农作物的收获量有显著影响.

例 4 例 2 中，取 $\alpha=0.05$，检验各台机器生产的薄板厚度是否有显著差异.

解 检验假设 $H_0:\mu_1=\mu_2=\mu_3$.

由题设知，$r=3$，$n_1=n_2=n_3=5$，$n=15$.

利用例 2 中的数据,得如下方差分析表(见表 9.8).

表 9.8

方差来源	平方和	自由度	均方	F 值
A 的影响	0.001 053 33	2	0.000 526 65	32.92
误差	0.000 192	12	0.000 016	
总和	0.001 245 33	14		

取 $\alpha=0.05$,查表得

$$F_{\alpha}(2,12)=F_{0.05}(2,12)=3.89$$

因此

$$F=32.92>3.89=F_{0.05}(2,12)$$

故在水平 $\alpha=0.05$ 下拒绝假设 H_0,即认为各台机器生产的薄板厚度有显著差异.

9.2　一元线性回归

一般来讲,客观世界中存在的变量之间的关系可分为两大类:一类是变量之间为确定关系,另一类是变量之间为非确定关系.确定关系指变量之间的关系可用函数关系表示.自变量取确定值时,因变量也随之确定.例如 $f(x)=x^2+2$,这是在高等数学中所研究的函数关系.非确定关系即所谓的相关关系,具有统计规律性.下面举一些例子来说明.

(1) 人的身高 x 与体重 y 之间存在一定的变量关系.一般来说,人高一些,体重也重一些.但同样高度的人,体重往往不一定相同.

(2) 人们的收入水平 x 与消费水平 y 之间也有一定的关系.人们的收入水平越高,相应的消费水平也越高,但收入水平相同的人消费水平却不一定相同.

(3) 人的血压 y 与年龄 x 之间也存在着这种关系,一般年龄大的人血压也高,然而相同年龄的人血压往往各不相同.

(4) 化工产品的产量 y 与温度 x_1、压力 x_2 及催化剂 x_3 有关,但即使 x_1,x_2,x_3 相同,产量 y 也不一定相同.

上面这些例子中,当自变量 x 取确定值时,因变量 y 的值是不确定的.称变量间的这种非确定关系为**相关关系**.回归分析是研究相关关系的一种数学工具,它能帮助我们从一个变量取得的值去估计另一个变量所取得的值.只有一个自变量的回归分析称为**一元回归**,多于一个自变量的回归分析称为**多元回归**.本节只介绍一元回归.

9.2.1 一元线性回归方程的概念

设随机变量 y 与普通变量 x 之间存在某种相关关系：对 x 的每一确定值，y 都有自己的分布.

设
$$y=a+bx+\varepsilon,\ \varepsilon\sim N(0,\sigma^2) \tag{9.3}$$
其中，a,b 及 σ^2 都是不依赖于 x 的未知参数，称式(9.3)为一元线性回归模型.

在这个模型中，ε 是随机变量，因为
$$E\varepsilon=0,\ D\varepsilon=\sigma^2,$$
所以对式(9.3)两边取数学期望得
$$Ey=a+bx$$
故
$$y\sim N(a+bx,\sigma^2)$$
记 $Ey=\mu(x)$，则有
$$\mu(x)=a+bx \tag{9.4}$$

在实际中，对 x 取定的一组不同值 $x_1,x_2,\cdots,x_n$ 做独立试验，得 n 对观察结果
$$(x_1,y_1),(x_2,y_2),\cdots,(x_n,y_n)$$
其中，y_i 是 $x=x_i$ 处对随机变量 y 观察的结果. 这 n 对观察结果就是一个容量为 n 的样本，首先要解决的问题是如何利用这个样本来估计 y 关于 x 的回归 $\mu(x)$.

在直角坐标系中，画出坐标为(x_i,y_i)的 n 个点$(i=1,\cdots,n)$，这种图称为**散点图**. 当 n 很大时，散点图中的 n 个点大致在一条直线附近，直观上可认为 x 与 y 的关系具有式(9.3)的形式，即
$$y_i=a+bx_i+\varepsilon_i,\ i=1,\cdots,\ n,\ \varepsilon_i\sim N(0,\sigma^2)$$

若由上面样本得到 a,b 的估计$\hat{a},\hat{b}$，则对给定的 x，用$\hat{y}=\hat{a}+\hat{b}x$ 作为$\mu(x)=a+bx$ 的估计，方程$\hat{y}=\hat{a}+\hat{b}x$ 称为 y 对 x 的**线性回归方程**或**回归方程**.

9.2.2 对 a,b 的估计

对 x 的 n 个不同的取值 $x_1,x_2,\cdots,x_n$ 做独立试验，得样本$(x_1,y_1),(x_2,y_2),\cdots,(x_n,y_n)$. 下面用最小二乘法求 a,b 的估计值.

做离差平方和
$$Q=\sum_{i=1}^{n}[y_i-\mu(x_i)]^2=\sum_{i=1}^{n}(y_i-a-bx_i)^2$$
选择 a,b 使 Q 达到最小，故需对 a,b 分别求偏导，并令偏导等于零. 即
$$\begin{cases}\dfrac{\partial Q}{\partial a}=-2\sum\limits_{i=1}^{n}(y_i-a-bx_i)=0\\[2ex]\dfrac{\partial Q}{\partial b}=-2\sum\limits_{i=1}^{n}(y_i-a-bx_i)x_i=0\end{cases}$$

整理得

$$\begin{cases} na+b\sum_{i=1}^{n}x_i=\sum_{i=1}^{n}y_i \\ a\sum_{i=1}^{n}x_i+b\sum_{i=1}^{n}x_i^2=\sum_{i=1}^{n}x_iy_i \end{cases} \tag{9.5}$$

称式(9.5)为**正规方程组**.

解此以 a,b 为未知数的方程组,即得 a,b 的估计值分别为

$$\hat{b}=\frac{n\sum_{i=1}^{n}x_iy_i-\sum_{i=1}^{n}x_i\sum_{i=1}^{n}y_i}{n\sum_{i=1}^{n}x_i^2-\left(\sum_{i=1}^{n}x_i\right)^2}$$

$$\hat{a}=\frac{1}{n}\sum_{i=1}^{n}y_i-\frac{\hat{b}}{n}\sum_{i=1}^{n}x_i=\bar{y}-\hat{b}\,\bar{x}$$

于是所求线性回归方程为

$$\hat{y}=\hat{a}+\hat{b}x \tag{9.6}$$

若将$\hat{a}=\bar{y}-\hat{b}\bar{x}$代入式(9.6),则线性回归方程变为

$$\hat{y}=\bar{y}+\hat{b}(x-\bar{x}) \tag{9.7}$$

式(9.7)表明回归直线通过散点图的几何中心$(\bar{x},\bar{y})$.

例 1　为研究化学反应过程中,温度 x(℃)对产品得率 y(%)的影响见表 9.9.

表 9.9

温度 x	100	110	120	130	140	150	160	170	180	190
产品得率 y	45	51	54	61	66	70	74	78	85	89

相应的散点图如图 9.1 所示.

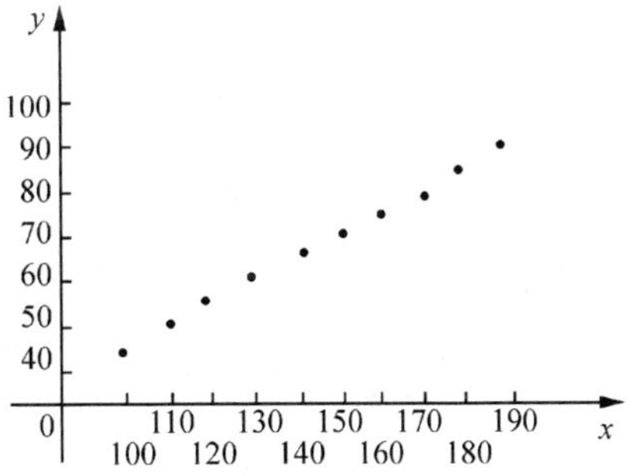

图 9.1

设 y 满足 $y=a+bx+\varepsilon$, $\varepsilon\sim N(0,\sigma^2)$,求 y 关于 x 的线性回归方程.

解 由题设 $n=10$，为求线性回归方程，计算列表见表 9.10.

表 9.10

x	y	x^2	y^2	xy
100	45	10 000	2 025	4 500
110	51	12 100	2 601	5 610
120	54	14 400	2 916	6 480
130	61	16 900	3 721	7 930
140	66	19 600	4 356	9 240
150	70	22 500	4 900	10 500
160	74	25 600	5 476	11 840
170	78	28 900	6 084	13 260
180	85	32 400	7 225	15 300
190	89	36 100	7 921	16 910
$\sum_{i=1}^{10} x_i = 1\,450$	$\sum_{i=1}^{10} y_i = 673$	$\sum_{i=1}^{10} x_i^2 = 218\,500$	$\sum_{i=1}^{10} y_i^2 = 47\,225$	$\sum_{i=1}^{10} x_i y_i = 101\,570$

$$\hat{b} = \frac{n\sum_{i=1}^{n} x_i y_i - \sum_{i=1}^{n} x_i \sum_{i=1}^{n} y_i}{n\sum_{i=1}^{n} x_i^2 - \left(\sum_{i=1}^{n} x_i\right)^2} = \frac{39\,850}{82\,500} = 0.483\,03$$

$$\hat{a} = \bar{y} - \hat{b}\bar{x} = -2.739\,35$$

于是得线性回归方程

$$\hat{y} = -2.739\,35 + 0.483\,03x$$

9.2.3 σ^2 的估计

下面用矩法求 σ^2 的估计.

由于 $\sigma^2 = D\varepsilon = E\varepsilon^2$，而 $E\varepsilon^2$ 可用 $\frac{1}{n}\sum_{i=1}^{n}\varepsilon_i^2$ 做估计，又因为

$$\varepsilon_i = y_i - a - bx_i$$

其中 a,b 可用 $\hat{a},\hat{b}$ 代替，故 σ^2 的估计量 $\hat{\sigma}^2$ 为

$$\hat{\sigma}^2 = \frac{1}{n}\sum_{i=1}^{n}(y_i - \hat{a} - \hat{b}x_i)^2$$

将 $\hat{a} = \bar{y} - \hat{b}\bar{x}$ 代入得

$$\hat{\sigma}^2 = \left(\frac{1}{n}\sum_{i=1}^{n} y_i^2 - \bar{y}^2\right) - \hat{b}^2\left(\frac{1}{n}\sum_{i=1}^{n} x_i^2 - \bar{x}^2\right)$$

例2　求例1中 σ^2 的估计.

解　$\hat{\sigma}^2=\frac{1}{10}\times 47\,225-\left(\frac{673}{10}\right)^2-(0.483\,03)^2\times\left[\frac{1}{10}\times 218\,500-\left(\frac{1\,450}{10}\right)^2\right]=0.72$

9.3　一元线性回归中的假设检验和预测

9.3.1　线性假设的显著性检验

在9.2节中假定一元线性回归模型具有以下形式：

$$y=a+bx+\varepsilon$$

其中 a,b 是未知参数，$\varepsilon\sim N(0,\sigma^2)$. 一般来说，求得的线性回归方程是否具有实用价值，需经过假设检验才能确定. 即 b 不应为零，因为若 $b=0$，则 y 就不依赖 x 了. 因此我们需要检验假设

$$H_0:b=0,\ H_1:b\neq 0$$

可以证明

$$T=\frac{\hat{b}-b}{\hat{\sigma}}\sqrt{\sum_{i=1}^{n}(x_i-\bar{x})^2}\sim t(n-2)$$

当 H_0 为真时，$b=0$，故

$$T=\frac{\hat{b}}{\hat{\sigma}}\sqrt{\sum_{i=1}^{n}(x_i-\bar{x})^2}\sim t(n-2) \tag{9.8}$$

给定显著水平 α，查 t 分布表确定 $t_{\frac{\alpha}{2}}(n-2)$，抽样后计算式(9.8)中 T 的值.

若 $|T|\geqslant t_{\frac{\alpha}{2}}(n-2)$，则拒绝 H_0，认为回归效果显著；

若 $|T|<t_{\frac{\alpha}{2}}(n-2)$，则接受 H_0，认为回归效果不显著.

例1　检验9.2节例1中线性回归效果是否显著(取 $\alpha=0.05$).

解　由9.2节例1和例2知

$$\hat{b}=0.483\,03$$

$$\hat{\sigma}^2=0.72$$

$$\sqrt{\sum_{i=1}^{n}(x_i-\bar{x})^2}=\sqrt{8\,250}$$

查 t 分布表得

$$t_{\frac{0.05}{2}}(n-2)=t_{0.025}(8)=2.306\,0$$

因此假设 $H_0:b=0$ 的拒绝域为

$$|T|=\frac{|\hat{b}|}{\sigma}\sqrt{\sum_{i=1}^{n}(x_i-\bar{x})^2}\geqslant 2.306\,0$$

计算得

$$|T|=\frac{0.48303}{\sqrt{0.72}}\times\sqrt{8250}=51.71>2.3060$$

故拒绝 $H_0:b=0$,即认为回归效果显著.

9.3.2 预测

回归方程的一个重要应用是,对于给定的点 $x=x_0$,可以用一定的置信度预测对应的 y 的观察值的取值范围,即预测区间.

设 y_0 是 $x=x_0$ 处随机变量 y 的观察值,则有

$$y_0=a+bx_0+\varepsilon_0,\ \varepsilon_0\sim N(0,\sigma^2)$$

取 x_0 处的回归值 $\hat{y}_0=\hat{a}+\hat{b}x_0$ 作为 $y_0=a+bx_0+\varepsilon_0$ 的预测值,还可以证明

$$y_0-\hat{y}_0\sim N\left(0,\left[1+\frac{1}{n}+\frac{(x_0-\bar{x})^2}{\sum_{i=1}^{n}(x_i-\bar{x})^2}\right]\sigma^2\right)$$

且

$$\frac{(n-2)\hat{\sigma}^2}{\sigma^2}\sim\chi^2(n-2)$$

由 t 分布的定义知

$$\frac{y_0-\hat{y}_0}{\hat{\sigma}\sqrt{1+\frac{1}{n}+\frac{(x_0-\bar{x})^2}{\sum_{i=1}^{n}(x_i-\bar{x})^2}}}\sim t(n-2)$$

对给定的置信度 $1-\alpha$,有

$$P\left\{\frac{|y_0-\hat{y}_0|}{\hat{\sigma}\sqrt{1+\frac{1}{n}+\frac{(x_0-\bar{x})^2}{\sum_{i=1}^{n}(x_i-\bar{x})^2}}}<t_{\frac{\alpha}{2}}(n-2)\right\}=1-\alpha$$

故得 y_0 的置信度为 $1-\alpha$ 预测区间(置信区间)为

$$(\hat{y}_0-\delta(x_0),\hat{y}_0+\delta(x_0))$$

其中,

$$\delta(x_0)=t_{\frac{\alpha}{2}}(n-2)\hat{\sigma}\sqrt{1+\frac{1}{n}+\frac{(x_0-\bar{x})^2}{\sum_{i=1}^{n}(x_i-\bar{x})^2}}\tag{9.9}$$

于是在 x 处,置信下限为

$$y_1(x)=\hat{y}(x)-\delta(x)$$

置信上限为

$$y_2(x)=\hat{y}(x)+\delta(x)$$

当 x 变化时，这两条曲线形成包含回归直线 $\hat{y}=\hat{a}+\hat{b}x$ 的带域. 当 $x=\bar{x}$ 时，带域最窄，估计最精确. x 离 $\bar{x}$ 越远，带域越宽，估计精确性越差.

例 2　求 9.2 节例 1 中温度 $x_0=125$ ℃时得率 y_0 的预测区间（取 $\alpha=0.05$）.

解

$$\hat{y}_0=[-2.739\,35+0.483\,03x]_{x=125}=57.64$$

$$\delta(x_0)=t_{\frac{\alpha}{2}}(n-2)\,\hat{\sigma}\sqrt{1+\frac{1}{n}+\frac{(x_0-\bar{x})^2}{\sum_{i=1}^{n}(x_i-\bar{x})^2}}=2.10$$

故得预测区间为（57.64−2.10，57.64＋2.10）＝（55.54，59.74）.

当 n 很大时，在 $\bar{x}$ 附近取 x，有

$$(x-\bar{x})^2\ll\sum_{i=1}^{n}(x_i-\bar{x})^2$$

可认为式（9.9）中的根式近似等于 1，而 $t_{\frac{\alpha}{2}}(n-2)\approx u_{\frac{\alpha}{2}}$，于是 y_0 的置信度为 $1-\alpha$ 的预测区间近似为

$$(\hat{y}_0-\hat{\sigma}u_{\frac{\alpha}{2}},\hat{y}_0+\hat{\sigma}u_{\frac{\alpha}{2}})$$

本章小结

1. 理解方差分析的概念，会用方差分析表进行计算.

2. 理解线性回归的概念，会用最小二乘法求一元线性回归方程，并进行检验和预测.

习 题 九

解答题

1. 今有某种型号的电池三批，它们分别是 A，B，C 三个工厂所生产的. 为评比其质量，从各厂随机抽取 5 只电池为样品，经试验得其寿命（单位：h）见表 9.11.

表 9.11

A	B	C
40	26	39
48	34	40
38	30	43
42	28	50
45	32	50

试在显著性水平为 0.05 下检验电池的平均寿命有无显著的差异. 若差异是显著的，求均值差 $\mu_A-\mu_B$，$\mu_A-\mu_C$ 及 $\mu_B-\mu_C$ 的置信度为 95% 的置信区间. 设工厂所生产的电池寿命服从同方差的正态分布.

2. 一个年级有三个班，他们进行了一次数学考试，现从各个班级随机地抽取了一些学生，其成绩见表 9.12.

表 9.12

Ⅰ班	Ⅱ班	Ⅲ班
77　66　89　60	88　56　78　77	68　15　79　41
82　45　43　93	48　31　91　78	56　59　91　68
80　36　73　77	51　62　85　76	71　53　71　79
	74　96　80	87

设各个总体服从正态分布，且方差相等. 试在显著水平 0.05 下检验各班级的平均分数有无显著差异.

3. 抽查某地区三所小学五年级男生身高，所得数据(单位:cm)见表 9.13.

表 9.13

小学	身高
第一小学	128.1　134.1　133.1　138.9　140.8　127.4
第二小学	150.3　147.9　136.8　126.0　150.7　155.8
第三小学	140.6　143.1　144.5　143.7　148.5　146.4

试问该地区三所小学五年级男学生的平均身高是否有显著差异($\alpha=5\%$).

4. 将抗生素注入人体会产生抗生素与血浆蛋白结合的现象，以至于减小药效. 表 9.14 列出了五种常用的抗生素注入牛的体内时，抗生素与血浆蛋白结合的百分比. 试在显著性水平 $\alpha=0.05$ 下检验这些百分比的均值有无显著的差异. 设各总体服从正态分布，且方差相同.

表 9.14　　%

青霉素	四环素	链霉素	红霉素	氯霉素
29.6	27.3	15.8	21.6	29.2
24.3	32.6	16.2	17.4	32.8
28.5	30.8	11.0	18.3	25.0
32.0	34.8	18.3	19.0	24.2

5. 通过原点的一元回归的线性模型为

$$y_i=\beta x_i+\varepsilon_i,\ i=1,2,\cdots,n$$

其中各 ε_i 相互独立，并且都服从正态分布 $N(0,\sigma^2)$. 试由 n 组观察值(x_i,y_i)，$i=1,2,\cdots,n$，用最小二乘法估计 β.

6. 在考查硝酸钠的可溶性程度时，在一系列不同温度下观察在 100 mL 的水中溶解的硝酸钠的质量，获得的观察结果见表 9.15.

表 9.15

温度 x_i/℃	0	4	10	15	21	29	36	51	68
质量 y_i/g	66.7	71.0	76.3	80.6	85.7	92.9	99.4	113.6	125.1

从经验和理论知 y_i 与 x_i 之间有下述关系

$$y_i=a+b_ix_i+\varepsilon_i,\ i=1,2,\cdots,9$$

其中，各 ε_i 相互独立，并且都服从正态分布 $N(0,\sigma^2)$. 试估计 a,b，并用矩法估计 σ^2.

7. 在钢线碳含量对于电阻的效应的研究中，得到如表 9.16 所示的数据.

表 9.16

碳含量 x/%	0.10	0.30	0.40	0.55	0.70	0.80	0.95
电阻 y/μΩ(20 ℃时)	15	18	19	21	22.6	23.8	26

设对于给定的 x，y 为正态变量，且方差与 x 无关.

(1) 画出散点图；

(2) 求线性回归方程；

(3) 检验假设 $H_0:b=0,H_1:b\neq 0$；

(4) 求 $x=0.50$ 处的置信度为 0.95 的预测区间.

8. 表 9.17 中的数据是退火温度 x 对黄铜延性 y 效应的试验结果，y 是以延长度计算的，且设对于给定的 x，y 为正态变量，其方差与 x 无关. 根据数据画出散点图，并求 y 对于 x 的线性回归方程.

表 9.17

x/℃	300	400	500	600	700	800
y/%	40	50	55	60	67	70

习题答案与提示

第一部分 概率论

习题一

1. $\Omega=\{(\text{正},\text{正}),(\text{正},\text{反}),(\text{反},\text{正}),(\text{反},\text{反})\}$.

2. 设 $A_i(i=1,2,3)$表示第 i 个孩子是男孩,则样本空间为

$$\Omega=\{A_1A_2A_3,A_1A_2\overline{A}_3,A_1\overline{A}_2A_3,\overline{A}_1A_2A_3,A_1\overline{A}_2\overline{A}_3,\overline{A}_1A_2\overline{A}_3,\overline{A}_1\overline{A}_2A_3,\overline{A}_1\overline{A}_2\overline{A}_3\}.$$

3. $AB,\overline{A},\overline{B},\overline{A}\overline{B},A-B,A+B$ 及$\overline{AB}$分别表示:两个都为合格品,第一个不是合格品,第二个不是合格品,两个都为不合格品,第一个是合格品且第二个不是合格品,两个中至少有一个合格品,两个中至少有一个不合格品.

4. (1) $A\overline{B}\overline{C}$. (2) ABC. (3) $\overline{A}\overline{B}\overline{C}$. (4) $A+B+C$. (5) $A\overline{B}\overline{C}+\overline{A}B\overline{C}+\overline{A}\overline{B}C$. (6) $\overline{A}(B+C)$. (7) $\overline{AB+BC+CA}$. (8) $AB+BC+CA$. (9) $\overline{ABC}$或$\overline{A}+\overline{B}+\overline{C}$. (10) $AB\overline{C}+A\overline{B}C+\overline{A}BC$.

5. (1) 是. (2) 是. (3) $B=\overline{A}_0$ 或 $B=A_1+A_2+A_3$.

6. $\frac{1}{12}$. **7.** 0.146. **8.** (1) $\frac{1}{5}$. (2) $\frac{3}{5}$. **9.** $\frac{3}{8}$, $\frac{9}{16}$, $\frac{1}{16}$. **10.** 0.879 34. **11.** 0.91.

12. $\frac{2}{3}$. **13.** 0.320 8. **14.** 0.72. **15.** $\frac{1}{3}$. **16.** 0.28. **17.** $\frac{3}{5}$. **18.** 0.684.

19. (1) 0.003. (2) 0.388. **20.** 0.314. **21.** 0.93. **22.** (1) 0.973. (2) 0.25. **23.** (1) 0.52. (2) 0.923. **24.** (1) 0.308 7. (2) 0.472. **25.** (1) 0.321. (2) 0.436. **26.** 0.994.

27. D **28.** D **29.** B **30.** C **31.** C **32.** C
33. D **34.** C **35.** D **36.** C **37.** D **38.** A

39. 0.2. **40.** 0.52. **41.** 0.3. **42.** $\frac{1}{3}$. **43.** $\frac{1}{3}$. **44.** $\frac{2}{5}$. **45.** $\frac{13}{48}$. **46.** $\frac{3}{4}$. **47.** $\frac{2}{5}$.

48. $\frac{1}{2}$, $\frac{7}{15}$. **49.** $\frac{1}{18}$. **50.** $(0.94)^n$, $C_n^2(0.94)^{n-2}(0.06)^2$.

习题二

1.

X	0	1	2	3
P	$\frac{7}{10}$	$\frac{7}{30}$	$\frac{7}{120}$	$\frac{1}{120}$

2. 分布列为

X	1	2	3	4	5	6	7	8
P	$\frac{3}{10}$	$\frac{7}{30}$	$\frac{7}{40}$	$\frac{1}{8}$	$\frac{1}{12}$	$\frac{1}{20}$	$\frac{1}{40}$	$\frac{1}{120}$

$P\{2\leqslant X\leqslant 5\}=\frac{23}{60}$.

3. $P\{X=n\}=q^{n-1}p$,其中 $q=p-1,n=1,2,\cdots$. **4.** 不正确.因为$\frac{1}{2}+\frac{1}{3}+\frac{1}{4}\neq 1$.

5. 0.998 3. **6.** (1) 4 或 5. (2) 9. **7.** (1) 0.029 8. (2) 0.021 4. **8.** $\frac{2}{3e^2}\approx 0.090\ 2$.

9. (1) $a=100$. (2) $\frac{19}{27}$. **10.** (1) $c=2$. (2) 0.4, 0.25. **11.** (1) $C=\frac{1}{2}$. (2) $\frac{1}{2}(1-e^{-1})$.

12. $\frac{3}{5}$. **13.** 证明略. **14.** (1) $a=\frac{1}{4}$. (2) $\frac{3}{4},\frac{1}{4}$. (3) $F(x)=\begin{cases}0, & x<0\\ \frac{1}{4}, & 0\leqslant x<1\\ \frac{3}{4}, & 1\leqslant x<3\\ 1, & x\geqslant 3\end{cases}$,图形略.

15. (1) $1-e^{-2}\approx 0.8647$, $e^{-3}\approx 0.04979$, $1-e^{-3}\approx 0.9502$. (2) $f(x)=\begin{cases}e^{-x}, & x\geqslant 0\\ 0, & x<0\end{cases}$.

16. (1) $A=\frac{1}{2}, B=\frac{1}{\pi}$. (2) 0.5. (3) $f(x)=\frac{1}{\pi(1+x^2)}, -\infty<x<+\infty$.

17. (1) 0.991 8. (2) 0.158 7. (3) 0.866 4.

18. (1) 0.532 8. (2) 0.954 4. (3) 0.697 7. (4) 0.977 2.

19. $\sigma\leqslant 31.20$. **20.** (1) 0.493 1. (2) 0.869 8.

21. (1) 0.866 5. (2) $P\{X\geqslant 150\}=0.9973>0.99$,符合要求.

22.

Y	0	1	4
P	0.2	0.55	0.25

Z	−3	−1	1	3
P	0.35	0.2	0.2	0.25

W	1	2	3
P	0.2	0.55	0.25

23. (1) $f_Y(y)=\begin{cases}\frac{3}{8}(y-1)^2, & -1\leqslant y\leqslant 1\\ 0, & \text{其他}\end{cases}$. (2) $f_Z(z)=\begin{cases}\frac{3}{2}\sqrt{z}, & 0\leqslant z\leqslant 1\\ 0, & \text{其他}\end{cases}$.

24. (1) $f_Y(y)=\begin{cases}\frac{1}{\sqrt{2\pi}y}e^{-\frac{1}{2}(\ln y)^2}, & y>0\\ 0, & y\leqslant 0\end{cases}$. (2) $f_Y(y)=\begin{cases}\frac{2}{\sqrt{2\pi}}e^{-\frac{y^2}{2}}, & y>0\\ 0, & y\leqslant 0\end{cases}$.

25. B **26.** C **27.** A **28.** A **29.** B **30.** A
31. C **32.** D **33.** C **34.** C **35.** A **36.** C
37. D **38.** A **39.** C **40.** A **41.** C **42.** D

43. 0.1. **44.** $\frac{2}{3}$. **45.** $\frac{1}{4}$. **46.** $1-\alpha-\beta$. **47.** 0.0030, 0.7612. **48.** 0.5.

49. $P\{X=1\}=\frac{4}{5}$, $P\{X=2\}=\frac{8}{45}$, $P\{X=3\}=\frac{1}{45}$. **50.** 0. **51.** $\frac{31}{32}$. **52.** 2. **53.** $2e^{-2}$.

54. $\frac{1}{2\sqrt{2\pi}}e^{-\frac{(y-2)^2}{8}}$. **55.** $\frac{19}{27}$.

习题三

1. (1) 放回抽取

X \ Y	1	2	3
1	$\frac{1}{16}$	$\frac{1}{8}$	$\frac{1}{16}$
2	$\frac{1}{8}$	$\frac{1}{4}$	$\frac{1}{8}$
3	$\frac{1}{16}$	$\frac{1}{8}$	$\frac{1}{16}$

(2) 不放回抽取

X \ Y	1	2	3
1	0	$\frac{1}{6}$	$\frac{1}{12}$
2	$\frac{1}{6}$	$\frac{1}{6}$	$\frac{1}{6}$
3	$\frac{1}{12}$	$\frac{1}{6}$	0

2.

X \ Y	0	1	2
0	0.16	0.32	0.16
1	0.08	0.16	0.08
2	0.01	0.02	0.01

3. (1) $A=6$. (2) $\frac{1}{8}$. (3) $\frac{1}{4}$.

4. (1) $f(x,y)=\begin{cases}2, & 0\leqslant y\leqslant x+1, -1\leqslant x\leqslant 0\\ 0, & \text{其他}\end{cases}$. (2) $\frac{1}{2}$.

(3) $F(x,y)=\begin{cases}0, & x\leqslant -1 \text{ 或 } y<0\\ y(2x-y+2), & -1<x\leqslant 0, 0<y<x+1\\ (x+1)^2, & -1<x\leqslant 0, y\geqslant x+1\\ y(2-y), & x>0, 0\leqslant y<1\\ 1, & x>0, y>1\end{cases}$.

5. (1) $A=\frac{3}{8\pi}$. (2) $\frac{1}{2}$.

6. 联合分布列为

X \ Y	0	1	2	3
0	0	0	0	$\frac{1}{8}$
1	0	$\frac{3}{8}$	0	0
2	0	$\frac{3}{8}$	0	0
3	0	0	0	$\frac{1}{8}$

关于 X 的边缘分布列为

X	0	1	2	3
P	$\frac{1}{8}$	$\frac{3}{8}$	$\frac{3}{8}$	$\frac{1}{8}$

关于 Y 的边缘分布列为

Y	1	3
P	$\frac{3}{4}$	$\frac{1}{4}$

X 与 Y 不独立.

7. (1) 关于 X 的边缘分布列为

X	1	2	3
P	$\frac{1}{4}$	$\frac{1}{2}$	$\frac{1}{4}$

关于 Y 的边缘分布列为

Y	1	2	3
P	$\frac{1}{4}$	$\frac{1}{2}$	$\frac{1}{4}$

(2) 关于 X 的边缘分布列为

X	1	2	3
P	$\frac{1}{4}$	$\frac{1}{2}$	$\frac{1}{4}$

关于 Y 的边缘分布列为

Y	1	2	3
P	$\frac{1}{4}$	$\frac{1}{2}$	$\frac{1}{4}$

放回抽取时 X 与 Y 相互独立,不放回抽取时 X 与 Y 不独立.

8. $f_X(x)=\begin{cases} e^{-x}, & x>0 \\ 0, & x\leqslant 0 \end{cases}$. $f_Y(y)=\begin{cases} e^{-y}, & y>0 \\ 0, & y\leqslant 0 \end{cases}$. X 与 Y 相互独立.

9. 关于(X,Y)的联合分布列为

X \ Y	0	1	2
0	0	0	$\frac{1}{35}$
1	0	$\frac{6}{35}$	$\frac{6}{35}$
2	$\frac{3}{35}$	$\frac{12}{35}$	$\frac{3}{35}$
3	$\frac{2}{35}$	$\frac{2}{35}$	0

关于 X 的边缘分布列为

X	0	1	2	3
P	$\frac{1}{35}$	$\frac{12}{35}$	$\frac{18}{35}$	$\frac{4}{35}$

关于 Y 的边缘分布列为

Y	0	1	2
P	$\frac{1}{7}$	$\frac{4}{7}$	$\frac{2}{7}$

X 与 Y 不独立(如 $P\{X=3,Y=2\}\neq P\{X=3\}P\{Y=2\}$).

10. (1) 独立. (2) 不独立.

11. (1) $A=\frac{1}{2}$.

(2) 关于 X 的边缘密度函数

$$f_X(x)=\begin{cases}\frac{1}{2}(\sin x+\cos x), & 0<x<\frac{\pi}{2};\\ 0, & \text{其他}\end{cases}$$

Y 与 X 同分布,即

$$f_Y(y)=\begin{cases}\frac{1}{2}(\sin y+\cos y), & 0<y<\frac{\pi}{2}.\\ 0, & \text{其他}\end{cases}$$

12. $f_{Y|X}(y|x)=\begin{cases}\frac{1}{x}, & 0\leqslant y\leqslant x\\ 0, & \text{其他}\end{cases}$.

13. (1)

$X+Y$	2	3	4	5	6
P	0.06	0.17	0.26	0.33	0.18

(2)

XY	1	2	3	4	6	9
P	0.06	0.17	0.21	0.05	0.33	0.18

14. $f_Z(z)=\begin{cases}(\mathrm{e}-1)\mathrm{e}^{-z}, & z>1\\ 1-\mathrm{e}^{-z}, & 0\leqslant z\leqslant 1.\\ 0, & z<0\end{cases}$

15. $f_Z(z)=\begin{cases}\frac{1}{4}z, & 0<z\leqslant 2\\ 1-\frac{1}{4}z, & 2<z\leqslant 4.\\ 0, & \text{其他}\end{cases}$

16. $f_Z(z)=\begin{cases}\frac{1}{2}\mathrm{e}^{-\frac{z}{2}}, & z>0\\ 0, & z\leqslant 0\end{cases}$; $P\{|Z|>2\}=\mathrm{e}^{-1}$.

17. $f_Z(z)=\begin{cases}2z, & 0\leqslant z\leqslant 1\\ 0, & \text{其他}\end{cases}$.

18. A **19.** C **20.** D **21.** D **22.** B

23. C **24.** C **25.** A **26.** A **27.** A

28. $f(x,y)=\begin{cases}\frac{1}{x}, & 0<y<x<1\\ 0, & 其他\end{cases}$；$1-\ln 2$.

29. 0.3. **30.** 0.5. **31.** $\frac{1}{9}$. **32.** 0.4，0.1.

33. $f_{Y|X}(y|x)=\begin{cases}\frac{1}{x}, & 0<y<x\\ 0, & 其他\end{cases}$；$\frac{e-2}{e-1}$.

习题四

1. $\frac{1}{3},\frac{2}{3},\frac{35}{24}$. **2.** 0，2. **3.** $k=3,a=2$. **4.** $-\frac{1}{3},\frac{1}{3},\frac{1}{12}$. **5.** 18.4. **6.** $\frac{97}{72},2,\frac{3}{80}$.

7. $n=8,p=0.2$. **8.** $k=2,E(XY)=\frac{1}{4}$. **9.** $\frac{3}{4}\sqrt{\pi}$. **10.** 4. **11.** 证明略. **12.** 2. **13.** 85，37.

14. $EX=\frac{7}{6},EY=\frac{7}{6},DX=\frac{11}{36},DY=\frac{11}{36},\mathrm{Cov}(X,Y)=-\frac{1}{36},\rho_{XY}=-\frac{1}{11}$. **15.** 不相关，不独立.

16. B **17.** D **18.** C **19.** B **20.** C **21.** B

22. C **23.** D **24.** D **25.** A **26.** C

27. 0. **28.** e^{-1}. **29.** 2. **30.** 68. **31.** 2. **32.** 1. **33.** 6.

习题五

1. $P\{|X-2|>3\}\leqslant\frac{4}{9}$. **2.** $P\{|X-2|<2\}\geqslant\frac{101}{200}$. **3.** 可以保证. **4.** 0.983 8. **5.** 0.997 7.

6. 0.952 5. **7.** 0.990 4. **8.** D **9.** C **10.** A **11.** 0.5. **12.** 0.25. **13.** $\frac{1}{12}$.

14. $1-\int_{-\infty}^{x}\frac{1}{\sqrt{2\pi}}e^{-\frac{t^2}{2}}dt$，0.5. **15.** $\frac{2n-1}{2n}$.

第二部分　数理统计

习题六

1. 0.829 3. **2.** (1) 0.262 8. (2) 0.292 3. (3) 0.578 5. **3.** 0.1. **4.** $0,\frac{1}{3n}$. **5.** 0.674 4.

6. $f_Y(y)=\begin{cases}\frac{1}{\sqrt{2n\pi y}\sigma}e^{-\frac{y}{2n\sigma^2}}, & y>0\\ 0 & y\leqslant 0\end{cases}$. **7.** 证明略. **8.** $E\overline{X}=\lambda,D\overline{X}=\frac{\lambda}{n},ES^2=\lambda$.

9. (1) 0.99. (2) $\frac{2}{15}\sigma^4$. **10.** D **11.** B **12.** C **13.** t 分布，自由度 9.

14. F 分布，自由度(10，5). **15.** $\frac{1}{20},\frac{1}{100},2$. **16.** e^6.

习题七

1. (1) $\hat{\theta}=\dfrac{\overline{X}}{\overline{X}-c}$. (2) $\hat{\theta}=\dfrac{n}{\sum\limits_{i=1}^{n}\ln X_i - n\ln c}$. **2.** (1) $\dfrac{1}{\overline{X}}$. (2) $\dfrac{1}{\overline{X}}$. **3.** $\hat{\theta}=\sqrt{\dfrac{\sum\limits_{i=1}^{n}X_i^2}{2n}}$.

4. (1) $\hat{\mu}=\overline{X}-\sqrt{\dfrac{1}{n}\sum\limits_{i=1}^{n}(X_i-\overline{X})^2}$, $\hat{\theta}=\sqrt{\dfrac{1}{n}\sum\limits_{i=1}^{n}(X_i-\overline{X})^2}$. (2) $\hat{\mu}=\min\limits_{1\leqslant i\leqslant n}(X_i)$, $\hat{\theta}=\overline{x}-\hat{\mu}$.

5. $\hat{p}=0.499$. **6.** (1) $\dfrac{5}{9}$. (2) $\dfrac{5}{8}$. (3) $\dfrac{1}{2}$. **7.** $c=\dfrac{1}{2(n-1)}$. **8.** 证明略.

9. 提示：$\hat{\theta}=\max\limits_{1\leqslant i\leqslant n}(X_i)$, $E\hat{\theta}=\dfrac{n}{n+1}\theta$. **10.** $a=\dfrac{n_1}{n_1+n_2}$, $b=\dfrac{n_2}{n_1+n_2}$. **11.** (992.16, 1 007.84).

12. (1) (5.608, 6.392). (2) (5.558, 6.442). **13.** $n\geqslant\left(\dfrac{2\sigma u_{\frac{\alpha}{2}}}{L}\right)^2$. **14.** (4.098, 9.108).

15. (−0.002, 0.006). **16.** (0.45, 2.79). **17.** C **18.** C **19.** $\dfrac{1}{4}$, $\dfrac{7-\sqrt{13}}{12}$. **20.** $\overline{X}-1$.

21. $\dfrac{\overline{X}}{\overline{X}-1}$, $\dfrac{n}{\sum\limits_{k=1}^{n}\ln X_k}$, $\min(X_1,X_2,\cdots,X_n)$. **22.** (4.767 4, 5.232 6). **23.** (39.51, 40.49).

24. $e^{\mu+0.5}$, (−0.98, 0.98), $(e^{-0.48}, e^{1.48})$ **25.** 2. **26.** σ^2.

习题八

1. 接受 H_0. **2.** 拒绝 H_0. **3.** 新安眠药已达到新的疗效. **4.** (1) 拒绝 H_0. (2) 接受 H_0.
5. 产量无显著差异. **6.** 直径无显著差异. **7.** 不正常. **8.** 与通常无显著差异.
9. (1) 接受 H_0. (2) 接受 H_0. **10.** 无显著差异. **11.** D **12.** C

13. 第一类错误;第二类错误. **14.** $\chi^2=\dfrac{(n-1)S^2}{\sigma_0^2}$, $\chi^2<\chi^2_{1-\frac{\alpha}{2}}(n-1)$或 $\chi^2>\chi^2_{\frac{\alpha}{2}}(n-1)$.

15. $U=\dfrac{\overline{X}-\overline{Y}}{\sigma}\sqrt{\dfrac{n_1n_2}{n_1+n_2}}$, $|u|>u_{\frac{\alpha}{2}}$, $T=\dfrac{\overline{X}-\overline{Y}}{\sqrt{\dfrac{(n_1-1)S_1^2+(n_2-1)S_2^2}{n_1+n_2-2}}}\sqrt{\dfrac{n_1n_2}{n_1+n_2}}$, $|t|>t_{\frac{\alpha}{2}}(n_1+n_2-2)$.

16. $\dfrac{\overline{X}}{Q}\sqrt{n(n-1)}$, t 分布, $n-1$.

习题九

1. 总体均值 μ_A 与 μ_B、μ_B 与 μ_C 有显著差异,置信区间分别为(7.36, 17.84), (−20, −8.8).

2. 差异不显著. **3.** 有显著差异. **4.** 有显著差异. **5.** $\hat{\beta}=\dfrac{\sum\limits_{i=1}^{n}x_iy_i}{\sum\limits_{j=1}^{n}x_j^2}$.

6. $\hat{b}=0.87$, $\hat{a}=67.52$, $\hat{\sigma}^2=1.21$.

7. (1) 散点图略. (2) $y=13.958\,4+12.550\,3x$. (3) 拒绝 H_0. (4) (19.741 3, 20.708 7).

8. 散点图略,线性回归方程 $y=24.628\,6+0.058\,9x$.

参考文献

[1] 陈家鼎,刘婉如,汪仁官:《概率统计讲义》(第二版),高等教育出版社,1982 年.
[2] 何蕴理,贺亚平,陈中和:《概率论与数理统计》,高等教育出版社,1988 年.
[3] 袁荫棠:《概率论与数理统计》(修订本),中国人民大学出版社,1990 年.
[4] 吴亚森,孙爱霞:《概率论与数理统计》,华南理工大学出版社,1994 年.
[5] 韩芝隆:《概率论与数理统计》,化学工业出版社,2000 年.
[6] 郭金吉,戴沨,等:《概率论与数理统计》,化学工业出版社,2007 年.
[7] 杨亚非:《概率与数理统计基础》,化学工业出版社,2003 年.

附　　录

附录 1　排列与组合

排列与组合是学习概率论与数理统计特别是古典概率必须具备的知识. 在此附录中对排列与组合做一简单复习，主要是给出有关公式和结论以便查阅.

例 1　从甲地到乙地，可以坐轮船，也可以坐汽车或火车直达，且每天有轮船 3 班，火车 4 趟，汽车 5 班. 问在一天内从甲地到乙地共有多少种不同走法？

解　因为坐轮船有 3 种走法，坐火车有 4 种走法，坐汽车有 5 种走法. 因此从甲地到乙地共有 $3+4+5=12$ 种走法.

假设完成一件事有 m 类办法，在第一类办法中有 n_1 种方法，在第二类办法中有 n_2 种方法，……，在第 m 类办法中有 n_m 种方法，则完成这件事共有 $n_1+n_2+\cdots+n_m$ 种不同的方法. 这就是**加法原理**.

例 2　从甲村到丙村必须经过乙村，已知甲村到乙村有 2 条路可走，乙村到丙村有 3 条路可走. 问从甲村到丙村共有几种走法？

解　如图 F.1 所示，从甲到乙有 a_1，a_2 2 条路，从乙到丙有 b_1，b_2，b_3 3 条路. 所以从甲经乙到丙的所有走法排列如下：

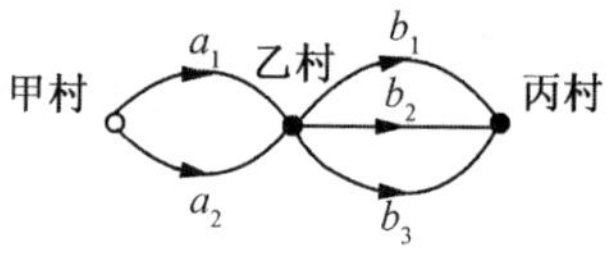

图 F.1

$$a_1b_1 \quad a_1b_2 \quad a_1b_3$$
$$a_2b_1 \quad a_2b_2 \quad a_2b_3$$

即从 a_1 走的有 3 种走法，从 a_2 走的又有 3 种走法，因此从甲到丙共有 $3+3=2\times3=6$ 种走法.

一般地，若要完成一件工作必须经过 m 个步骤，而完成第一个步骤有 n_1 种方法，完成第二个步骤有 n_2 种方法，……，完成第 m 个步骤有 n_m 种方法，那么完成这件工作共有 $n_1\times n_2\times\cdots\times n_m$ 种方法. 这就是**乘法原理**.

例 3　某厂有甲、乙、丙 3 个车间，分别有职工 10 人，12 人，15 人. 厂里要选举 3 名工会代表，并规定需从甲、乙、丙 3 个车间各选 1 名，问有多少种可能的选举结果.

解　要完成选举可分 3 步：先从甲车间选 1 名，有 10 种选法；再从乙车间选 1 名，有 12 种选法；最后从丙车间选 1 名，有 15 种选法. 故由乘法原理知共有 $10\times12\times15=1\,800$ 种不同选法.

例 4　从 4 个候选人中选 3 人分别担任班长、副班长和学习委员，有多少种不同的选法？

解 可分 3 步：先选班长，有 4 种不同选法；再选副班长，有 3 种选法；最后选学习委员，有 2 种选法. 故由乘法原理知共有 $4\times3\times2=24$ 种选法.

例 5 由 5 个不同的自然数 1,2,3,4,5，可组成多少个没有重复数字的两位数.

解 根据乘法原理，组成两位数这件事有 2 个步骤. 第一步是选十位数字，$n_1=5$，第二步是选个位数字，$n_2=4$，所以可组成 $5\times4=20$ 个没有重复数字的两位数.

例 4 讲的是人，例 5 讲的是自然数. 如果撇开具体对象，把人与自然数统称为元素，那么，例 4 可以这样叙述：在 4 个不同的元素中任取 3 个，按一定的顺序排成一排，所有的排列种数有多少？

同样，例 5 可叙述为：在 5 个不同的元素中任取 2 个，按一定的顺序排成一排，所有的排列种数有多少？

定义 1 从 n 个不同元素中，每次取出 m $(m\leqslant n)$ 个按照一定的顺序排成一排，叫作从 n 个元素中每次取 m 个的**选排列**，所做出的不同排列的种数用 A_n^m 表示.

从例 4 和例 5 可知 A_n^m 等于 m 个连续自然数的乘积，而最大的一个自然数为 n，即

$$A_n^m=n(n-1)\cdots(n-m+1)$$

例 6 由 5 个不同的自然数 1,2,3,4,5，可组成多少个没有重复数字的五位数？

解 这相当于从 5 个不同元素中，取出全部 5 个元素按照一定的顺序排成一排，不同排列的种数(即没有重复数字的五位数)为

$$A_5^5=5\times4\times3\times2\times1=120$$

把所有元素都取出，按照一定的顺序排成一排叫作**全排列**，这时用另一个记号 P_n(即 $P_n=A_n^n$)表示所有的排列种数，它是从 $1\sim n$ 的 n 个连续自然数的乘积，称为 n 的**阶乘**，记作 $n!$.

例 7 由 5 个不同的自然数 1,2,3,4,5，可组成多少个可有重复数字的两位数？

解 因为十位数字和个位数字允许重复，故选十位数字时有 5 种选法，选个位数字时仍有 5 种选法. 由乘法原理可知，共可组成 $5\times5=25$ 个可有重复数字的两位数.

这种允许元素重复出现的排列，叫作**可重复排列**. 从 n 个不同的元素中有放回地取出 m 个元素的排列，这样的 m 个元素的可重复排列的种数是

$$\underbrace{n\times n\times\cdots\times n}_{m个}=n^m$$

在前面讨论的排列中，不仅要注意排列里的元素，而且还要注意它们的次序. 也就是说，在排列中，即使所含元素相同，但只要次序不同就认为是不同的排列. 然而，在实际问题中，有时只需考虑参加排列的元素而无须考虑它们的次序. 例如，从 50 名学生中任选 5 人组成班委会(暂不分工)有几种不同选法，就是组合问题.

定义 2 从 n 个不同元素中任取 $m(m\leqslant n)$ 个成为一组而不论它们排列次序如何，称每个组为一个**组合**.

用 C_n^m 表示从 n 个元素中任取 m 个进行组合得到的组合的个数. 如何求 C_n^m 呢？事实上，排列和组合之间是有一定关系的.

从n个元素中取m个进行排列，可以看成是：先取m个元素进行组合，然后对这m个元素进行全排列. 所以，由乘法原理知，这些排列总数应为$C_n^m \cdot m!$，即$A_n^m = C_n^m \cdot m!$，

故
$$C_n^m = \frac{A_n^m}{m!} = \frac{n(n-1)\cdots(n-m+1)}{m!} = \frac{n!}{m!\,(n-m)!}$$

关于组合有以下重要性质

$$C_n^m = C_n^{n-m}$$

由上式知，

当$m=1$时，$C_n^1 = C_n^{n-1} = n$；

当$m=n$时，$C_n^n = \frac{n!}{n!\,(n-n)!} = \frac{1}{0!}$.

而按组合的定义知$C_n^n = 1$，所以规定$0! = 1$.

例 8 从 10 个零件中一次抽取 3 个，有多少种取法？

解 因为是一次抽取 3 个零件，所以不必考虑它们的抽取次序. 这显然是一个组合问题. 共有$C_{10}^3 = \frac{10 \times 9 \times 8}{3!} = 120$种不同的取法.

例 9 有一批产品共 100 件，其中含合格品 95 件，次品 5 件. 现在从中任取 10 件，要求使其中恰有 2 件次品，问有几种不同的取法？

解 取 10 件可以分两个步骤：首先从 95 件合格品中任取 8 件，然后从 5 件次品中任取 2 件，故共有$C_{95}^8 \cdot C_5^2 = \frac{95!}{8! \times 87!} \times \frac{5!}{2! \times 3!}$种取法.

附录 2　MATLAB 在概率统计中的应用

MATLAB 是近年来应用最广泛的科学和工程计算软件之一，它集计算、可视化和编程等功能为一体. 在 MATLAB 软件中有一个统计工具箱，包含了数理统计中的相关概念、理论、方法和算法. 本附录将简要介绍 MATLAB(版本 6.5.1)在概率统计中的应用.

一、进入 MATLAB

安装好 MATLAB 软件后，在桌面上会出现 MATLAB 6.5.1 的图标. 如图 F.2 所示.

图 F.2

双击 MATLAB 6.5.1 的图标，进入 MATLAB 的工作窗. 如图 F.3 所示.

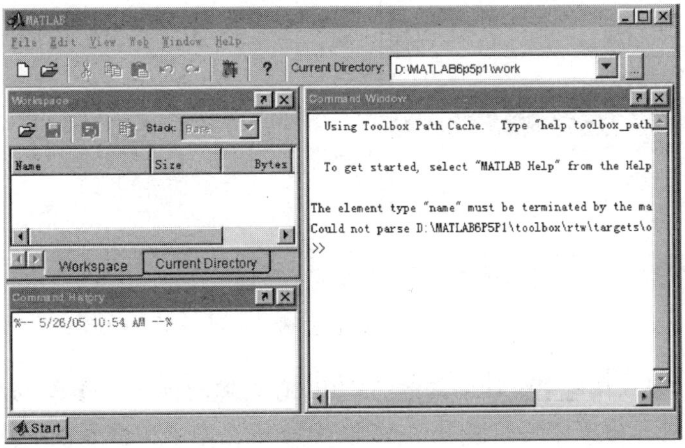

图 F.3

图 F.2 右边为 MATLAB 的命令窗口,在“≫”后面输入相应命令,按 Enter 键即可得到计算结果. 如要计算 $n=1\ 000, p=0.5$ 的二项分布的期望和方差,应在“≫”后面输入“[E,D]=binostat(1000,0.5)”,如图 F.4 所示.

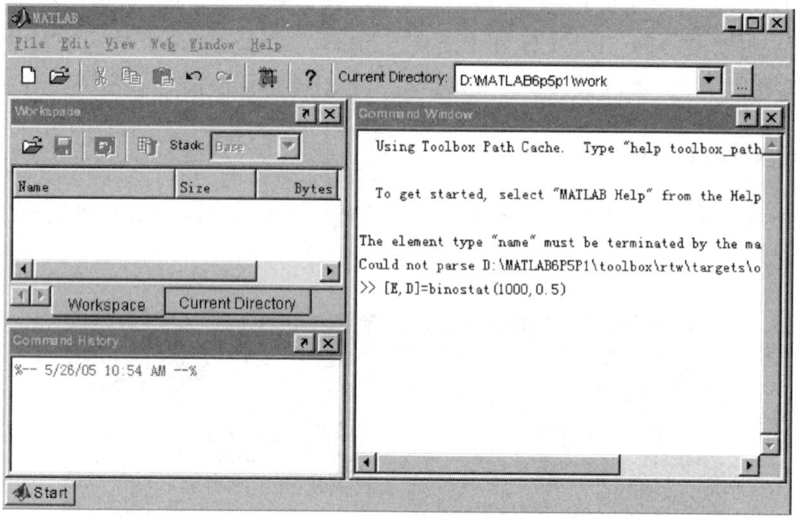

图 F.4

按 Enter 键,得结果:期望 $E=500$,方差 $D=250$. 如图 F.5 所示.

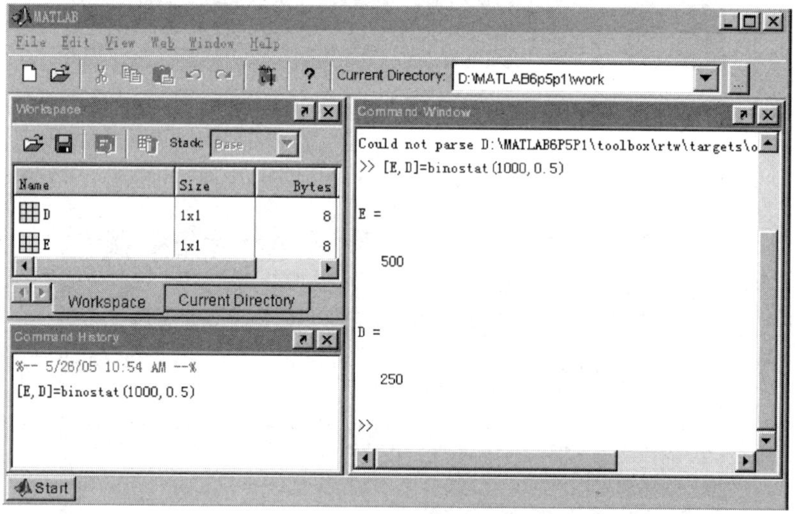

图 F.5

对于 MATLAB 在概率统计中其他的应用,有兴趣的读者可参考 MATLAB 应用的相关书籍. 在此处只简单介绍如何用 MATLAB 来解决本书中涉及的一些最基本的计算问题.

二、概率分布与数字特征

随机变量的分布函数或密度函数能刻画随机变量的特点，MATLAB 提供了多种随机变量的概率分布.在本书中常见的概率分布如表 F.1 所示.

表 F.1

分布	命令	分布	命令
二项分布	bino	正态分布	norm
泊松分布	poiss	t 分布	t
均匀分布	unif	χ^2 分布	Chi2
指数分布	exp	F 分布	f

在 MATLAB 的统计工具箱中，对每一种分布都提供了五种函数，本书用到的函数如表 F.2 所示.

表 F.2

函数	命令	函数	命令
概率密度	pdf	分布函数	cdf
逆概率	inv	期望与方差	stat

以上两张表格结合起来就有形如 poisspdf，tinv，expcdf，binostat 等命令，它们分别表示求泊松分布的概率密度、t 分布的上侧 α 分位数、指数分布的分布函数值、二项分布的期望与方差等.在实际应用中还要给出分布的参数.下面举一些具体的例子来说明.

(1) 二项分布的概率

命令：y=binopdf(X,n,p)

含义：$X\sim B(n,p)$，$y=C_n^x p^x(1-p)^{n-x}$，$x=0,1,\cdots,n$.

例 1　某射手独立射击 400 次，设每次射击击中的概率为 0.02，试求命中次数大于或等于 2 的概率.

解　设命中的次数为 X，则 $X\sim B(400,0.02)$，于是

$$P\{X\geqslant 2\}=1-P\{X=0\}-P\{X=1\}$$

用 MATLAB 软件计算，输入命令

y=1-binopdf(0,400,0.02)-binopdf(1,400,0.02)

结果得：y=0.997 2.

(2) 泊松分布的概率

命令：y=poisspdf(X,Lambda)

含义：$X\sim P(Lambda)$，$y=\frac{(Lambda)^k}{x!}e^{-Lambda}$，$x=0,1,2,\cdots$.

例 2 设 $X\sim P(2)$,求 $P\{x=4\}$.

解 在此泊松分布中,参数 $Lambda=2$,用命令

y=poisspdf(4,2)

计算出 y=0.090 2.

(3) 指数分布的概率密度

命令:y=exppdf(X,Lambda)

含义:X 服从指数分布,参数为 $Lambda$,对 X 的任一值 x 计算起密度函数在 x 处的值 $f(x)$.

(4) 正态分布的概率密度

命令:y=normpdf(X,mu,sigma)

含义:X 服从参数 $mu,sigma^2$ 的正态分布,对 X 的任一值 x,求其密度 $f(x)$.

说明:当 $X\sim N(0,1)$时命令可简化为 y=normpdf(X).

(5) 正态分布的分布函数

命令:y=normcdf(X,mu,sigma)

含义:X 服从参数 $mu,sigma^2$ 的正态分布,求 X 的分布函数在任一处 x 的函数值.

说明:当 $X\sim N(0,1)$时命令可简化为 y=normcdf(X).

例 3 $X\sim N(1,4)$,求 $P\{0\leqslant X\leqslant 3\}$.

解 用命令 y=normcdf(3,1,2)−normcdf(0,1,2),得结果 y=0.5328.

(6) 逆概率分布

仅以 t 分布为例.

命令:x=tinv(1−alpha,n)

含义:对随机变量 $X\sim t(n)$,给定 $alpha$,求 x 使得 $P\{X\leqslant x\}\leqslant 1-alpha$.

例 4 设 $X\sim t(500)$,$alpha=0.05$,求 X 的上侧 $alpha$ 分位数.

解 $1-alpha=0.95$,于是 x=tinv(0.95,500)=1.647 9.

(7) 数字特征

stat 命令可计算随机变量的均值与方差. 下面以二项分布为例.

命令:[E,D]=binostat(n,p)

含义:$X\sim B(n,p)$,求 X 的均值 EX 与方差 DX. 结果中 E 为均值,D 为方差.

例 5 设 $X\sim B(1\,000,0.5)$,求 EX,DX.

解 用命令[E,D]=binostat(1 000,0.5),得结果 E=500,D=250.

三、数理统计中的应用举例

在本节中,以参数估计和假设检验为例来说明 MATLAB 在数理统计中的应用.

1. 参数估计

(1) 泊松分布

点估计命令为 Lambda=poissfit(x)

区间估计命令为[Lambda,Lambdaci]=poissfit(x)

说明：点估计的命令是根据泊松分布数据 x，对参数 *Lambda* 进行估计；在区间估计中，*Lambdaci* 给出置信度为 100(1−*alpha*)%的置信区间，*Lambda* 为点估计值，即区间估计命令同时给出点估计和区间估计. 下面(2)、(3)的区间估计命令也是同时给出点估计和区间估计.

(2) 指数分布

点估计命令为 mu=expfit(x)

区间估计命令为[mu,muci]=expfit(x,alpha)

这里 *muci* 表示置信度为 100(1−*alpha*)%的置信区间，*mu* 为点估计.

(3) 正态分布

点估计命令为[mu,sigma]=normfit(x)

区间估计命令为[mu,sigma,muci,sigmaci]=normfit(x,alpha)

这里 *mu*，*sigma* 为点估计，*muci*，*sigmaci* 表示置信度为 100(1−*alpha*)%的置信区间.

(4) 均匀分布

点估计命令为[a,b]=unifit(x)

区间估计命令为[a,b,aci,bci]=unifit(x,alpha)

在 MATLAB 中，点估计采用极大似然估计法. 以上命令中若 *alpha* 为默认值时，表示 *alpha*=0.05.

例 6　用金球测定引力常数得到一组观察值为

6.681　6.676　6.678　6.679　6.672　6.683

设测定总体服从 $N(mu,sigma^2)$，求：

(1) *mu*，*sigma* 的极大似然估计；

(2) *mu*，*sigma* 的置信度为 0.9 的置信区间.

解　这里 *alpha*=0.10，输入数据 x=[6.681　6.676　6.678　6.679　6.672　6.683].

用命令[mu,sigma,muci,sigmaci]=normfit(x,0.10)，得点估计为

mu=6.6782，sigma=0.0039

区间估计为

muci=6.6750　6.6813

sigmaci=0.0026　0.0081

2. 正态总体的假设检验

(1) 方差($sigma^2$)已知时，总体数学期望的检验

命令：h=ztest(x,m,sigma,alpha)

含义：显著性水平为 *alpha*，方差 $sigma^2$ 已知时，总体数学期望是否为 m. 若结果 $h=1$，则在显著性水平 *alpha* 下，拒绝假设 H_0：$mu=m$；若 $h=0$，则在显著性水平 *alpha*

下，不能拒绝假设 H_0. x 为试验中得到的数据，$alpha$ 的默认值为 0.05.

(2) 方差未知时，总体数学期望的检验

命令：h=ttest(x,m,alpha)

含义：与(1)类似.

(3) 两个正态总体、方差未知但相同时，数学期望的检验

命令：h=ttest2(x,y,alpha)

含义：在两个正态总体方差未知但相同时，对是否有相同的数学期望进行检验，$h=1$ 时表示在显著性水平 $alpha$ 下拒绝假设 H_0：$mu_x=mu_y$；若 $h=0$，则在显著性水平 $alpha$ 下不能拒绝 H_0. $alpha$ 的默认值为 0.05.

例 7 某零件的长度服从正态分布. 已知用原来材料生产的该零件长度均值为 20.0 mm，现在换用新材料生产，且从用新材料生产的产品中随机抽取 4 个样品，测得长度(单位：mm)为：20.2，20.3，19.8，20.2. 试在显著性水平 $alpha=0.05$ 下检验用新材料生产的零件的长度是否起了变化？

解 在本例中方差未知.

输入数据 x=[20.2 20.3 19.8 20.2]，m=20.0，alpha=0.05.

用命令 h=ttest(x,m,alpha)，得 h=0.

故在显著性水平 0.05 下不能说零件的平均长度发生了变化.

附录 3　标准正态分布表

$$\Phi(x)=\frac{1}{\sqrt{2\pi}}\int_{-\infty}^{x}\mathrm{e}^{-\frac{t^2}{2}}\,\mathrm{d}t\quad(x\geqslant 0)$$

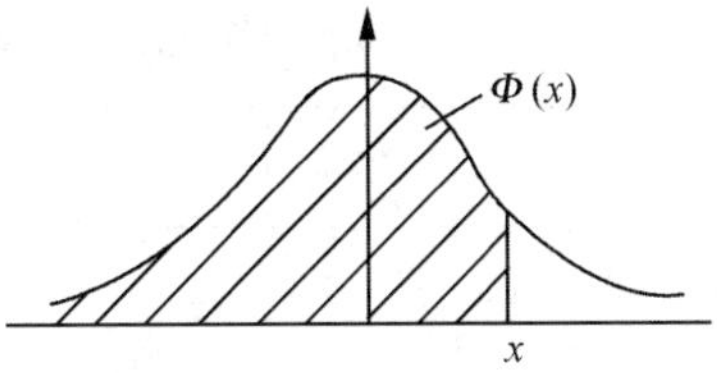

x	0	1	2	3	4	5	6	7	8	9
0.0	0.500 0	0.504 0	0.508 0	0.512 0	0.516 0	0.519 9	0.523 9	0.527 9	0.531 9	0.535 9
0.1	0.539 8	0.543 8	0.547 8	0.551 7	0.555 7	0.559 6	0.563 6	0.567 5	0.571 4	0.575 3
0.2	0.579 3	0.583 2	0.587 1	0.591 0	0.594 8	0.598 7	0.602 6	0.606 4	0.610 3	0.614 1
0.3	0.617 9	0.621 7	0.625 5	0.629 3	0.633 1	0.636 8	0.640 6	0.644 3	0.648 0	0.651 7
0.4	0.655 4	0.659 1	0.662 8	0.666 4	0.670 0	0.673 6	0.677 2	0.680 8	0.684 4	0.687 9
0.5	0.691 5	0.695 0	0.698 5	0.701 9	0.705 4	0.708 8	0.712 3	0.715 7	0.719 0	0.722 4
0.6	0.725 7	0.729 1	0.732 4	0.735 7	0.738 9	0.742 2	0.745 4	0.748 6	0.751 7	0.754 9
0.7	0.758 0	0.761 1	0.764 2	0.767 3	0.770 3	0.773 4	0.776 4	0.779 4	0.782 3	0.785 2
0.8	0.788 1	0.791 0	0.793 9	0.796 7	0.799 5	0.802 3	0.805 1	0.807 8	0.810 6	0.813 3
0.9	0.815 9	0.816 1	0.821 2	0.823 8	0.826 4	0.828 9	0.831 5	0.834 0	0.836 5	0.838 9
1.0	0.841 3	0.843 8	0.846 1	0.848 5	0.850 8	0.853 1	0.855 4	0.857 7	0.859 9	0.862 1
1.1	0.864 3	0.866 5	0.868 6	0.870 8	0.872 9	0.874 9	0.877 0	0.879 0	0.881 0	0.883 0
1.2	0.884 9	0.886 9	0.888 8	0.890 7	0.892 5	0.894 4	0.896 2	0.898 0	0.899 7	0.901 5
1.3	0.903 2	0.904 9	0.906 6	0.908 2	0.909 9	0.911 5	0.913 1	0.914 7	0.916 2	0.917 7
1.4	0.919 2	0.920 7	0.922 2	0.923 6	0.925 1	0.926 5	0.927 8	0.929 2	0.930 6	0.931 9
1.5	0.933 2	0.934 5	0.935 7	0.937 0	0.938 2	0.939 4	0.940 6	0.941 8	0.943 0	0.944 1

续表

x	0	1	2	3	4	5	6	7	8	9
1.6	0.945 2	0.946 3	0.947 4	0.948 4	0.949 5	0.950 5	0.9515	0.952 5	0.953 5	0.954 5
1.7	0.955 4	0.956 4	0.957 4	0.958 2	0.959 1	0.959 9	0.960 8	0.961 6	0.962 5	0.963 3
1.8	0.964 1	0.964 8	0.965 6	0.966 4	0.967 1	0.967 8	0.968 6	0.969 3	0.970 0	0.970 6
1.9	0.971 3	0.971 9	0.972 6	0.973 2	0.973 8	0.974 4	0.975 0	0.975 6	0.976 2	0.976 7
2.0	0.977 2	0.977 8	0.978 3	0.978 8	0.979 3	0.979 8	0.980 3	0.980 8	0.981 2	0.981 7
2.1	0.982 1	0.982 6	0.983 0	0.983 4	0.983 8	0.984 2	0.984 6	0.985 0	0.985 4	0.985 7
2.2	0.986 1	0.986 4	0.986 8	0.987 1	0.987 4	0.987 8	0.988 1	0.988 4	0.988 7	0.989 0
2.3	0.989 3	0.989 6	0.989 8	0.990 1	0.990 4	0.990 6	0.990 9	0.991 1	0.991 3	0.991 6
2.4	0.991 8	0.992 0	0.992 2	0.992 5	0.992 7	0.992 9	0.993 1	0.993 2	0.993 4	0.993 6
2.5	0.993 8	0.994 0	0.994 1	0.994 3	0.994 5	0.994 6	0.994 8	0.994 9	0.995 1	0.995 2
2.6	0.995 3	0.995 5	0.995 6	0.995 7	0.995 9	0.996 0	0.996 1	0.996 2	0.996 3	0.996 4
2.7	0.996 5	0.996 6	0.996 7	0.996 8	0.996 9	0.997 0	0.997 1	0.997 2	0.997 3	0.997 4
2.8	0.997 4	0.997 5	0.997 6	0.997 7	0.997 7	0.997 8	0.997 9	0.997 9	0.998 0	0.998 1
2.9	0.998 1	0.998 2	0.998 2	0.998 3	0.998 4	0.998 4	0.998 5	0.998 5	0.998 6	0.998 6
3.0	0.998 7	0.998 7	0.998 7	0.998 8	0.998 8	0.998 9	0.998 9	0.998 9	0.999 0	0.999 0

x	1.282	1.645	1.960	2.326	2.576	3.000	3.291
$\Phi(x)$	0.90	0.95	0.975	0.99	0.995	0.998 7	0.999 5

附录 4　泊松分布表

$$1-F(x-1)=\sum_{r=x}^{+\infty}\frac{\lambda^r e^{-\lambda}}{r!}$$

x	$\lambda=0.2$	$\lambda=0.3$	$\lambda=0.4$	$\lambda=0.5$	$\lambda=0.6$
0	1.000 000 0	1.000 000 0	1.000 000 0	1.000000 0	1.000 000 0
1	0.181 269 2	0.259 181 8	0.329 680 0	0.323 469	0.451 188
2	0.017 521 3	0.036 936 3	0.061 551 9	0.090 204	0.121 901
3	0.001 148 5	0.003 599 5	0.007 926 3	0.014 388	0.023 115
4	0.000 056 8	0.000 265 8	0.000 776 3	0.001 752	0.003 358
5	0.000 002 3	0.000 015 8	0.000 061 2	0.000 172	0.000 394
6	0.000 000 1	0.000 000 8	0.000 004 0	0.000 014	0.000 039
7			0.000 000 2	0.000 001	0.000 003

x	$\lambda=0.7$	$\lambda=0.8$	$\lambda=0.9$	$\lambda=1.0$	$\lambda=1.1$
0	1.000 000 0	1.000 000 0	1.000 000 0	1.000 000 0	1.000 000 0
1	0.503 415	0.550 671	0.593 430	0.632 121	0.698 806
2	1.155 805	0.191 208	0.227 518	0.264 241	0.337 373
3	0.034 142	0.047 423	0.062 857	0.080 301	0.120 513
4	0.005 753	0.009 080	0.013 459	0.018 988	0.033 769
5	0.000 786	0.001 411	0.002 344	0.003 660	0.007 746
6	0.000 090	0.000 184	0.000 343	0.000 594	0.001 500
7	0.000 009	0.000 021	0.000 043	0.000 083	0.000 251
8	0.000 001	0.000 002	0.000 005	0.000 010	0.000 037
9				0.000 001	0.000 005
10					0.000 001

x	$\lambda=1.4$	$\lambda=1.6$	$\lambda=1.8$		
0	1.000 000	1.000 000	1.000 000		
1	0.753 403	0.798 103	0.834 701		
2	0.408 167	0.475 069	0.537 163		
3	0.166 502	0.216 642	0.269 379		

续表

x	$\lambda=1.4$	$\lambda=1.6$	$\lambda=1.8$		
4	0.053 725	0.078 813	0.108 708		
5	0.014 253	0.023 682	0.036 407		
6	0.003 201	0.006 040	0.101 378		
7	0.000 622	0.001 336	0.002 569		
8	0.000 107	0.000 260	0.000 562		
9	0.000 016	0.000 045	0.000 110		
10	0.000 002	0.000 007	0.000 019		
11		0.000 001	0.000 003		

x	$\lambda=2.5$	$\lambda=3.0$	$\lambda=3.5$	$\lambda=4.0$	$\lambda=4.5$	$\lambda=5.0$
0	1.000 000	1.000 000	1.000 000	1.000 000	1.000 000	1.000 000
1	0.917 915	0.950 213	0.969 803	0.981 684	0.988 891	0.993 262
2	0.712 703	0.800 852	0.864 112	0.908 422	0.938 901	0.959 572
3	0.456 187	0.576 810	0.679 153	0.761 897	0.826 422	0.875 348
4	0.242 424	0.352 768	0.463 367	0.566 530	0.657 704	0.734 974
5	0.108 822	0.184 737	0.274 555	0.371 163	0.467 896	0.559 507
6	0.042 021	0.083 918	0.142 386	0.214 870	0.297 070	0.384 039
7	0.014 187	0.033 509	0.065 288	0.110 674	0.168 949	0.237 817
8	0.004 247	0.011 905	0.026 739	0.051 134	0.086 586	0.133 372
9	0.001 140	0.003 803	0.009 874	0.021 363	0.040 257	0.068 094
10	0.000 277	0.001 102	0.003 315	0.008 132	0.017 093	0.031 828
11	0.000 062	0.000 292	0.001 019	0.002 840	0.006 669	0.013 695
12	0.000 013	0.000 071	0.000 289	0.000 915	0.002 404	0.005 453
13	0.000 002	0.000 016	0.000 076	0.000 274	0.000 805	0.002 019
14		0.000 003	0.000 019	0.000 076	0.000 252	0.000 698
15		0.000 001	0.000004	0.000020	0.000 074	0.000 226
16			0.000001	0.000005	0.000 020	0.000 069
17				0.000001	0.000 005	0.000 020
18					0.000 01	0.000 005
19						0.000 001

附录5 χ^2 分布表

$$P\{\chi^2(n)>\chi_\alpha^2(n)\}=\alpha$$

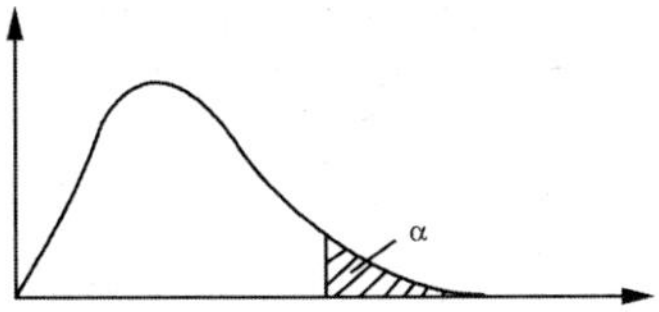

n	α=0.995	α=0.99	α=0.975	α=0.95	α=0.90	α=0.75
1			0.001	0.004	0.016	0.102
2	0.010	0.020	0.051	0.103	0.211	0.575
3	0.072	0.115	0.216	0.352	0.584	1.213
4	0.207	0.297	0.484	0.711	1.064	1.923
5	0.412	0.554	0.831	1.145	1.610	2.675
6	0.676	0.872	1.237	1.635	2.204	3.455
7	0.989	1.239	1.690	2.167	2.833	4.255
8	1.344	1.646	2.180	2.733	3.490	5.071
9	1.735	2.088	2.700	3.325	4.168	5.899
10	2.156	2.558	3.247	3.940	4.865	6.737
11	2.603	3.053	3.816	4.575	5.578	7.584
12	3.074	3.571	4.404	5.226	6.304	8.438
13	3.565	4.107	5.009	5.892	7.042	9.299
14	4.075	4.660	5.629	6.571	7.790	10.165
15	4.601	5.229	6.262	7.261	8.547	11.037
16	5.142	5.812	6.908	7.962	9.312	11.912
17	5.697	6.408	7.564	9.672	10.085	12.792
18	6.265	7.015	8.231	9.390	10.865	13.675
19	6.844	7.633	8.907	10.117	11.651	14.562
20	7.434	8.026	9.591	10.851	12.443	15.452
21	8.034	8.897	10.283	11.591	13.240	16.344
22	8.643	9.542	10.982	12.338	14.042	17.240

续表

n	$\alpha=0.995$	$\alpha=0.99$	$\alpha=0.975$	$\alpha=0.95$	$\alpha=0.90$	$\alpha=0.75$
23	9.260	10.196	11.689	13.091	14.848	18.137
24	9.886	10.856	12.401	13.848	15.659	19.037
25	10.520	11.524	13.120	14.611	16.473	19.939
26	11.160	12.198	13.844	15.379	17.292	20.843
27	11.808	12.879	14.573	16.151	18.114	21.749
28	12.461	13.565	15.308	16.928	18.939	22.657
29	13.121	14.257	16.047	17.708	19.768	23.567
30	13.787	14.954	16.791	18.493	20.599	24.478
31	14.458	15.655	17.539	19.281	21.434	25.390
32	15.134	16.362	18.291	20.072	22.271	26.304
33	15.815	17.074	19.047	20.867	23.110	27.219
34	16.501	17.789	19.806	21.664	23.952	28.136
35	17.192	18.509	20.569	22.465	24.797	29.054
36	17.887	19.233	21.336	23.269	25.643	29.973
37	18.586	19.960	22.106	24.075	26.492	30.893
38	19.289	20.691	22.878	24.884	27.343	31.815
39	19.996	21.426	23.654	25.695	28.196	32.737
40	20.707	22.164	24.433	26.509	29.051	33.660
41	21.421	22.906	25.215	27.326	29.907	34.585
42	22.138	23.650	25.999	28.144	30.765	35.510
43	22.859	24.398	26.785	28.965	31.625	36.436
44	23.584	25.148	27.575	29.787	32.487	37.363
45	24.311	25.901	28.366	30.612	33.350	38.291
n	$\alpha=0.25$	$\alpha=0.10$	$\alpha=0.05$	$\alpha=0.025$	$\alpha=0.01$	$\alpha=0.005$
1	1.323	2.706	3.841	5.024	6.635	7.879
2	2.773	4.605	5.991	7.378	9.210	10.597
3	4.108	6.251	7.815	9.348	11.345	12.838
4	5.385	7.779	9.488	11.143	13.277	14.860
5	6.626	9.236	11.071	12.833	15.086	16.750

续表

n	$\alpha=0.25$	$\alpha=0.10$	$\alpha=0.05$	$\alpha=0.025$	$\alpha=0.01$	$\alpha=0.005$
6	7.841	10.645	12.592	14.449	16.812	18.548
7	9.037	12.017	14.067	16.013	18.475	20.278
8	10.219	13.362	15.507	17.535	20.090	21.955
9	11.389	14.684	16.919	19.023	21.666	23.589
10	12.549	15.987	18.307	20.483	23.209	25.188
11	13.701	17.275	19.675	21.920	24.725	26.757
12	14.845	18.549	21.026	23.337	26.217	28.299
13	15.984	19.812	22.362	24.736	27.688	29.819
14	17.117	21.064	23.685	26.119	29.141	31.319
15	18.245	22.307	24.996	27.488	30.578	32.801
16	19.369	23.542	26.296	28.845	32.000	34.267
17	20.489	24.769	27.587	30.191	33.409	35.718
18	21.605	25.989	28.869	31.526	34.805	37.156
19	22.718	27.204	30.144	32.852	36.191	38.582
20	23.828	28.412	31.410	34.170	37.566	39.997
21	24.935	29.615	32.671	35.479	38.932	41.401
22	26.039	30.813	33.924	36.781	40.289	42.796
23	27.141	32.007	35.172	38.076	41.638	44.181
24	28.241	33.196	36.415	39.364	42.980	45.559
25	29.339	34.382	37.652	40.646	44.314	46.928
26	30.435	35.563	38.885	41.923	45.642	48.290
27	31.528	36.741	40.113	43.194	46.963	49.645
28	32.620	37.916	41.337	44.461	48.278	50.993
29	33.711	39.087	42.557	45.722	49.588	52.336
30	34.800	40.256	43.773	46.979	50.892	53.672
31	35.887	41.422	44.985	48.232	52.191	55.003
32	36.973	42.585	46.194	49.480	53.486	56.328
33	38.056	43.745	47.400	50.725	54.776	57.648
34	39.141	44.903	48.602	51.966	56.061	58.964
35	40.223	46.059	49.802	53.203	57.342	60.275

续表

n	$\alpha=0.25$	$\alpha=0.10$	$\alpha=0.05$	$\alpha=0.025$	$\alpha=0.01$	$\alpha=0.005$
36	41.304	47.212	50.998	54.437	58.619	61.581
37	42.383	48.363	52.192	55.668	59.892	62.883
38	43.462	49.513	53.384	56.896	61.162	64.181
39	44.539	50.660	54.572	58.120	62.428	65.476
40	45.616	51.805	55.758	59.342	63.691	66.766
41	46.692	52.949	56.942	60.561	64.950	68.053
42	47.766	54.090	58.124	61.777	66.206	69.336
43	48.840	55.230	59.304	62.990	67.459	70.616
44	49.913	56.369	60.481	64.201	68.710	71.893
45	50.985	57.505	61.656	65.410	69.957	73.166

附录6　t 分布表

$$P\{T(n)>t_\alpha(n)\}=\alpha$$

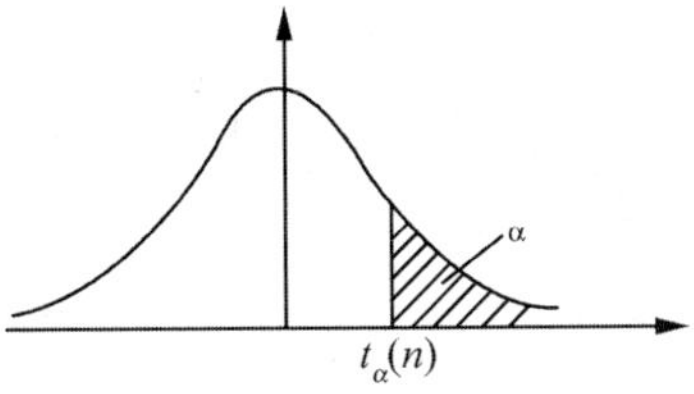

n	$\alpha=0.25$	$\alpha=0.10$	$\alpha=0.05$	$\alpha=0.025$	$\alpha=0.01$	$\alpha=0.005$
1	1.000 0	3.077 7	6.313 8	12.706 2	31.820 7	63.657 4
2	0.816 5	1.885 6	2.920 0	4.302 4	6.964 6	9.924 8
3	0.764 9	1.637 7	2.353 4	3.182 4	4.540 7	5.840 9
4	0.740 7	1.533 2	2.131 8	2.776 4	3.746 9	4.604 1
5	0.726 7	1.475 9	2.015 0	2.570 6	3.364 9	4.032 2
6	0.717 6	1.439 8	1.943 2	2.446 9	3.142 7	3.707 4
7	0.711 1	1.414 9	1.894 2	2.364 6	2.998 0	3.499 5
8	0.706 4	1.396 8	1.859 5	2.306 0	2.896 5	3.355 4
9	0.702 7	1.383 0	1.833 1	2.262 2	2.821 4	3.249 8
10	0.699 8	1.372 2	1.812 5	2.228 1	2.763 8	3.169 3
11	0.697 4	1.363 4	1.795 9	2.201 0	2.718 1	3.105 8
12	0.695 5	1.356 2	1.782 3	2.178 8	2.681 0	3.054 5
13	0.693 8	1.350 2	1.770 9	2.160 4	2.650 3	3.012 3
14	0.692 4	1.345 0	1.761 3	2.144 8	2.624 5	2.976 8
15	0.691 2	1.340 6	1.753 1	2.131 5	2.602 5	2.946 7
16	0.690 1	1.336 8	1.745 9	2.119 9	2.583 5	2.920 8
17	0.689 2	1.333 4	1.739 6	2.109 8	2.566 9	2.898 2
18	0.688 4	1.330 4	1.734 1	2.100 9	2.552 4	2.878 4
19	0.687 6	1.327 7	1.729 1	2.093 0	2.539 5	2.860 9
20	0.687 0	1.325 3	1.724 7	2.086 0	2.528 0	2.845 3
21	0.686 4	1.323 2	1.720 7	2.079 6	2.517 7	2.831 4
22	0.685 8	1.321 2	1.717 1	2.073 9	2.508 3	2.818 8

续表

n	$\alpha=0.25$	$\alpha=0.10$	$\alpha=0.05$	$\alpha=0.025$	$\alpha=0.01$	$\alpha=0.005$
23	0.685 3	1.319 5	1.713 9	2.068 9	2.499 9	2.807 3
24	0.684 8	1.317 8	1.710 9x	2.063 9	2.492 2	2.796 9
25	0.684 4	1.316 3	1.708 1	2.059 5	2.485 1	2.787 4
26	0.684 0	1.315 0	1.705 6	2.055 5	2.478 6	2.778 7
27	0.683 7	1.313 7	1.703 3	2.051 8	2.472 7	2.770 7
28	0.683 4	1.312 5	1.701 1	2.048 4	2.467 1	2.763 3
29	0.683 0	1.311 4	1.699 1	2.045 2	2.462 0	2.756 4
30	0.682 8	1.310 4	1.697 3	2.042 3	2.457 3	2.750 0
31	0.682 5	1.309 5	1.695 5	2.039 5	2.452 8	2.744 0
32	0.682 2	1.308 6	1.693 9	2.036 9	2.448 7	2.738 5
33	0.682 0	1.307 7	1.692 4	2.034 5	2.444 8	2.733 3
34	0.681 8	1.307 0	1.690 9	2.032 2	2.441 1	2.728 4
35	0.681 6	1.306 2	1.689 6	2.030 1	2.437 7	2.723 8
36	0.681 4	1.305 5	1.688 3	2.028 1	2.434 5	2.719 5
37	0.681 2	1.304 9	1.687 1	2.026 2	2.431 4	2.715 4
38	0.681 0	1.304 2	1.686 0	2.024 4	2.428 6	2.711 6
39	0.680 8	1.303 6	1.684 9	2.022 7	2.425 8	2.707 9
40	0.680 7	1.303 1	1.683 9	2.021 1	2.423 3	2.704 5
41	0.680 5	1.302 5	1.682 9	2.019 5	2.420 8	2.701 2
42	0.680 4	1.302 0	1.682 0	2.018 1	2.418 5	2.698 1
43	0.680 2	1.301 6	1.681 1	2.016 7	2.416 3	2.695 1
44	0.680 1	1.301 1	1.680 2	2.015 4	2.414 1	2.692 3
45	0.680 0	1.300 6	1.679 4	2.014 1	2.412 1	2.689 6

附录7　F 分布表

$$P\{F(n_1, n_2) > F_\alpha(n_1, n_2)\} = \alpha$$

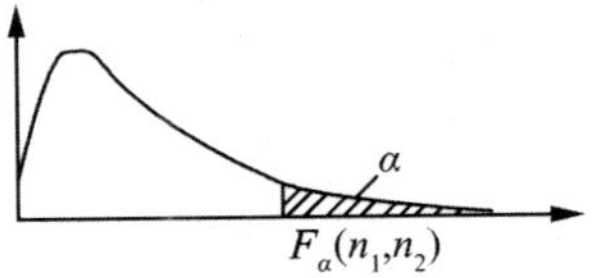

n_2 \ n_1	1	2	3	4	5	6	7	8	9	10	12	15	20	24	30	40	60	120	∞
$\alpha=0.10$																			
1	39.86	49.50	53.59	55.83	57.24	58.20	58.91	59.44	59.86	60.19	60.71	61.22	61.74	62.00	62.26	62.63	62.79	63.06	63.33
2	8.53	9.00	9.16	9.24	9.29	9.33	9.35	9.37	9.38	9.39	9.41	9.42	9.44	9.45	9.46	9.47	9.47	9.48	9.49
3	5.54	5.46	5.39	5.34	5.31	5.28	5.27	5.25	5.24	5.23	5.22	5.20	5.18	5.18	5.17	5.16	5.15	5.14	5.13
4	4.54	4.32	4.19	4.11	4.05	4.01	3.98	3.95	3.94	3.92	3.90	3.87	3.84	3.83	3.82	3.80	3.79	3.78	4.76
5	4.06	3.78	3.62	3.52	3.45	3.40	3.37	3.34	3.32	3.30	3.27	3.24	3.21	3.19	3.17	3.16	3.14	3.12	3.10
6	3.78	3.46	3.29	3.18	3.11	3.05	3.01	2.98	2.96	2.94	2.90	2.87	2.84	2.82	2.80	2.78	2.76	2.74	2.72
7	3.59	3.26	3.07	2.96	2.88	2.83	2.78	2.75	2.72	2.70	2.67	2.63	2.59	2.58	2.56	2.54	2.51	2.49	2.47
8	3.46	3.11	2.92	2.81	2.73	2.67	2.62	2.59	2.56	2.54	2.50	2.46	2.42	2.40	2.38	2.36	2.34	2.32	2.29
9	3.36	3.01	2.81	2.69	2.61	2.55	2.51	2.47	2.44	2.42	2.38	2.34	2.30	2.28	2.25	2.23	2.21	2.18	2.16
10	3.29	2.92	2.73	2.61	2.52	2.46	2.41	2.38	2.35	2.32	2.28	2.24	2.20	2.18	2.16	2.13	2.11	2.08	2.06
11	3.23	2.86	2.66	2.54	2.45	2.39	2.34	2.30	2.27	2.25	2.21	2.17	2.12	2.10	2.08	2.05	2.03	2.00	1.97
12	3.18	2.81	2.61	2.48	2.39	2.33	2.28	2.24	2.21	2.19	2.15	2.10	2.06	2.04	2.01	1.99	1.96	1.93	1.90
13	3.14	2.76	2.56	2.43	2.35	2.28	2.23	2.20	2.16	2.14	2.10	2.05	2.01	1.98	1.96	1.93	1.90	1.88	1.85

续表

$\alpha=0.10$

14	3.10	2.73	2.52	2.39	2.31	2.24	2.19	2.15	2.12	2.10	2.05	2.01	1.96	1.94	1.91	1.89	1.86	1.83	1.80
15	3.07	2.70	2.49	2.36	2.27	2.21	2.16	2.12	2.09	2.06	2.02	1.97	1.92	1.90	1.87	1.85	1.82	1.79	1.76
16	3.05	2.67	2.46	2.33	2.24	2.18	2.13	2.09	2.06	2.03	1.99	1.94	1.89	1.87	1.84	1.81	1.78	1.75	1.72
17	3.03	2.64	2.44	2.31	2.22	2.15	2.10	2.06	2.03	2.00	1.96	1.91	1.86	1.84	1.81	1.78	1.75	1.72	1.69
18	3.01	2.62	2.42	2.29	2.20	2.13	2.08	2.04	2.00	1.98	1.93	1.89	1.84	1.81	1.78	1.75	1.72	1.69	1.66
19	2.99	2.61	2.40	2.27	2.18	2.11	2.06	2.02	1.98	1.96	1.91	1.86	1.81	1.79	1.76	1.73	1.70	1.67	1.63
20	2.97	2.59	2.38	2.25	2.16	2.09	2.04	2.00	1.96	1.94	1.89	1.84	1.79	1.77	1.74	1.71	1.68	1.64	1.61
21	2.96	2.57	2.36	2.23	2.14	2.08	2.02	1.98	1.95	1.92	1.87	1.83	1.78	1.75	1.72	1.69	1.66	4.62	1.59
22	2.95	2.56	2.35	2.22	2.13	2.06	2.01	1.97	1.93	1.90	1.86	1.81	1.76	1.73	1.70	1.67	1.64	1.60	1.57
23	2.94	2.55	2.34	2.21	2.11	2.05	1.99	1.95	1.92	1.89	1.84	1.80	1.74	1.72	1.69	1.66	1.62	1.59	1.55
24	2.93	2.54	2.33	2.19	2.10	2.04	1.98	1.94	1.91	1.88	1.83	1.78	1.73	1.70	1.67	1.64	1.61	1.57	1.53
25	2.92	2.53	2.32	2.18	2.09	2.02	1.97	1.93	1.89	1.87	1.82	1.77	1.72	1.69	1.66	1.63	1.59	1.56	1.52
26	2.91	2.52	2.31	2.17	2.08	2.01	1.96	1.92	1.88	1.86	1.81	1.76	1.71	1.68	1.65	1.61	1.58	1.54	1.50
27	2.90	2.51	2.30	2.17	2.07	2.00	1.95	1.91	1.87	1.85	1.80	1.75	1.70	1.67	1.64	1.60	1.57	1.53	1.49
28	2.89	2.50	2.29	2.16	2.06	2.00	1.94	1.90	1.87	1.84	1.79	1.74	1.69	1.66	1.63	1.59	1.56	1.52	1.48
29	2.89	2.50	2.28	2.15	2.06	1.99	1.93	1.89	1.86	1.83	1.86	1.73	1.68	1.65	1.62	1.58	1.55	1.51	1.47
30	2.88	2.49	2.28	2.14	2.05	1.98	1.93	1.88	1.85	1.82	1.77	1.72	1.67	1.64	1.61	1.57	1.54	1.50	1.46
40	2.84	2.44	2.23	2.09	2.00	1.93	1.87	1.83	1.79	1.76	1.71	1.66	1.61	1.57	1.54	1.51	1.47	1.42	1.38
60	2.79	2.39	2.18	2.04	1.95	1.87	1.82	1.77	1.74	1.71	1.66	1.60	1.54	1.51	1.48	1.44	1.40	1.35	1.29
120	2.75	2.35	2.13	1.99	1.90	1.82	1.77	1.72	1.68	1.65	1.60	1.55	1.48	1.45	1.41	1.37	1.32	1.26	1.19
∞	2.71	2.30	2.08	1.94	1.85	1.77	1.72	1.67	1.63	1.60	1.55	1.49	1.42	1.38	1.34	1.30	1.24	1.17	1.00

续表

$\alpha=0.05$

1	161.4	199.5	215.7	224.6	230.2	234.0	236.8	238.9	240.5	241.9	243.9	245.9	248.0	249.1	250.1	251.1	252.2	253.3	254.3
2	18.51	19.00	19.16	19.25	19.30	19.33	19.35	19.37	19.38	19.40	19.41	19.43	19.45	19.45	19.46	19.47	19.48	19.49	19.50
3	10.13	9.55	9.28	9.12	9.01	8.94	8.89	8.85	8.81	8.79	8.74	8.70	8.66	8.64	8.62	8.59	8.57	8.55	8.53
4	7.71	6.94	6.59	6.39	6.26	6.16	6.09	6.04	6.00	5.96	5.91	5.86	5.80	5.77	5.725	5.72	5.69	5.66	5.63
5	6.61	5.79	5.41	5.19	5.05	4.95	4.88	4.82	4.77	4.74	4.68	4.62	4.56	4.53	4.50	4.46	4.43	4.40	4.36
6	5.99	5.14	4.76	4.53	4.39	4.28	4.21	4.15	4.10	4.06	4.00	3.94	3.87	3.84	3.81	3.77	3.74	3.70	3.67
7	5.59	4.74	4.35	4.12	3.97	3.87	3.79	3.73	3.68	3.64	3.57	3.51	3.44	3.41	3.38	3.34	3.30	3.27	3.23
8	5.32	4.46	4.07	3.84	3.69	3.58	3.50	3.44	3.39	3.35	3.28	3.22	3.15	3.12	3.08	3.04	3.01	2.97	2.93
9	5.12	4.26	3.86	3.63	3.48	3.37	3.29	3.23	3.18	3.14	3.07	3.01	2.94	2.90	2.86	2.83	2.79	2.75	2.71
10	4.96	4.10	3.71	3.48	3.33	3.22	3.14	3.07	3.02	2.98	2.91	2.85	2.77	2.74	2.70	2.66	2.62	2.58	2.54
11	4.84	3.98	3.59	3.36	3.20	3.09	3.01	2.95	2.90	2.85	2.79	2.72	2.65	2.61	2.57	2.53	2.49	2.45	2.40
12	4.75	3.89	3.49	3.26	3.11	3.00	2.91	2.85	2.80	2.75	2.69	2.62	2.54	2.51	2.47	2.43	2.38	2.34	2.30
13	4.67	3.81	3.41	3.18	3.03	2.92	2.83	2.77	2.71	2.67	2.60	2.53	2.46	2.42	2.38	2.34	2.30	2.25	2.21
14	4.60	3.74	3.34	3.11	2.96	2.85	2.76	2.70	2.65	2.60	2.53	2.46	2.39	2.35	2.31	2.27	2.22	2.18	2.13
15	4.54	3.68	3.29	3.06	2.90	2.79	2.71	2.64	2.59	2.54	2.48	2.40	2.33	2.29	2.25	2.20	2.16	2.11	2.07
16	4.49	3.63	3.24	3.01	2.85	2.74	2.66	2.59	2.54	2.49	2.42	2.35	2.28	2.24	2.19	2.15	2.11	2.06	2.01
17	4.45	3.59	3.20	2.96	2.81	2.70	2.61	2.55	2.49	2.45	2.38	2.31	2.23	2.19	2.15	2.10	2.06	2.01	1.96
18	4.41	3.55	3.16	2.93	2.77	2.66	2.58	2.51	2.46	2.41	2.34	2.27	2.19	2.15	2.11	2.06	2.02	1.97	1.92
19	4.38	3.52	3.13	2.90	2.74	2.63	2.54	2.48	2.42	2.38	2.31	2.23	2.16	2.11	2.07	2.03	1.98	1.93	1.88
20	4.35	3.49	3.10	2.87	2.71	2.60	2.51	2.45	2.39	2.35	2.28	2.20	2.12	2.08	2.04	1.99	1.95	1.90	1.84

续表

α=0.05

21	4.32	3.47	3.07	2.84	2.68	2.57	2.49	2.42	2.37	2.32	2.25	2.18	2.10	2.05	2.01	1.96	1.92	1.87	1.81
22	4.30	3.44	3.05	2.82	2.66	2.55	2.46	2.40	2.34	2.30	2.23	2.15	2.07	2.03	1.98	1.94	1.89	1.84	1.78
23	4.28	3.42	3.03	2.80	2.64	2.53	2.44	2.37	2.32	2.27	2.20	2.13	2.05	2.01	1.96	1.91	1.86	1.81	1.76
24	4.26	3.40	3.01	2.78	2.62	2.51	2.42	2.36	2.30	2.25	2.18	2.11	2.03	1.98	1.94	1.89	1.84	1.79	1.73
25	4.24	3.39	2.99	2.76	2.60	2.49	2.40	2.34	2.28	2.24	2.16	2.09	2.01	1.96	1.92	1.87	1.82	1.77	1.71
26	4.23	3.37	2.98	2.74	2.59	2.47	2.39	2.32	2.27	2.22	2.15	2.07	1.99	1.95	1.90	1.85	1.80	1.75	1.69
27	4.21	3.35	2.96	2.73	2.57	2.46	2.37	2.31	2.25	2.20	2.13	2.06	1.97	1.93	1.88	1.84	1.79	1.73	1.67
28	4.20	3.34	2.95	2.71	2.56	2.45	2.36	2.29	2.24	2.19	2.12	2.04	1.96	1.91	1.87	1.82	1.77	1.71	1.65
29	4.18	3.33	2.93	2.70	2.55	2.43	2.35	2.28	2.22	2.18	2.10	2.03	1.94	1.90	1.85	1.81	1.75	1.70	1.64
30	4.17	3.32	2.92	2.69	2.53	2.42	2.33	2.27	2.21	2.16	2.09	2.01	1.93	1.89	1.84	1.79	1.74	1.68	1.62
40	4.08	3.23	2.84	2.61	2.45	2.34	2.25	2.18	2.12	2.08	2.00	1.92	1.84	1.79	1.74	1.69	1.64	1.58	1.51
60	4.00	3.15	2.76	2.53	2.37	2.25	2.17	2.10	2.04	1.99	1.92	1.84	1.75	1.70	1.65	1.59	1.53	1.47	1.39
120	3.92	3.07	2.68	2.45	2.29	2.17	2.09	2.02	1.96	1.91	1.83	1.75	1.66	1.61	1.55	1.50	1.43	1.45	1.25
∞	3.84	3.00	2.60	2.37	2.21	2.10	2.01	1.94	1.88	1.83	1.75	1.67	1.57	1.52	1.46	1.39	1.32	1.22	1.00

α=0.025

1	647.8	799.5	864.2	899.6	921.8	937.1	948.2	956.7	963.3	368.6	976.7	984.9	993.1	997.2	1001	1006	1010	1014	1018
2	38.51	39.00	39.17	39.25	39.30	39.33	39.36	39.37	39.39	39.39	39.41	39.43	39.45	39.46	39.46	39.47	39.48	39.49	39.50
3	17.44	16.04	15.44	15.10	14.88	14.73	14.62	14.54	14.47	14.42	14.34	14.25	14.17	14.12	14.08	14.04	13.99	13.95	13.90
4	12.22	10.65	9.98	9.60	9.36	9.20	9.07	8.98	8.90	8.84	8.75	8.66	8.56	8.51	8.46	8.41	8.36	8.31	8.26
5	10.01	8.43	7.76	7.39	7.15	6.98	6.85	6.76	6.68	6.62	6.52	6.43	6.33	6.28	6.23	6.18	6.12	6.07	6.02

续表

$\alpha=0.025$

6	8.81	7.26	6.60	6.23	5.99	5.82	5.70	5.60	5.52	5.46	5.37	5.27	5.17	5.12	5.07	5.01	4.96	4.90	4.85
7	8.07	6.54	5.89	5.52	5.29	5.12	4.99	4.90	4.82	4.76	4.67	4.57	4.47	4.42	4.36	4.31	4.25	4.20	4.14
8	7.57	6.06	5.42	5.05	4.82	4.65	4.53	4.43	4.36	4.30	4.20	4.10	4.00	3.95	3.89	3.84	3.78	3.73	3.67
9	7.21	5.71	5.08	4.72	4.48	4.23	4.20	4.10	4.03	3.96	3.87	3.77	3.67	3.61	3.56	3.51	3.45	3.39	3.33
10	6.94	5.46	4.83	4.47	4.24	4.07	3.95	3.85	3.78	3.72	3.62	3.52	3.42	3.37	3.31	3.26	3.20	3.14	3.08
11	6.72	5.26	4.63	4.28	4.04	3.88	3.76	3.66	3.59	3.53	6.43	3.33	3.23	3.17	3.12	3.06	3.00	2.94	2.88
12	6.55	5.10	4.47	4.12	3.89	3.73	3.61	3.51	3.44	3.37	3.28	3.18	3.07	3.02	2.96	2.91	2.85	2.79	2.72
13	6.41	4.97	4.35	4.00	3.77	3.60	3.48	3.39	3.31	3.25	3.15	3.05	2.95	2.89	2.84	2.78	2.72	2.66	2.60
14	6.30	4.86	4.24	3.89	3.66	3.50	3.38	3.29	3.21	3.15	3.05	2.95	2.84	2.79	2.73	2.67	2.61	2.55	2.49
15	6.20	4.77	4.15	3.80	3.58	3.41	3.29	3.20	3.12	3.06	2.96	2.86	2.76	2.70	2.64	2.59	2.52	2.46	2.40
16	6.12	4.69	4.08	3.73	3.50	3.34	3.22	3.12	3.05	2.99	2.89	2.79	2.68	2.63	2.57	2.51	2.45	2.38	2.32
17	6.04	4.62	4.01	3.66	3.44	3.28	3.16	3.06	2.98	2.92	2.82	2.72	2.62	2.56	2.50	2.44	2.38	2.32	2.25
18	5.98	4.56	3.95	3.61	3.38	3.22	3.10	3.01	2.93	2.87	2.77	2.67	2.56	2.50	2.44	2.38	2.32	2.26	2.19
19	5.92	4.51	3.90	3.56	3.33	3.17	3.05	2.96	2.88	2.82	2.72	2.62	2.51	2.45	2.39	2.33	2.27	2.20	2.13
20	5.87	4.46	3.86	3.51	3.29	3.13	3.01	2.91	2.84	2.77	2.68	2.57	2.46	2.41	2.35	2.29	2.22	2.16	2.09
21	5.83	4.42	3.82	3.48	3.25	3.09	2.97	2.87	2.80	2.73	2.64	2.53	2.42	2.37	2.31	2.25	2.18	2.11	2.04
22	5.79	4.38	3.78	3.44	3.22	3.05	2.93	2.84	2.76	2.70	2.60	2.50	2.39	2.33	2.27	2.21	2.14	2.08	2.00
23	5.75	4.35	3.75	3.41	3.18	3.02	2.90	2.81	2.73	2.67	2.57	2.47	2.36	2.30	2.24	2.18	2.11	2.04	1.97
24	5.72	4.32	3.72	3.38	3.15	2.99	2.87	2.78	2.70	2.64	2.54	2.44	2.33	2.27	2.21	2.15	2.08	2.01	1.94
25	5.69	4.29	3.69	3.35	3.13	2.97	2.85	2.75	2.68	2.61	2.51	2.41	2.30	2.24	2.18	2.12	2.05	1.98	1.91
26	5.66	4.27	3.67	3.33	3.10	2.94	2.82	2.73	2.65	2.59	2.49	2.39	2.28	2.22	2.16	2.09	2.03	1.95	1.88

续表

$\alpha=0.025$																			
27	5.63	4.24	3.65	3.31	3.08	2.92	2.80	2.71	2.63	2.57	2.47	2.36	2.25	2.19	2.13	2.07	2.00	1.93	1.85
28	5.61	4.22	3.63	3.29	3.06	2.90	2.78	2.69	2.61	2.55	2.45	2.34	2.23	2.17	2.11	2.05	1.98	1.91	1.83
29	5.59	4.20	3.61	3.27	3.04	2.88	2.76	2.67	2.59	2.53	2.43	2.32	2.21	2.15	2.09	2.03	1.96	1.89	1.81
30	5.57	4.18	3.59	3.25	3.03	2.87	2.75	2.65	2.57	2.51	2.41	2.31	2.20	2.14	2.07	2.01	1.94	1.87	1.79
40	5.42	4.05	3.46	3.13	2.90	2.74	2.62	2.53	2.45	2.39	2.29	2.18	2.07	2.01	1.94	1.88	1.80	1.72	1.64
60	5.29	3.93	3.34	3.01	2.79	2.63	2.51	2.41	2.33	2.27	2.17	2.06	1.94	1.88	1.82	1.74	1.67	1.58	1.48
120	5.15	3.80	3.23	2.89	2.67	2.52	2.39	2.30	2.22	2.16	2.05	1.94	1.82	1.76	1.69	1.61	1.53	1.43	1.31
∞	5.02	3.69	3.12	2.79	2.57	2.41	2.29	2.19	2.11	2.05	1.94	1.83	1.71	1.64	1.57	1.48	1.39	1.27	1.00
$\alpha=0.01$																			
1	4052	4999.5	5403	5625	5764	5859	5928	5982	6022	6056	6106	6157	6209	6235	6261	6287	6313	6339	6366
2	98.50	99.00	99.17	99.25	99.30	99.33	99.36	99.37	99.39	99.40	99.45	99.43	99.45	99.46	99.47	99.47	99.48	99.49	99.50
3	34.12	30.82	29.46	28.71	28.24	27.91	27.67	27.49	27.35	27.23	26.69	26.87	26.69	26.60	26.50	26.41	26.32	26.22	26.13
4	21.20	18.00	16.69	15.98	15.52	15.21	14.98	14.80	14.66	14.55	14.02	14.20	14.02	13.93	13.84	13.75	13.65	13.56	13.46
5	16.26	13.27	12.06	11.39	10.97	10.67	10.46	10.29	10.16	10.05	9.89	9.72	9.55	9.47	9.38	9.29	9.20	9.11	9.02
6	13.75	10.92	9.78	9.15	8.75	8.47	8.26	8.10	7.98	7.87	7.72	7.56	7.40	7.31	7.23	7.14	7.06	6.97	6.88
7	12.25	9.55	8.45	7.85	7.46	7.19	6.99	6.84	6.72	6.62	6.47	6.31	6.16	6.07	5.99	5.91	5.82	5.74	5.65
8	11.26	8.65	7.59	7.01	6.63	6.37	6.18	6.03	5.91	5.81	5.67	5.52	5.36	5.28	5.20	5.12	5.03	4.95	4.86
9	10.56	8.02	6.99	6.42	6.06	5.80	5.61	5.47	5.35	5.26	5.11	4.96	4.81	4.73	4.65	4.57	4.48	4.40	4.31
10	10.04	7.56	6.55	5.99	5.64	5.39	5.20	5.06	4.94	4.85	4.71	4.56	4.41	4.33	4.25	4.17	4.08	4.00	3.91
11	9.65	7.21	6.22	5.67	5.32	5.07	4.89	4.74	4.63	4.54	4.40	4.25	4.10	4.02	3.94	3.86	3.78	3.69	3.60
12	9.33	6.93	5.95	5.41	5.06	4.82	4.64	4.50	4.39	4.30	4.16	4.01	3.86	3.78	3.70	3.62	3.54	3.45	3.36

续表

α=0.01

13	9.07	6.70	5.74	5.21	4.86	4.62	4.44	4.30	4.19	4.10	3.96	3.82	3.66	3.59	3.51	3.43	3.34	3.25	3.17
14	8.86	6.51	5.56	5.04	4.69	4.46	4.28	4.14	4.03	3.94	3.80	3.66	3.51	3.43	3.35	3.27	3.18	3.09	3.00
15	8.68	6.36	5.42	4.89	4.56	4.32	4.14	4.00	3.89	3.80	3.67	3.52	3.37	3.29	3.21	3.13	3.05	2.96	2.87
16	8.53	6.23	5.29	4.77	4.44	4.20	4.03	3.89	3.78	3.69	3.55	3.41	3.26	3.18	3.10	3.02	2.93	2.84	2.75
17	8.40	6.11	5.18	4.67	4.34	4.10	3.93	3.79	3.68	3.59	3.46	3.31	3.16	3.08	3.00	2.92	2.83	2.75	2.65
18	8.29	6.01	5.09	4.58	4.25	4.01	3.84	3.71	3.60	3.51	3.37	3.23	3.08	3.00	2.92	2.84	2.75	2.66	2.57
19	8.18	5.93	5.01	4.50	4.17	3.94	3.77	3.63	3.52	3.43	3.30	3.15	3.00	2.92	2.84	2.76	2.67	2.58	2.49
20	8.10	5.85	4.94	4.43	4.10	3.87	3.70	3.56	3.46	3.37	3.23	3.09	2.94	2.86	2.78	2.69	2.61	2.52	2.42
21	8.02	5.78	4.87	4.37	4.04	3.81	3.64	3.51	3.40	3.31	3.17	3.03	2.88	2.80	2.72	2.64	2.55	2.46	2.36
22	7.95	5.72	4.82	4.31	3.99	3.76	3.59	3.45	3.35	3.26	3.12	2.98	2.83	2.75	2.67	2.58	2.50	2.40	2.31
23	7.88	5.66	4.76	4.26	3.94	3.71	3.54	3.41	3.30	3.21	3.07	2.93	2.78	2.70	2.62	2.54	2.45	2.35	2.26
24	7.82	5.61	4.72	4.22	3.90	3.67	3.50	3.36	3.26	3.17	3.03	2.89	2.74	2.66	2.58	2.49	2.40	2.31	2.21
25	7.77	5.57	4.68	4.18	3.85	3.63	3.46	3.32	3.22	3.13	2.99	2.85	2.70	2.62	2.54	2.45	2.36	2.27	2.17
26	7.72	5.53	4.64	4.14	3.82	3.59	3.42	3.29	3.18	3.09	2.96	2.81	2.66	2.58	2.50	2.42	2.33	2.23	2.13
27	7.68	5.49	4.60	4.11	3.78	3.56	3.39	3.26	3.15	3.06	2.93	2.78	2.63	2.55	2.47	2.38	2.29	2.20	2.10
28	7.64	5.45	4.57	4.07	3.75	3.53	3.36	3.23	3.12	3.03	2.90	2.75	2.60	2.52	2.44	2.35	2.26	2.17	2.06
29	7.60	5.42	4.54	4.04	3.73	3.50	3.33	3.20	3.09	3.00	2.87	2.73	2.57	2.49	2.41	2.33	2.23	2.14	2.03
30	7.56	5.39	4.51	4.02	3.70	3.47	3.30	3.17	3.07	2.98	2.84	2.70	2.55	2.47	2.39	2.30	2.21	2.11	2.01
40	7.31	5.18	4.31	3.83	3.51	3.29	3.12	2.99	2.89	2.80	2.66	2.52	2.37	2.29	2.20	2.11	2.02	1.92	1.80
60	7.08	4.98	4.13	3.65	3.34	3.12	2.95	2.82	2.72	2.63	2.50	2.35	2.20	2.12	2.03	1.94	1.84	1.73	1.60
120	6.85	4.79	3.95	3.48	3.17	2.96	2.79	2.66	2.56	2.47	2.34	2.19	2.03	1.95	1.86	1.76	1.66	1.53	1.38
∞	6.63	4.61	3.78	3.32	3.02	2.80	2.64	2.51	2.41	2.32	2.18	2.04	1.88	1.79	1.70	1.59	1.47	1.32	1.00